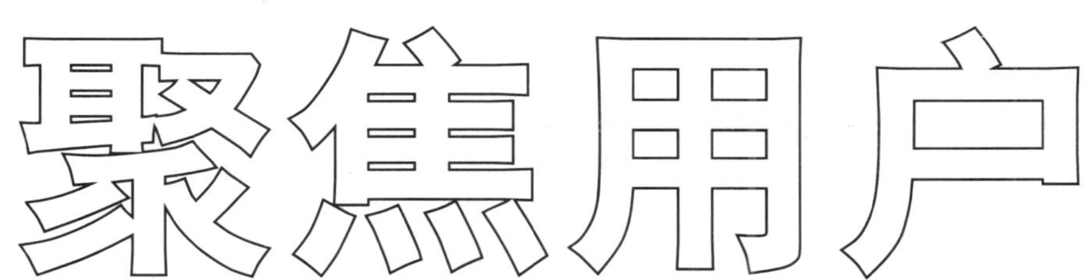

UCD观念与实务

胡 飞 编著

中国建筑工业出版社

图书在版编目（CIP）数据

聚焦用户：UCD观念与实务/胡飞编著．—北京：中国建筑工业出版社，2009
ISBN 978-7-112-10951-7

Ⅰ.聚… Ⅱ.胡… Ⅲ.工业设计 Ⅳ.TB47

中国版本图书馆CIP数据核字（2009）第069664号

责任编辑：李晓陶
责任设计：郑秋菊
责任校对：张 虹 梁珊珊

聚焦用户：UCD 观念与实务
胡飞 编著
*
中国建筑工业出版社出版、发行（北京西郊百万庄）
各地新华书店、建筑书店经销
北京嘉泰利德公司制版
北京中科印刷有限公司印刷
*
开本：787×1092 毫米 1/16 印张：14$\frac{3}{4}$ 字数：342 千字
2009 年 10 月第一版 2009 年 10 月第一次印刷
定价：45.00 元
ISBN 978-7-112-10951-7
(18198)

序

设计主要解决人与物的问题。在人与物的关系中，最本质的是"人性"与"物性"的关系。设计从"人性"出发，理解、利用甚至规范"物性"，使得物为人用，物适其用。人的生存离不开物，除自然物外，人对造物已到了不可须臾离的地步。人造物是设计的物化，即人性的物化。设计解决人与物的问题，实际上是解决人的需要问题，主要是对各种物质设备的需要。与人的社会有其结构一样，物也有自身的体系和结构，因此，物与物之间存在一种结构的关系，如椅子与桌子、桌子与台灯、台灯与插座等等，物与物的关系最终仍是物与人的关系，一切因人而产生，一切因人的需要而变化。

在当代，现代设计经过上百年的发展，在利用科学技术和艺术方面已积累了丰富的经验，人的设计和造物已在信息科技的新平台上得以展开，从而呈现出崭新的面貌。最显著的变化，应是从对产品的关注到对使用者（人）的关注。设计以人为本和设计为人民服务这两点至少已经在理论和实践的探索层面上得到重视，尽管有时其出发点仍脱不了市场竞争和商业利益的策动，但其毕竟代表着一种设计的境界和升华。本书所谓的"聚焦用户"，便明晰地说明了上述的变化和升华。

聚焦用户即聚焦物和服务的使用者。聚焦用户是设计对物性向人性的开敞，是对物性的解蔽。它以使用者为出发点和归宿，即使是一种市场策略，但其实效上仍表现为一种物的人性建构。由此，我们可以把聚焦用户作为设计自觉的表现之一。这些，在胡飞君编著的这本《聚焦用户：UCD观念与实务》的著作中可以清晰地看到。

胡飞君以及其研究团队，经过三年的努力完成了这本在中国设计学界尚属首次的著述，全面系统地介绍了UCD的理论观念和相关实践，这是一本观念新颖、资料全面、案例生动的专业性书籍。这对于中国的相关产品设计将具有重要的思想和实践意义。值得称赞的是书中不仅介绍了国外相关理论和实例，也介绍了中国设计界的相关实践和理论思考，如清华大学美术学院柳冠中教授及其设计团队的相关实践和理念。这从一个侧面表明中国设计界的努力，也说明了中国设计界正以自身的理论建树和实践探索以自立于世界现代设计之林。

设计即创造。设计创造新事物，设计创造新方法，设计寻找新视点，设计提出新问题。设计的这类特性对于设计本身而言也是如此，设计的新方法、新角度、新问题层出不穷，不断变幻，如近些年设计界对用户的关注，导致了一系列"新学"的产生，如用户研究及以用户为中心的设计（UCD），与其相关的可用性测试、用户体验、用户行为研究、用户需求调查等等，聚焦用户成为当今设计的一个特点和转向，设计从本质上看，其产品和服务最终都是面向用户的。但在现代设计实际的发展历程中，尤其是在卖方市场的场域中，对用户的关注十分有限，而主要聚焦于产品本身。虽然产品是为用户所用，但真正从用户的角度考虑是不够的。这一现象的存在，既是设计发展到一定阶段的必然产物，也是当时社会生产的可能性所决定的。随着消费社会的形成，产品生产面临着更为激烈的市场竞争形势，市场亦面对着越来越丰富的产品和越来越个性化的客户，这都对设计本身提出了要求，聚焦用户成为解决市场难题的关键，而于设计本身，聚焦用户可谓是回归了设计的以人为本的内在要求。

随着科技和人类文明的发展，设计还将以前所未有的变化、创新适应于社会的变革，适应社会发展的人的新的需求，同时亦将引领其发展。由此，对于设计界和设计学界而言，新的方法、新的角度、新的理论将不断涌现。但亦不难发现，万变不离其宗。"宗"是什么？宗是根本，是决定事物存在的根本要素。于设计而言，其宗就是运用设计的方式制造产品和服务，满足人的各种需要。有学习者往往在诸多理论方法面前无所适从，或以局部代全部，问题在于没有真正把握事物之"宗"。

设计一直处于创新和探索的过程之中，设计的方法和理论也是如此，它只能提供启示而不是教条。本书介绍的诸多方法、理念和实践，充分说明了设计的不息探索，也说明了这些探索的不确定性。这些资料、方法、理论和实践的经验，应有益于设计界的思考，有益于对于设计的新探索，是为序。

李砚祖

二〇〇九年夏于北京集虚斋

目　录

第1章　导　论

1.1　关于UCD

当前聚焦于最终用户的设计思维方式催生了"以用户为中心的设计"(UCD，user-centered design)的概念。实际上，关键词"使用"和"用户"在很多设计活动中被经常使用，如用户需求、用户行为、用户体验、用户友好性和可用性测试。UCD在不同的设计领域有不同的意思。斯坦顿（Stanton）和马克（Mark）（1999）认为："设计活动是根据用户要求规范、说明、理解最终用户特征行为能力和局限性的系统，与用户测试和用户相联系的事物有关。"在这些用语中，UCD是建构关于生产适合用户需求的、并能对用户有效的和可用的产品系统。凯尔特（Karat）则强调将"聚焦用户或用户数据作为一个设计创意的产生来源和设计结果的评估标准。"凯尔特的定义与用户数据的严谨性和使用过程中数据的有效性相关，用户数据又恰好是设计过程中用户调查最难以实施的阶段，很多不可确定的因素都会影响到数据的准确性，故当前定性分析和定量分析并行地应用于用户调查阶段，互为补充。

1.1.1　关于用户

UCD的最基本思想就是将用户（user）时时刻刻摆在所有过程的首位。在产品生命周期的最初阶段，产品的策略应当以满足用户的需求为基本动机和最终目的；在其后的产品设计和开发过程中，对用户的研究和理解应当被作为各种决策的依据；同时，产品在各个阶段的评估信息也应当来源于用户的反馈。所以用户的概念是整个设计思想和评估思想的核心。

简单地说，用户是指使用某产品、软件或服务的人。对用户的理解需要从三个方面展开：

1．用户是人类的一部分。

用户具有人类的共同特性，用户在使用任何产品时都会在各个方面反映出这些特性。人的行为不仅受到视觉和听觉等感知能力、分析和解决问题的能力、记忆力、对于刺激的反应能力等人类本身具有的基本能力的影响，同时，人的行为还时刻受到心理和性格取向、物理和文化环境、教育程度及以往经历等因素的制约。

2．用户是产品、软件或服务的使用者，UCD研究的人是与产品使用相关的特殊群体。

他们可能是产品的当前使用者，也可能是未来的，甚至是潜在的使用者。这些人在使用产品的过程中的行为也会与一些同产品有关的特征紧密相关。例如，对于目标产品的知识、期待利用目标产品所完成的功能、使用目标产品所需要的基本技能、未来使用目标产品的时间和频率等[①]。

3．设计者更是用户。

不论设计者对自己的作品怀有怎样特别的意图，也不论设计者和普通用户在知识和经

---

①董建明等：《人机交互：以用户为中心的设计与评估》，北京：清华大学出版社，2003年版，第9-10页。

验上有多大差异，设计者首先是作品的使用者，其次才是作品的设计者。因此，在定性的意义上，设计者和用户并没有什么本质的区别；而在定量的意义上，设计者和用户在特定语境中的使用目的、知识和经验有所差别。这就是说，即使扮演着"设计者"这个角色，人们在思考和物体有关的问题时，仍然不可能丢弃"用户"的立场。因此，不论设计者的知识背景如何、使用产品的经验如何，在使用产品、解决问题时，其基本的立场仍和用户基本一致[①]。

因此，用户研究应当从用户的人类一般属性和产品相关的特殊属性着手。

1.1.2 UCD 在设计领域中的应用[②]

UCD 的构成内容尚未达成明确的共识。但是约翰 · 古尔德（John Gould）和他在 IBM 的同事于 20 世纪 80 年代开发了一种称为 *Design for Usability*（GOU88）的方法，它包括了最为普遍接受的定义。该方法由四个主要部分组成：（1）关注用户。开发人员应决定用户的组成，并让用户尽可能早地涉入。他提出了几种熟悉用户、任务以及需求的方法，如与用户交谈、到办公地点拜访用户、观察用户工作、进行用户工作录像、了解工作组织、自我尝试、让用户在工作时边想边说、让用户参与设计、在设计小组中包括专家级用户、执行任务分析、利用调查和问卷、制定可测试的目标等。这样做的部分原因在于：人们描述他们做什么和他们实际怎样做之间往往大相径庭。他们常常遗忘或省略一些例行任务或表面上无足轻重的细节，诸如工作布局或令人费解的纸片等。（2）集成化设计。用户界面设计的整体方法（即框架）要在初期进行开发和测试。这是以用户为中心的设计和其他单纯的递增技巧之间存在的重要差异。它确保此后各阶段中进行的递增式设计能够天衣无缝地适合框架，而且用户界面在外观、术语和概念上都能保持一致。（3）初期用户测试。样型可与用例结合使用，用来为设计之中的系统编写具体使用场景。可以采用讲解、带图示的讲解（用样型演示）、示意板、（与用户）预排以及用户核心小组的基础等多种形式。（4）迭代式设计。迭代式设计是以用户为中心的设计的关键。原因部分在于用户的需要会随时间有所改变，另外还在于出台可处理多种需要的设计解决方案本身就具有复杂性。

有关交互式系统的以人为中心的设计过程的国际标准 ISO 13407，题为"human-centred design processes for interactive systems"，描述了在交互式计算机产品生命周期中进行以用户为中心的设计开发的总原则以及关键活动。依据该标准还可以对一个产品开发过程是否采用了以用户为中心的方法进行评估和认证。

一个成功的交互系统必须能够满足用户的需要。这意味着不仅要能够识别各种用户群，而且还可辨别各个用户所掌握的技能、经验以及他们的偏好。虽然开发人员和管理人员很容易自认为他们了解用户需要，但实际情况常常不是这样。人们往往关注于用户应该如何执行任务，而不是用户偏好如何执行。多数情况下，偏好问题不仅仅是简单地认为已掌握了用户需要，尽管这本身就很值得研究。偏好还要由经验、能力和使用环境决定。这些问题对于设计过程相当重要。

---

①孙宇浩：《是设计者，更是用户——用户界面与功能概念定义》，李砚祖主编：《艺术与科学》卷四，北京：清华大学出版社，2006 年版，第 135 页。

②以用户为中心的设计，http://www.yeeyan.com/articles/view/9125/2633

许多设计师（尤其是软件开发）提倡采用专家意见，而不是进行终端用户测试。虽然可用性专家能一针见血地指出新产品的问题所在，但他们的视角和用户不同，可能会漏掉一些重要的问题。专家意见被推崇为划算（就像打折商品一样）的评价方法。然而，漏掉某些重要的问题，可能会造成比用户测试费用更多的损失。专家意见尤其不适合应用在各种网络程序上，因为在这方面用户群体相当广泛，他们的需求也各不相同。不过，如果由于保密的原因无法进行用户测试，采纳专家意见也是不错的办法。在预算有限时，结合专家意见和一小部分不同用户的测试也可以降低成本。

最好的产品和服务源于了解潜在用户的需求。在设计之初，设计师积极与终端用户交流收集见解，以此推动设计的进展，并贯彻到整个设计过程。无论产品或服务的创新项目还是改良设计，UCD 通过了解用户体验获取新的见解，引导设计师怀疑自己脑子里原有的使用过程，提出新的假说，由此产生创新。虽然大多数设计师都意识到为终端用户设计的必要性，但他们经常以自身的经验或对市场调查研究的结果为准。而以用户为中心的设计者更多地与潜在用户直接交流以了解详细的个人经验，这比研究报告上的统计数据更能展现用户的需求。事实上，人们告诉市场调查人员的并不一定与真实的情况相符。

许多完整的项目，在概念深化（concept develop）的后期都会让用户参与进来做些相关的反馈。但 UCD 在设计初期构建阶段（formative stages）就与用户交流，从而明确设计方向，而不是到了迫不得已的时候去做一些无法调整的改变。积极的用户体验（positive user experiences）造就了顾客的忠诚度及公司名誉。基于网络的服务尤其如此，如果网站似乎很难用或不能满足他们的需求，用户很容易就会点击其他网站。

UCD 方法拓宽了设计师的视野。设计队伍往往在现实上和文化上脱离了他们的设计所面向的目标群体。在过去的产品及服务的发展中，设计师、工程师和市场人员一起努力，使产品和技术达到他们所期望的状况，但他们的期望却不符合用户的日常要求。那些努力去了解用户背景、从用户的角度来看待问题的设计，获得商业成功的机会更大。

UCD 方法能为产品和服务的开发提供统一的发展战略和组织架构。它结合不同部门如研究、策划和销售业务等的利益，形成统一的发展战略，减少了彼此之间相互冲突带来的浪费。在最初的研究发展阶段投入相对较少的资金，能帮助企业制定出产品和服务的发展纲领。

将 UCD 运用于公共服务，以用户为服务业发展的出发点，发现并满足他们的需求和期望。UCD 汇集了有关实际操作、情感和社会背景等各方面的用户体验，为如何改善服务和创新奠定了基础。比如，许多人选择了私家车而非公共交通的关键不是在于交通效率，而是在生理和心理上开私家车比在巴士和火车上舒适。在交通出现一些状况时，人们对于晚点的消极体验会和车厢拥挤不舒适、不清洁等感受叠加在一起，觉得自己像被蚕茧束缚着一样难受。又如，2005 年英国国家审计局的报告中强调，英国福利制度是如此复杂，以致人们很难申请到福利。申请表格让人觉得不知该填什么，申请过程需要申请人和操作员双方的复印件，而且没有有效的办法来简化申请的流程。因此，不但一些没有申请到福利的人觉得申请的流程复杂到令人难以置信，就连拿到了福利的人也觉得太费事。UCD 可协调各政府部门的意愿，提供满足个体需求的服务，提出经多部门合作整合的服务和解决方案。以用户为中心，而不是以各职能部门为中心的思维方式正在逐步植入现有的公共服务中。

1.1.3 常用的 UCD 方法

常用的 UCD 方法如图 1–1 所示，较为常用的方法包括竞争产品研究、高保真原型法、用户满意度调查、内容分析法、用户访谈、可用性测试、专家评估、焦点小组等，可达性评估、远程可用性研究、眼动跟踪方法、日志法、认知走访法则相对较少使用①。

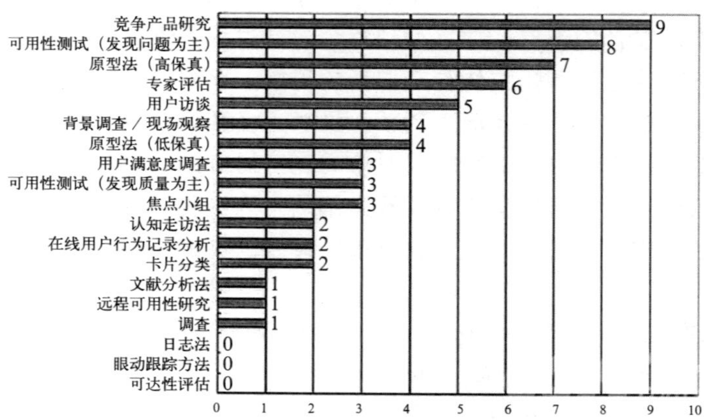

图 1–1 常用的 UCD 方法

将各种用户研究方法的使用对象、研究类型、信息获取、研究焦点等进行对比（表 1–1），可以发现：UCD 研究多在心理学、社会学、人类学（民族志）、语言学等社会科学的介入下展开；研究方法也不再遵循自然科学的因果逻辑和理性分析下的“还原”原则，而转向“理解”、“解释”人类的个体心理与群体文化。方法虽各不相同，但其共同作用在于：（1）识别用户需求；（2）创建数据收集的系统方式；（3）加快信息获取和解释的速度；（4）从终端用户的视角发掘设计机会；（5）减少设计过程中完全凭直觉的决策。

用户研究方法比较 **表 1–1**

序号	方法	使用者	研究类型	信息获取	焦点	步骤和结果
1	观点聚焦法	终端用户 心理学家	定性	从代表性的产品中采集用户需求	研究	让用户用抽象的图画和词汇来描述对象
2	精英消费者知识	市场营销人员、工程师 终端用户	定量	获取消费者需求	研究 产品 评估	探索性提问和用户需求分类
3	民族志观察法	民族志研究者	定性	从用户的行为中获取信息并且提高洞察力	研究	观察用户，发现行为典范来提高洞察力
4	焦点小组法	专家用户	定性	通过对产品的讨论来获取用户的信息	研究	深度访谈

① http://soft.chinabyte.com/436/7794936.shtml

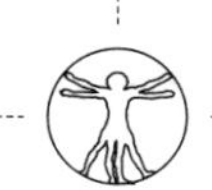

续表

序号	方法	使用者	研究类型	信息获取	焦点	步骤和结果
5	引导用户法	专家用户	定性	寻找一个专家来使用产品并获得创新的来源	研究	过滤用户寻找潜在用户以设计产品
6	透镜模型	终端用户	定量	从产品模块中获取信息	生产	比较消费者和设计师的模块聚集
7	参与式设计	终端用户 建筑设计 规划设计	定性	从用户对原型的评价中获取信息	研究	从用户对原型的评价中获取信息
8	质量机能展开	开发者 工程师 市场营销	定量	获取功能并转化为设计属性	生产	提问，从工程师的解释中给消费者分等级
9	Scenario 设计方法	软件开发者	定性	基于情景创造系统	概念设计	运用场景来给用户体验和原型进行归档
10	序列集合法	终端用户 产品设计	定量	从产品集合中发现用户需求	生产	比较产品，组件和集合组件成为最终的产品
11	技术图片 程序分段	用户团队 产品开发	定量	特殊的特征给用户分类	概念设计	匹配用户和产品技术
12	可用性工程	终端用户 软件开发	定量	从可用性中获取信息	产品评估	测试最终产品和相关原型
13	用户中心需求	项目计划	定量	记录信息并核实使用说明书	概念设计	数据流在运算和数据储存之间用数据库作为一个储存库来储存用户需求

通过比较，可将UCD方法归纳为五组（图1–2）：A组基于民族志观察和田野调查，关注用户行为；B组关注以功能和产品属性为表现形式的用户需求，并在技术可行性和用户需求或用户喜好之间达到最优化；C组侧重于用户体验，观点聚焦法、可用性工程和基于情景设计都聚焦于参与式设计过程中的使用体验；D组通过排序组合和透镜模型等方法，基于有限的元素构成，提供用户更多的产品配置；E组则通过引导用户使用产品来获取用户知识。

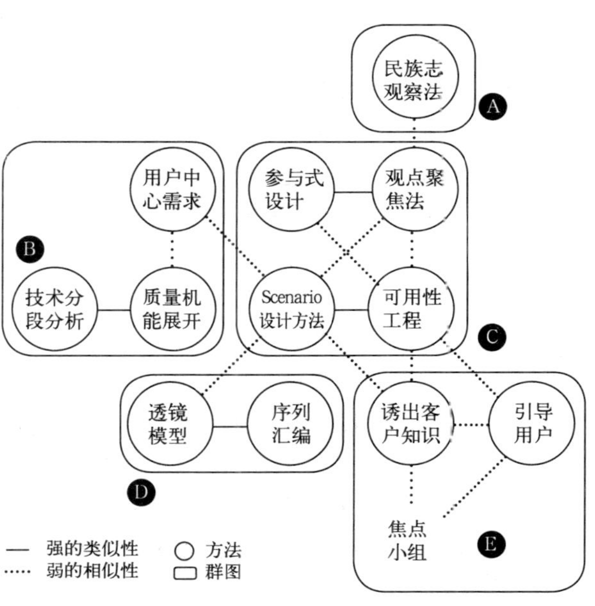

图1–2 UCD方法分类

此外，UCD还鼓励研究人员发展更适合的设计方法，以提高研究效率。如第三章中介绍的“行为聚焦”、第四章中介绍的“移情设计”、第五章中介绍的“文化探察”等，这些方法鼓励人们表达自己的思想和感情，其中很可能存在普通的观察所不能发现却能极大启发设计的“洞察点”。“工业设计应该寻求人和人造环境之间的正面积极交流，优先提出问题‘为什么？’而不是对草率提出的问题‘如何？’作出回答。”UCD研究也是如此，需要明确在做什么研究，其目的是什么，其结果在接下来的设计工作中是如何整合的。当研究和设计过程互相融合时，用户研究可以发挥最大的影响力。它需要研究人员和设计人员有一定的弹性（flexibility）以确保合作顺利。用户研究成为设计师和研究者的利益的协调员和整合者。如果研究一下变成了设计的紧箍咒，它实际的影响力会减弱。

1.2 关于用户研究

1.2.1 全球化企业与本土化市场

今天贸易的全球化缩短了地区间的地理距离，模糊了以传统方式划分的文化之间的界线。随着文化的交融，人们的口味、欲望和消费习惯都会变得更加难以预测。现在没有任何一个跨国公司敢确保其产品在国外市场上获得成功。任何一个寻求扩展全球市场的公司，都需要仔细衡量其提供的产品是否在文化传统和社会需求方面适合于所设定的目标市场。如果说以往产品或服务由于它们与现代性和西方密切相关而在新的市场上获得成功，那么，现在只有当企业提供的产品或服务从根本上适应于当地人群的行为、信仰、期望等社会和文化因素时，其市场才有可能成功。不仅是在全球市场，就中国国内市场而言，正如时代华纳（Time-Warner）公司的CEO吉拉德·莱文（Gerald Levin）所言：“统一的中国市场是不存在的，存在的却是二十个（或更多的）中国市场。”加入WTO后，中国市场上的竞争同样是国际市场竞争。国外跨国企业面临着地方化，国内企业面临着地域化。

市场不断细分，消费社会随之而来，设计的中心由“大众”上移至“群体”。群体的共同特点既在于个体的多样性，又在于个体之间存在着不言自明的或强或弱的连带关系[①]。根据如住宅、陈设、消费品、饮食习惯、衣着等物质线索，通过个体的社会交流行为分析，对其经济和教育水平、社会地位、处世经验、天赋、性格特点以及得志与否等进行判断；其结果是形成一个具有共同基础（不仅是物质基础）和生活形态的“群体”，或曰“文化亚群”。而从产品自身的角度看，“群体”则主要包括产品的使用者、产品的所有者（不一定是使用者，但是购买决策者）、产品使用环境中直接或间接接触者这三个相互涵盖的方面。自动化系统、微电子技术、网络技术等不断涌现，设计也以一种突破标准化的“变异”形式出现。人的生理和心理需求的膨胀，形成多元化的明显趋势；人们对生活方式更新的需求，决定了产品的高度整合；高技术又使微型化成为可能；产品的多样化和高度整合又促使无主题倾向的产生，形成个性化设计的全新潮流。丰富多彩的样式和流行风格是为了适应不断细分的“文化亚群”；也正是在此意义上，设计才能在最深的程度上影响个体。

随着全球化进程不断加速，很多产品和服务面向全球的用户，用户研究需要涵盖整个

---

①（法）让·梅松纳夫：《群体动力学》，殷世才、孙兆通译，北京：商务印书局，1997年版，第1页。

市场可及的范围。各国的背景和习俗有着显著的不同，如果想获得成功，设计师和制造商要学会理解和尊重这种不同。在地方化市场和分众市场的时代，根据自己的文化、价值和经历来判断其他设计文化的狭隘观点不再有效；设计面临着新的挑战，需要新的方法去更有效地了解社会群体之间的细微差异。因此，20 世纪后半叶，很多设计研究机构及设计公司开始从社会学科中寻找信息和方法，以帮助他们来了解用户与产品之间的关系，及用户使用产品的态度。民族学以讲述人类发明的传播和参与日常生活行为作为了解人类的方法渠道，拓宽了文化视野，理解了“地方”文化。近年来，民族学中研究人群文化和生活形态的方法，被广泛借鉴用于产品开发初期的用户研究，如美国伊丽莎白 · 桑德斯（Elizabeth Sanders）的“体验设计（experience design）”、美国伊利诺伊理工学院（Illinois Institute of Technology）的帕特里克 · 惠特尼（Patrick Whitney）教授的“行为聚焦（activity–focused）”芬兰赫尔辛基艺术大学马特尔玛基教授（Tuuli Mattelmaki）的“移情设计”、英国皇家艺术学院计算机相关设计工作室（Computer Related Design Studio）的研究人员比尔 · 盖夫（Bill Gaver）与托尼 · 邓恩（Tony Dunne）的“文化探察（culture probe）”法等，都在不同程度上吸收和借鉴了民族学的观念和方法，综合使用各种社会学研究方法来观察群体并总结群体行为、信仰和活动模式，试图深入了解用户做什么、用什么工具以及如何思考，从而指导产品的开发、设计、生产和销售。

1.2.2 用户研究的界定

20 世纪 80 年代以来，UCD 产生了广泛而深远的影响。国际通常将以用户为中心的经验撷取和生活研究统称为“用户研究”（user research）。通过用户研究，了解用户的生活方式（lifestyle），研究预算消费模式，清楚他们使用产品的经历和体验，并识别动机和渴求，从而建立起用户模型（user–model）。早期的用户研究只是在设计项目后期测试解决方案，现在越来越多的人认识到需要在项目前期进行用户研究以启发设计。

用户研究可以为产品开发带来新的视野，特别是一种新产品或服务被引进或者在现存的产品或服务中有一些小变化的时候。关注用户经验可以使设计者针对现存问题提出设想，用于开发解决问题。用户研究的目的是集中于激发设计团队的开发能力而不是搜集大量数据。当预算与时间受限制时，重点应该放在不同种类用户的调查上，这样会得到全面的有潜力的结果。用户研究可以增加商业竞争力，提升产品或服务。公司的声誉和顾客的忠诚度建立在用户对产品长期的实践经验上。网络服务调查表明，人们对于服务的选择非常容易受到其复杂程度的影响，如果它们不能符合用户需要的话，它被选择的概率就会大大降低。用户研究的方法增大了设计者思考的视野。设计团队也经常会由于它们物理上和文化上的特征而改变。那些以用户眼光来观察考虑他们的工作的人会获得更大的商业成功。一个最具挑战性的任务是把用户作为整个开发过程的中心，让他们互动并针对他们的需要。因为用户研究设计整合了人们在视觉、情感、社会方面的经历并且给予设计服务方一个基本的计划方向。一旦 UCD 原则被贯彻到公众服务中去，与公众进行沟通的框架表格将逐渐演变为创意来源和发展的公司资产。

用户研究和市场调研都可以识别用户需求，两种调查得出的结论可能在某些方面是一致的。大多数设计者在设计时会按照自己的经验或者从市场研究调查中获得经验。相反，用户研究可以直接发现潜在用户，用户研究相信直接从用户的行为中可以得到比一般的市场调查更有实质性的东西。市场调研侧重于理解市场的一般性需求，找到用户购买和使用产品或服务的触发点（triggers）以及可接受的价格。而用户研究侧重于从个体的观察找到用户潜在的深层次需求，并可以和用户一起不断测试原型以指导产品的开发。而且，市场调查把人们分成不同的组进行调查，相信数据和数字背后隐藏着的“正确”力量。但真正启发设计的往往是源自与个体用户交流的具体见解，是调查者不曾考虑到的方面。观察一些不同的有着设计需求的用户可能更重要，而不是大量的“典型”用户。

用户研究和人机工程学都以人性的视角审视产品和服务的开发，但两者的应用方式明显不同。用户研究帮助设计师理解人们的现有经验，寻找潜在需求，从而对产品和服务进行重定义和再设计。与可用性测试一样，人机工程学更多在设计方向（design brief）确定后才被引入，提出新产品必须遵守的生理学或认知学规范，以及一些安全方面的要求。用户研究侧重于从情感和社会层面考量产品和服务，人机工程学则更关注物理方面的表现。

用户研究与市场营销中的消费者行为研究也不尽相同。消费者行为研究关注：(1) 消费者怎样看待我们的产品和竞争者的产品？(2) 消费者认为我们的产品应作何种改进？(3) 消费者如何使用我们的产品？(4) 消费者对我们的产品和广告持什么样的态度？(5) 消费者感到自身在家庭和社会中扮演什么样的角色？消费者行为研究重在消费者的消费行为，而用户研究更关注使用者的使用行为；前者面向现在，重在揭示消费者与已有产品之间的关系，后者更关注用户的潜在需求，指向未来。

克里斯·费伊（Chris Fahey）认为：科学的用户研究很困难，而用户研究的成果很难应用到设计中。戴夫·罗杰斯（Dave Rogers）也认同 Chris 的观点，由于受到预算、时间、人力等种种限制，用户研究要做到科学化不大可能。但是，用户研究打开了一扇门，帮助设计师去了解用户的思想（mind）、心灵（hearts）和体验（experiences）。需要强调的是：(1) 千万不要低估理解用户生活方式的复杂性，往往一些小的事情反映出大的问题。(2) 别单纯地依赖问卷调查，要真正进入用户的角色之中。(3) 用户对价钱和价值的感知往往不大合理，很难直接纳入到公司预算之中。(4) 不要仅仅和同类公司竞争，眼光要更开阔一些。(5) 用户使用产品的经历对他们购买决策有极其重要的影响，所以要考虑产品的交互方式是否能兼容他们的习惯。(6) 用户体验可以是非常吸引人的，但它是微妙而个体的过程。

1.2.3 有效的用户观察

UCD 设计师们利用用户研究，观察人们现在的行为，寻找在不久的将来可能会出现的主流需求，使未来的趋势凸现出来。用户研究的目的在于激发设计团队并让他们聚焦在某些关键点，而不是积累数据资料（虽然它们可能在最后阶段测试中有用）。当时间和预算有限时，重点应放在最大限度地收集更广泛的用户需求（多数产品和服务都有许多不同类型的用户）。研究人员需要理解全部潜在的设计需求，而不是重复观察同类用户，或听取他们的意见。

既然设计研究很少能给出统计上“有根据”的数据，那么选择参与研究的用户就应着重于各类不同潜在用户，以获得更广的视野。这样就能描绘出潜在用户的范围，并努力确保研究能涵盖之。“极端用户”有时能提供宝贵的见解，给予设计师更深刻的洞察。选择什么样的用户是个经常遇到的难题，但是研究的质量却往往取决于能否找准目标用户。尽管可以发出详尽的招聘要求，但通常只会得到部分满足标准的用户。通过私人的关系寻找可能会产生更好的结果。在报纸上登广告、向有关机构申请、求助于某些俱乐部或兴趣小组都可能让研究人员有所斩获。给予征集调查对象足够的时间并准备好调查经费。

研究对象的确定目标在于征集对象的广泛性，而不在于统计学上的数据意义。研究人员需要了解尽可能广泛和多元的用户人群，为进一步的研究积聚潜力。当观察结果与以前重复时，用户研究就可以告一段落。而在概念测试中，研究对象需要覆盖产品和服务的典型的、有潜力的和意义重大的用户。基于项目的复杂程度，研究对象一般为 5 ～ 10 人。应当强调的是，类型比人数更重要。也即，研究对象应该保证覆盖了不同的用户类型。测评的人数存在争议，有些人认为 5 个以后就很难发现新的观点；另一些认为如果只测试 5 个人，可能会漏掉某些关键点。传统产品开发和软件工具的研究表明需要通过 5 ～ 7 人的测试才能呈现使用问题。尽管如此，复杂产品和多样功能的服务可能会需要更进一步的评估方案。

在大型或扩展的设计项目里，用户研究的影响力可能会逐步弱化，因为并不是所有设计师都有机会参加研究，或者由于时间原因研究被搁置。一旦研究开始，就需要与另外的设计团队进行分析和交流。工作室应包括所有的研究小组，及时把新发现的内容视觉化表现出来，从整体上描述整个项目，并保持研究的基本内容。记录那些归档的或者易忽略的内容整理成研究报告。保持研究内容影响力需要注意以下几点：(1) 尽量把所发现的研究内容转化成表格或视觉图案，用视频、照片等方式展示研究的结果，让那些没有直接参与研究的人也有清晰的认识；(2) 为研究项目准备一个独立的空间，在那里集中体现研究内容和研究项目，在项目空间里展示用户的图片、故事，可以起到“保鲜”的作用；(3) 为未来的产品和服务想像一个虚拟角色，模拟被观察者的性格，用来展示使用产品和服务时可能会发生的情况。研究人员要像一个团队一样共同去解释研究结果及其对设计工作的影响，而不是简单机械地介绍研究结果。

1.3 用户研究与人类学

用户研究的方法都是借鉴于社会科学，即社会学、人类学和心理学。这些科学都是用来衡量在设计的发展过程中，人是如何来感知、理解、记忆和学习的 (Preece，1993)，并且在设计前期过程中，它们还能帮助理解、可信地解释，甚至有可能预测到人类的行为 (Karat，1997)。

在行为研究的历史中，用户研究常常根据信息资源、人类情感 (Rubin & Elder，1980) 和研究的适用性 (Aldersey-Williams，Bound and Coleman，1999) 被分成不同的类别。利兹·桑德斯 (Liz Sanders)(1992) 提出了产品开发研究方法的五个类别：观测、分类、交谈、描述和参与。这五个类别综合了数据收集方法、用户参与以及分析模型。后来，杰伊·梅利肯 (Jay Melican) (2000) 在其博士论文中提出，分类的因素包括：分析方法 (概念上的 vs 程序上的)、概括程度 (原始的 vs 概要的)、普遍程度 (个人的、社会的／组织的、文化的)、收集方法 (观察、倾听／探讨、参与)、传输媒介 (口头的、视觉的、触觉的)、特权的立场 (对象的特权、研究员的特权)。

特别是对于分析领域的分类来讲，贝伊尔（Beyer）和 Holtzblatt（1998）提出了五个分析模型，它们分别是：流模型（flow model）、序列模型（sequence model）、人工模型（artifact model）、文化模型（cultural model）、物理模型（physical mode）。这五个分析模型同样也涉及了 1980 年斯普拉德利（Spradley）提出的社会背景的九个主要维数、1969 年佩纳（Pena）提出的信息收集构架、1989 年欧文（Owen）提出的结构化规划，以及 AEIOU 观察构架。同时，这五个分析模型又通过位于芝加哥的一家名为德布德布林小组（Doblin Group）的咨询机构和 Chayutsahakij 在 2001 年所提出的分析矩阵，得到了进一步的发展完善。

1.3.1 理解与量化：用户研究方法比较

本书通过丰富的案例介绍了体验设计、行为聚焦、移情设计、文化探察、感性工学、通用设计、可用性工程、生活型态等各种理论的观念、方法和程序。可以清楚发现，用户研究以发现用户需求、期望、目的、情感和体验为核心目标，不是研究用户身高、体重、年龄与收入等客观性和确定性信息，而转向爱好、需求、审美、情感等模糊性和不确定性因素。用户研究多在心理学、社会学、人类学（民族志）、语言学等社会科学的介入下展开。研究方法也不再遵循自然科学的因果逻辑和理性分析下的“还原”原则，而转向“理解”、“解释”人类的个体心理与群体文化。

其中，“体验设计”、“行为聚焦”、“移情设计”、“文化探察”等都在不同程度上吸收和借鉴了文化人类学（民族志）的观念和方法（表 1–2），综合使用各种社会学研究方法来观察群体并总结群体行为、信仰和活动模式，试图深入了解用户做什么、用什么工具以及如何思考，从而指导产品的开发、设计、生产和销售。

把文化人类学（民族志）方法运用于产品创新设计，以研究人们的日常生活为出发点，

用户研究方法与民族志方法比较 表 1–2

民族志方法		田野调查	体验设计	行为聚焦	移情设计	文化探察
听	笔记	谈话	Say	访谈	日记	明信片
	录音	会谈	Say	家庭访问	对各种声音的研究	会谈
看	观察	行为追踪	Do：行为；Make：行为的轨迹，一系列动作	每日生活追踪法	自己观察	
记	记录	行为模式的图示	Do：行为的固定模式；Make：粘贴一些图片、物体的路径、顺序	每日生活追踪法	每日标签	相册
	草图或图表	人与人的关系	Do：人与人、人与物的关系；Make：如何理解、认知产品	关系图	人际关系的认知地图	地图
	拍照	人、地点、事件、其他材料	Do：关键点的人物关系；Make：如何理解、认知产品	照片日记	一次性相机或立即成像相机	照相机
	录像	录像	Do：日常生活；Make：日常生活的可能性	影像民族学方法	自己录像	多媒体日记
	数字技术	网络相机		网络照相机，工具软件	网络相机	多媒体日记

以探索用户价值为目的，以实地考察为重要方法，以活动焦点为研究中心；重点在于通过对日常最普通生活的研究，通过重新关注对设计有意义的日常生活细节，揭示用户“未满足”(unmet)的需求。具体手段是寻找合适的“信息携带者”，然后观察、会见、记录，在此基础上作出“理解性”的描述。文化人类学（民族志）的基本理念是将任何地方的人都不只是当作经济实体的消费者，而是作为有欲望和需求的社会存在。这些社会存在以显在或潜在的方式，在积极改变自身和周围环境、创建新意义、经历和商品的同时，组成了复杂的社会单位并保持日常生活的基本组织。由此可以发现用户需求与新产品、新服务和新技术之间存在的相互作用。研究可以为产品开发带来新的视野并直接发现潜在用户，特别是一种新产品或服务被引进或者在现存的产品或服务中有一些小变化的时候。

而感性工学则是一门将用户所持的意象或感觉转变成物理特性的产品设计的科学，它是以用户的情感反应与认知心理作为分析研究的基础，通过运用统计分析及电脑技术，以定量的方式从用户的感性意象中辨认出设计特性，建立了一种多学科交叉的综合性研究模式。它起始于整体基础上的个别要素的分解，通过对具体的感性要素如色彩、材质、线条、比例等作出判断和处理，从模糊和不确定的感性表现中寻求、归纳出重要的真正符合用户欲求的感知要素，通过计算机技术使之构成清晰的可操作的原则、关键点甚至方程式，从而指导产品设计制造。感性工学的研究建立于理性基础之上，以自然科学的、笛卡尔式的、分子还原论的理性方法去研究感性，试图还原并找到“感性”这一心理反应的生理基础，试图将人的“感觉”量化，从而获得到“科学”的和“客观”的规律。这与“体验设计”、“行为聚焦”、“移情设计”和“文化探察”所共同表现出的用户研究转向模糊的、质的[①]、民族志的方法大相径庭。

1.3.2 人性自觉：用户研究方法中的人类学观念

20世纪20年代，哈佛大学的劳埃德·沃纳（Lloyd Warner）在西塞罗、伊利诺伊等地的工厂开始调查工资、工作条件及其他生产力因素；20世纪70年代巴力特（Barnett）博士与露茜·莎琪曼（Lucy Suchman）将人类学观点运用于产品设计；2002年10月IBM雇佣布隆博格（Blomberg）夫人作为公司的第一位人类学家；苹果、Philips、微软等企业也都有人类学家、社会学家、语言学家参与设计，IDEO近年来更是将业务重心由产品设计转向用户研究。人类学方法已广泛渗透到设计领域。面对残酷的竞争和日益饱和的市场，“如何了解用户需求”成为设计的核心问题，设计研究回归到个体，回归到用户。社会、经济、文化对设计的影响都可以统一在“人”这一概念之下。设计面对的问题归根结底是人的问题，应该遵循人的逻辑，需要关于“人”的知识、观念、方法来解决。因此，人类学发展成为设计学的重要理论与方法支柱之一是历史的必然。

人类学（anthropology）是研究人的科学（the science of man）[②]。由于人本身就具有

①质的研究认为，任何事件都不能脱离其环境而被理解，理解涉及整体中各个部分之间的互动关系。对部分的理解必然依赖于对整体的把握，而对整体的把握又必然依赖于对部分的理解。也就是强调研究者的主观感受，在“情境中”去研究，采取“文化主位”的路线。参见，陈向明：《质的研究方法与社会科学研究》，北京，教育科学出版社，2000年版。

②林惠详：《文化人类学》，北京，商务印书馆，1934年第1版，1991年第2版，第3页。

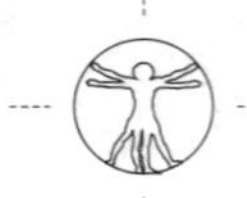

自然属性和社会属性这两重属性，因此从生物学的角度研究人类体质形态的学科称为体质人类学（physical anthropology），从社会文化的观点来研究人类社会文化现象的学科称为文化人类学（cultural anthropology）。设计学则是研究人为事物的科学（the science of the artificial）。它以造物为主要研究对象，是研究人工物及造物系统的科学知识体系[①]。可见，设计学与人类学在某种意义上是部分与整体的关系。人类学研究与人相关的社会、自然、人工物等一切系统，理所当然也包括与人类生活息息相关的设计。

运用人类学观念与方法进行用户研究，也相应划分为人类文化与人类体质两条路径。文化人类学从物质生产、社会结构、人群组织、风俗习惯、宗教信仰等各个方面，研究整个人类文化的起源、成长、变迁和进化的过程，并且比较各民族、各部落、各国家、各地区、各社团的文化的相同之点和相异之点，藉以发现文化的普遍性以及个别的文化模式，从而总结出社会发展的一般规律和特殊规律[②]。而民族志（ethnography，又称人种志学）作为文化人类学的一个重要分支，着重人类文化的研究与描述[③]。运用文化人类学（民族志）方法于设计研究，主要通过实地调查来观察群体并总结群体行为、信仰和生活方式，描述某个社会群体和阶层文化，有助于设计人员理解用户的“本地”观点（native thinking），进而深入挖掘用户需求。前文介绍的“体验设计”、“行为聚焦”、“移情设计”、“文化探察”皆可归入此列。体质人类学则是从生物和文化结合的视角来研究人类体质特征在时间与空间上的变化及发展规律，从人类生物机体的角度来研究人类的生物性，从人在自然中的位置来研究人类的自然属性。流行于日韩的“感性工学”和通常的“人因工学”均属此类（图 1–3）。

现代科技超越了其诞生地的地域局限而具有被广泛认同的普遍有效性，建构了一套以实证主义、工具理性、量化、还原和控制等为关键词的“意义体系”，并逐渐遗忘了生活世界，持续忽视着完整的人性。进而，人对物性的理解逐渐淹没了人性的自我理解。设计学虽经历从“以机器为本”、“人机共生”到“以人为本”、“以自然为本”的转变[④]，其思维主线仍是从物出发，试图使人工物适应人的行为特点、适应人的知觉感受、适应人的动作特性、缓解人的身心负担、弥补人的缺陷，或是设计者的一厢情愿，或是市场与社会的压力使然，始终被动地、因果性地看待人工物对人类生活方式的影响，因而自发地观照工业产品与人的关系，而不是自觉地从人的角度审视人工物及由此带来的社会问题。

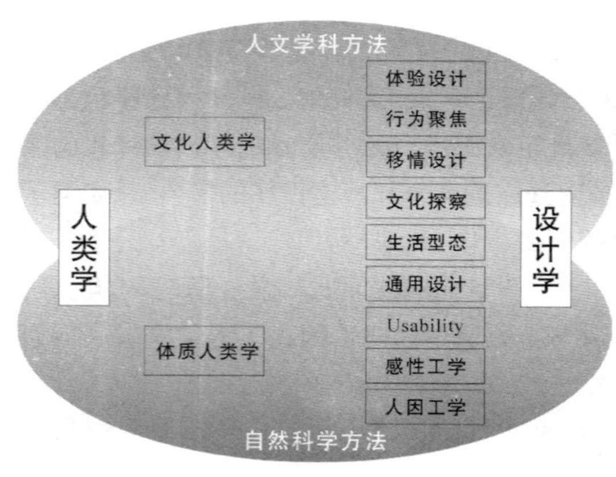

图 1–3 人类学观念和方法与用户研究的对应关系

运用文化人类学（民族志）方法观察用户与产品、用户与环境之间的互动，避免了以往问卷、访谈等语言交流中的“意义污染”问题，可敏锐捕捉到一些无法被语言描述的、非常主观化的、情感性的概念。更为关键的

① 李砚祖：《设计艺术学研究的对象及范围》，《清华大学学报（哲学社会科学版）》，2003 年第 5 期，第 69–70 页。
② 童恩正：《文化人类学》，上海，上海人民出版社，1989 年版，第 9 页。
③ http://iawiki.net/EthnographicResearch/2004–5–14.
④ 李乐山：《工业设计思想基础》，北京，中国建筑工业出版社，2001 年版，第 259–260 页。

是，透过人类学的观念与方法，自觉地从“人”的生物性和社会性出发，可以还原“人工物”在人类历史长河中的价值“真相”。作为设计结果的人工物，通常在设计领域、生产领域、市场领域、日常生活领域、自然环境领域等不同领域，表现为作品、制品、商品、用品、废品等不同形式。这些人工物所体现出的文化价值、制造价值、交换价值、使用价值和材料价值，受创新、技术、资本、功用和可持续的逻辑支配，其本质是人工物与人的关系体现，是人以设计者、生产者、消费者、使用者和全人类等不同角色进行社会活动的价值体现，折射出意识性与自我性、工具性与具体性、社会性与多样性、丰富性与未决性、自然性与历史性等诸多人性特征（表1–3）。

人工物背后的人与人性　　表1–3

人工物	作品	制品	商品	用品	废品
概念来源	人文学科	工程学	政治经济学	人类学	环境科学
发生领域	设计领域	生产领域	市场领域	日常生活领域	自然环境领域
价值体现	文化价值	制造价值	交换价值	使用价值	材料价值
支配逻辑	创新	技术	资本	功用	可持续
人	设计者	生产者	消费者	使用者	全人类
人性特征	意识性 自我性	工具性 具体性	社会性 多样性	丰富性 未决性	自然性 历史性

“伽利略在从几何学的观点和从感性可见的和可数学化的东西的观点出发考虑世界的时候，抽象掉了作为过着人的生活的人的主体，抽象掉了一切精神的东西，一切在人的实践中物所附有的文化特性。这种抽象的结果使事物成为纯粹的物体，这些物体被当作具体的实在的对象，它们的总体被认为就是世界，它们成为研究的题材。”①这也正是用户研究的价值所在。用户研究需要反复追问和经常思考的问题就是：用户知道什么？用户能够做什么？用户又希望什么？人类学观念与方法有助于设计学的“人性自觉”，通过用户研究、系统设计和市场运作，自觉地寻求更丰富更复杂的人与人的本质关系。

1.3.3 文化自觉：设计学中的文化人类学观念

社会学者从群体生活方式中研究社会结构，文化学者从人的行为模式中研究文化象征的意义和作用，考古学者从物质文化尤其是古代的有形资料中解释人类行为，语言学者由语言结构隐喻社会结构、以语言活动比附社会活动，民族学者观察、体验、听取土著人的生活与观点，设计师则以针对日常生活的造物活动解读人们的“生活世界”……不同领域的学者从不同的角度入手，最终指向同一个终点，即丰富的人类文化。

文化，“是包括全部知识、信仰、艺术、法律、道德、风俗以及作为社会成员的人所掌握和接受的任何其他的才能和习惯的复合体”②，包含了道德观念、典章制度、器物行为三

① (德) 埃德蒙德 · 胡塞尔:《欧洲科学危机和超验现象学》，张庆熊译，上海：上海译文出版社，1988年版，第71页。

② (英) 爱德华 · 泰勒:《原始文化》，连树声译，桂林，广西师范大学出版社，2005年版，第1页。

个层面，是由理念价值、规范价值、实用价值共同构成的价值体系。从茹毛饮血、钟鸣鼎食到锅碗瓢盆，表现出饮食方式的变化；从结绳记事、笔墨纸砚到个人电脑，表现出书写方式的变化……设计的发展历程，是人类文明发展的一面镜子，不仅反映出各个历史时期的生产力发展水平，还反映了人类的行为方式和审美心理，更折射出对自然的理解、对社会的态度、对精神的追求。当人们的需求冲击传统载体、工具、工艺乃至风格、艺术形式时，更新的不仅是新生的工具载体和形式，而且是观念、评价、标准、方法、知识、技巧所构成的整个系统。可以广义地说设计创造了文明；作为物质形态创造的设计学，是一种典型的物质文化现象。

人类学观点与方法有助于设计研究与设计学科的发展。首先，一个社会中的各种文化现象之间相互渗透、相互影响，使得通过其他文化现象来研究设计文化成为可能。其次，不同民族由于其特殊的地域环境、气候条件、经济情况、人文思想、风俗习惯等，对改造自然和社会、适应生存发展所运用的原理、材料、生产也不同，其设计造物也会形成相应的民族特色和地域特征。此外，生活方式、群体行为、物产风俗、节庆活动、气候环境、宗教信仰等人类学观察研究的重点更是与设计息息相关。在文字让位于图像、思考让位于直觉的今天，真真假假的影像构筑着虚虚实实的世界，全球化、一体化、同质化的设计掩盖了不同地域、不同民族的人在不同时间的不同需求。设计创新来源于对用户真正需求的深入挖掘，关键在于"文化"和被激发的"文化自觉"。

所谓"文化自觉"，既是"生活在一定文化中的人对其文化有'自知之明'，并且对其历史发展历程和未来有充分的认识"，又是"生活在不同文化中的人，在对自身文化有'自知之明'的基础上，了解其他文化及其与自身文化的关系。"①基于文化人类学方法的用户研究，收集"本地人"的生活知识和设计灵感。只有进入该群体的世界，以该群体的眼光看待事物，才能对不同生活、不同文化有正确的理解。也只有这样才能跨越设计师与本地人之间的认知鸿沟。"文化自觉"的用户研究，有助于了解用户置身其中的民族文化、地域文化或群体文化的来历、形成过程及其特点；"文化自觉"的用户研究，通过人类学的听、看、记的基本方法，综合运用社会学、传播学方法及技术手段，充分了解当地的文化脉络，并以明信片、地图、照片、小东西等适合用户的物件，让本地人成为"发言"者，提供充足的用户信息；"文化自觉"的设计研究，以用户日常生活中的价值观念、思维方式、审美情趣、行为方式作为思考和观照的对象，帮助设计者洞晓用户文化模式的优势弱点，揭示隐藏其中的精神内核和深刻需求；"文化自觉"的设计创造，来源于对当地的知识与灵感的探察、发现、再组织和再创造，以"有灵感的数据"来刺激设计者的想像，与此同时，用户也激发设计者思考他们自身的角色和快乐的经历，进而提示我们：设计创新在于新的角色和新的经历。文化核心的问题是人类如何和应该以何种方式生存。关注文化，就是关注人的生活；文化自觉，就是人性自觉。

当然，我们也必须清醒地认识到，用户研究对生活的"复原"或对文化的"回归"，都只是一种表象或错觉。我们在现有的经验结构中对用户及其生活进行了"前理解"（海德格尔语），因而用户研究不可能复原用户及其生活的"本真"面目，而是立足于我们所处的当

① 费孝通：《论人类学与文化自觉》，北京，华夏出版社，2004年版，第222-223页。

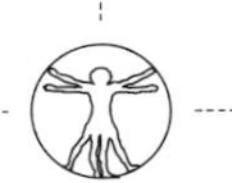

下语境，和用户进行对话沟通，形成一种"视界的融合"[①]。

此外，用户研究源于全球化企业与地方化市场之间的矛盾，反映出全球同质化与地方差异化的设计问题，表现出世界与民族、全球与地方、普遍与特殊的对立统一。以"文化自觉"的观念进行用户研究，要洞察用户所在群体的文化发展方向，清楚地认识到该群体文化在该社会文化中所具有的文化身份及其与其他群体文化之间的关系，更要对该群体文化所属的民族文化所具有的世界文化身份及其与其他民族文化之间的关系有一个清醒的定位。以"文化自觉"的观念进行设计创造，要在接受外来文化的同时，发扬自身的文化个性，对全球化潮流予以回应。"我们寻求的不是结果的统一性而是活动的统一性，不是产品的统一性而是创造的统一性"[②]。以"文化自觉"的观念进行设计创造，更要强调在文化转型过程中该群体的自主地位和自主能力，引导该群体为适应新时代、新环境而进行自主文化选择和自主文化创新，自觉地以本土文化、本民族文化的传统为依托，充分利用本土资源，吸收外来文化的优秀成分，促进本土文化、本民族文化的自主创新。既要知己知彼，取长补短，推己及人，又要相互理解、相互宽容和共生共荣，从而实现费孝通先生所言的"各美其美，美人之美，美美与共，天下大同"。

人类学是一门追求反思的科学，在努力获得一种特别的历史深度和一种相对文化立场的基础上，理解人类各种生活的不同可能性，并在深刻理解中解决这个时代、这个民族的问题。在经历了主位与客位的关系问题、文化人类学家职业伦理道德问题以及不同文化间交流的"主体间性"问题等激烈探讨之后，人类学由建立一种"关于社会文化的自然科学"，转而关注社会生活中意义的协调，确立了以格尔兹为代表的象征人类学以及"深描"的研究方法论。借鉴人类学的"他者的目光"、"非我族类"、"文化互为主体性"、"整体论"等观念与方法，有助于设计者把过去、现在、未来联系起来，更清晰更正确地解析人与人工物、人与人、人与自然、人与社会之间的关系。以"人性自觉"和"文化自觉"的方式建立人类学与设计学之间的联系，以具体的解释式、建议式的关注人类自身生存发展，有助于设计者更为敏锐更为细致地发现问题，更为真切、更为深入地认识问题，更为开阔、更为活跃地提出设想，更为系统、更为本质地解决问题。于人们尽情享受虚拟世界的感性狂欢和淋漓尽致的意欲宣泄中，重拾渐渐远离和淡漠的情感交流和生命感受；于世界民族之林中，使瑞典人更瑞典，法国人更法国，中国人更中国！

---

① 相关问题，Rittel 称之为"无知的对称性"（the Symmetry of Ignorance），胡塞尔表述为"主体间性"（Inter-subjective），在伽达默尔那里叫"视界的融合"（Fusion of horizons），语言学中则称"主位与客位"（Emic & Etic）。笔者注。

② （德）恩斯特·卡西尔：《人论》，甘阳译，上海译文出版社，2003年版，第111页。

第 2 章 体验设计

2.1 关于体验设计

2.1.1 体验设计的特点

体验是一个源自心理学的概念，指主体对客体的刺激产生的内在反映。主体并不是凭空臆造体验，而是需要在外界环境的刺激之下体现，它具有很大的个体性、主观性，因而具有不确定性。用户体验（User Experience）基于以用户为中心的观点（UCD），强调产品或软件的应用和审美价值，包括印象（感官冲击）、功能、易用性、内容等因素。这些因素相互关联、不可分割，共同形成用户体验。其中"印象"是塑造品牌形象的关键要素之一。用户体验是一种纯主观的在用户使用一个产品（服务）的过程中建立起来的心理感受。因为它是纯主观的，就带有一定的不确定因素。个体差异也决定了每个用户的真实体验是无法通过其他途径来完全模拟或再现的。但对于一个界定明确的用户群体来讲，其用户体验的共性能够经由良好设计的实验来认识。

每一种基于个人和群体的需求、期望、信条、知识、技巧、经验和感知的考虑都是人的体验。谢佐夫认为"体验设计"是将消费者的参与融入设计中，是企业把服务作为"舞台"，产品作为"道具"，环境作为"布景"，使消费者在商业活动过程中感受到美好的体验过程。

体验设计的特点在于：

（1）体验设计是一门新兴的交叉学科。体验设计不是一门单纯设计学科，这门新兴的学科正试图从认知心理学、认知科学、语言学、叙事学、触觉论、民族志、品牌管理、信息架构、建筑学等各种交叉学科中浮现出来，广泛应用于产品设计、信息设计、交互设计、环境设计、服务设计等不同领域的产品、过程、服务、事件和环境的实践。体验设计也可写成体验的设计（experiential design）。因此，体验设计团队要涵盖各种不同领域的专业人才，如工业设计师＋平面设计师＋电子工程师＋机械工程师＋心理学专家等，如同 Mission Impossible 中的团队，但不宜超过五人。

（2）体验设计是一种创新设计方法，而不是"形式追随功能"的传统设计方法。如通常基于按键式输入的键盘设计会通过改变外观造型去配合原先构造尺寸，而创新的触碰式输入则给用户带来新的使用经验。传统设计改变的只是"不一样"而已，而体验设计却会让产品"更好用"、让用户产生惊喜。设计之"真"在于事物本质，设计之"善"在于正确的方向，设计之"美"在于最后结果及其表现形式。

（3）体验设计的关注点从功能实现和需求满足转向用户体验，即达到目的（低）→感到满足（中）→产生惊喜（高）。假设火车公司委托设计师代为设计其商品，那么火车票的形式及包装并不是重点，重点是"如何营造一个令人愉悦的搭乘经验"，也就是让人感觉到搭火车即是度假的开始，而非到达目的地才开始，这就是体验设计所强调的。因此，设计师不单只是做造型，更要兼顾消费者、业务员、工程师及顾问的各种不同身份。

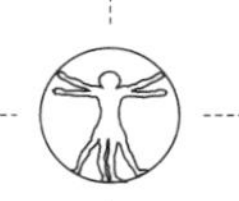

(4) 不论是一支笔，还是一个宏大的空间，体验设计都通过使用情境发现问题、明确目标和提供解决方案。从角色设定（Persona）到使用情境（Scenario），包括名字、性别、年龄、职业、环境、性格、生活型态，并以故事来表达设计。如儿童牙刷因为操作不灵活，所以牙刷不能做小，而是要做大（图 2–1）。又如麦当劳的广告：父母因为工作繁忙而忽略小孩；小孩觉得父母不在意他，而感到心里难受；父母突然路过麦当劳而想起愉快的经验，及自己所忽略的孩子，然后便带着小孩到麦当劳寻找快乐的气氛；最后父母及小孩都重温了欢乐的感觉（图 2–2）。

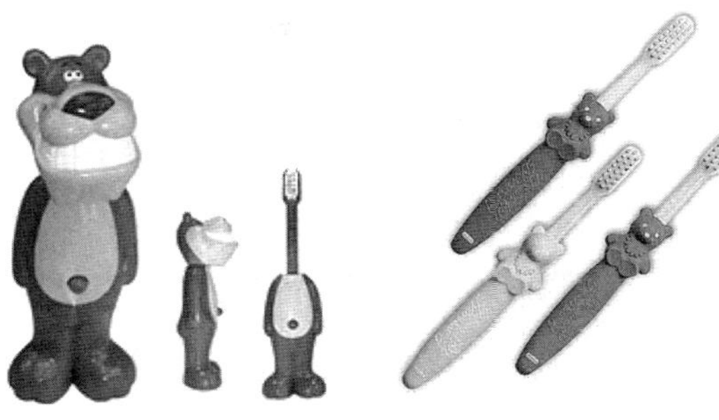

图 2–1　孩童用牙刷

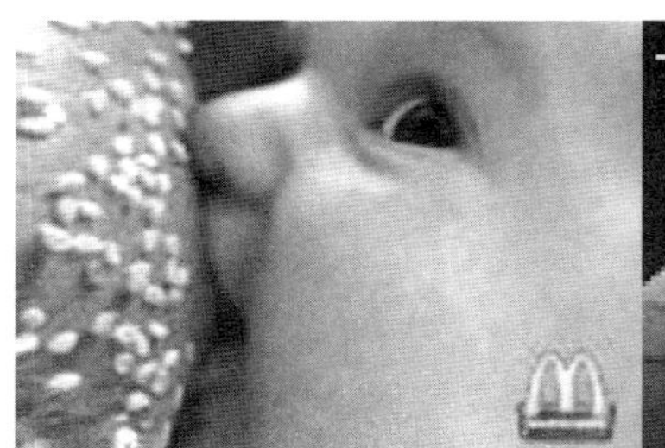

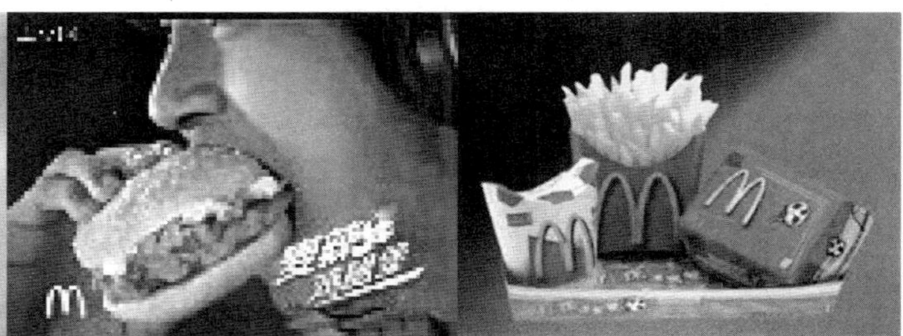

图 2–2　麦当劳的广告

(5) 体验设计的重点在于体验的过程，而非最终的结果；重要的是告诉消费者“我们可以为他做什么”，而不是“我们给了他什么”。如快餐店饮料销售量的下滑，不在于价格太高，而是饮料携带不便，常有弄翻饮料的案例，所以设计一个好用而不易弄翻的杯盖，比调降饮料的价格来得有用。

2.1.2　体验设计的流程

在用户体验设计领域有很大一部分人在做“交互设计”的工作，这种工作内容大体上来讲就是，设计师们在了解产品思路和用户群特征以后，即做完了用户研究之后，会做一些典型用户的角色模拟和使用情景模拟，即角色设计和情景设计，通过情景的再现演示来总结和逐步细化用户使用中的各种交互需求，即任务分解，最后用流程图和线框图的形式把设计结果表现出来。这种交互设计画出来的流程图是“用户使用流程”（图 2–3），而不是“底层业务逻辑流程”。虽然这两种流程听上去、看上去都很相近，但本质是不一样的。“使用流程图”是从用户的角度出发，在描述用户的交互过程和需求；“底层业务逻辑流程”是从技术实现出发，为了满足用户的需求。因而，可以说，将“用户使用流程”演变成“底层业务逻辑流程”，是在满足用户的需求；而把“底层业务逻辑流程”演变成“用户使用流程”，则是在规定用户按照你的设计来使用产品。而这种设计流程方式设计出来的产品并不一定就是用户想要的、便于用户操作使用的产品。

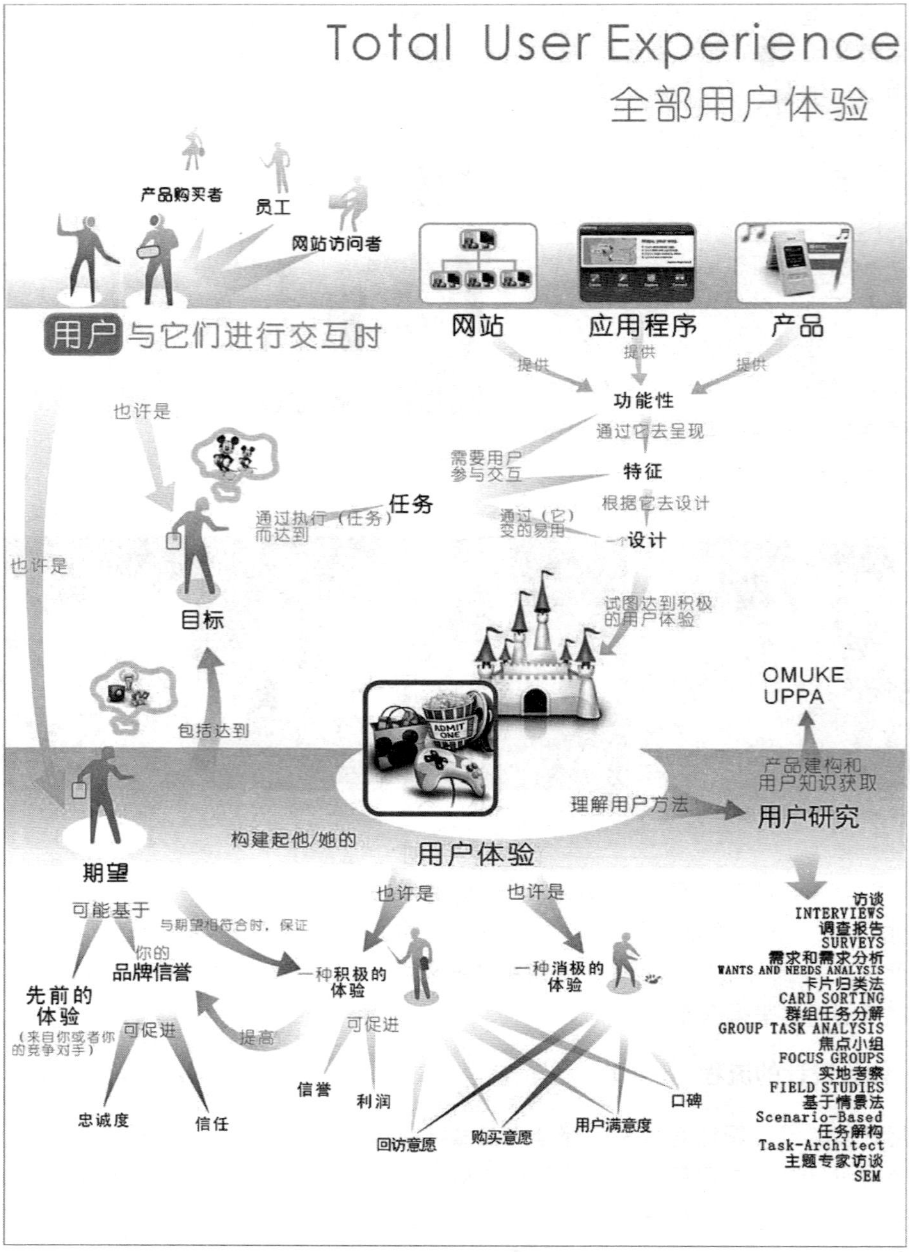

Total User Experience
全部用户体验

产品购买者
员工
网站访问者
用户与它们进行交互时
网站
应用程序
产品
提供
提供
提供
功能性
通过它去呈现
需要用户参与交互
特征
根据它去设计
通过（它）变的易用
设计
也许是
任务
通过执行（任务）而达到
目标
也许是
试图达到积极的用户体验
OMUKE
UPPA
产品建构和用户知识获取
包括达到
理解用户方法
用户研究
构建起他/她的
用户体验
期望
也许是
也许是
可能基于
与期望相符合时，保证
你的
品牌信誉
先前的体验
（来自你或者你的竞争对手）
一种积极的体验
一种消极的体验
可促进
提高
可促进
忠诚度
信任
信誉
利润
回访意愿
购买意愿
用户满意度
口碑
访谈
INTERVIEWS
调查报告
SURVEYS
需求和需求分析
WANTS AND NEEDS ANALYSIS
卡片归类法
CARD SORTING
群组任务分解
GROUP TASK ANALYSIS
焦点小组
FOCUS GROUPS
实地考察
FIELD STUDIES
基于情景法
Scenario-Based
任务解构
Task-Architect
主题专家访谈
SEM

图 2–3 用户体验流程图

显然，“先设计‘底层业务逻辑流程’再考虑‘用户使用流程’的设计”是标准的工程师思路，这和整个行业先前都是工程师背景有关。虽然做底层逻辑架构的设计人员会认为他们是在为用户做设计，但实际上，他们的特长并不在于此。而依照他们这种思路设计出来的产品，是为技术实现而设计的，却并非是为用户而设计的。

并且，这样一种产品设计过程并不利于推动技术的发展。当用户体验设计师做了某些好的必须的体验效果时，常常会从做底层逻辑架构的设计人员得到诸如“我们底层的逻辑

不是这样的，这个我们实现不了。只能放弃这部分的体验，不要考虑了……”之类的反馈。这种被底层架构规定了的体验设计十分普遍，这种现象既不利于更多、更新、更贴近用户需要的产品的实现，也不利于为了实现更好的体验效果而开发的新科技的产生。

用户使用的交互流程是底层业务逻辑流程的需求，而并非底层的“表现”。因而，用户体验设计的工作不应该仅仅在项目之初参与进去，而要把很多体验设计都放到底层设计的前面去。可以说，这是一个循环的迭代过程，而在这个过程前面的，则应该是用户使用的交互流程设计。实际上，负责产品需求的 PM 最好是先考虑产品的交互设计，然后再考虑底层的业务逻辑和架构，这样做出来的效果才可能会更有效。

2.1.3 交互设计中的用户体验

下面这张概念图形象地表现了“产品、体验、用户的层次以及它们与设计师之间的关系”的内在联系（图 2–4）。

（1）产品

根据艾伦 · 库珀（Alan Cooper）对交互设计的定义，可以把产品分为三个层次：外观（Appearance）、行为（Behavior）和内涵（Idea/connotation）。最外层的是外观，接着是行为，最后是内涵。应该说，任何一种产品都包含这三个层次，但根据市场需求的不同，各个产品在这三个层次上又有所侧重。

（2）体验

产品性质不同，其体验的定义和设计方法自然也不同。尤其是硬产品和软产品差别很大。所有的概念都在被重新定义甚至扩展定义。体验已从最初心理学中的定义“感受”扩展到了一种经济概念。

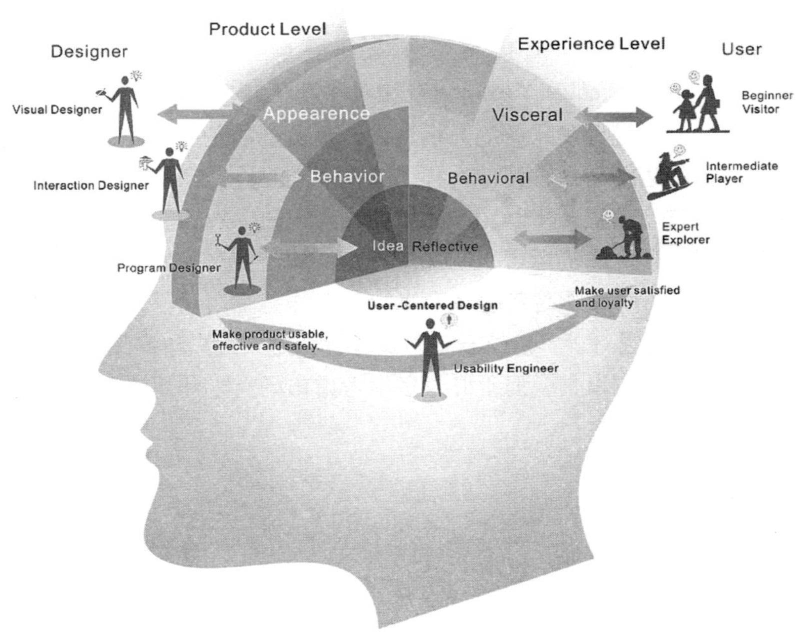

图 2–4 产品、体验、用户之间的关系

借用唐纳德·诺曼（Donald Norman）在《情感化设计》中的观点，体验也可分为感官的（Visceral）、行为的（Behavioral）和反思的（Reflective）三个层次。用户对一个产品的体验是递进的，首先是感官（产品看起来如何），其次是行为（也就是产品使用起来的感觉），最后是反思（对产品进行探索和思考）。如果一个产品第一感觉看上去不能满足用户的期望，很可能他就已经不再打算去使用这个产品、不会去和这个产品"交互"，更不会去探索和思考产品的使用原理。因此，不要随意夸大设计师特别是交互设计师和可用性工程师的能力和地位，他们所做的工作有时候甚至不比一个视觉设计师所做的更有效。

（3）用户

对应于体验的三个层次，根据艾伦·库珀的观点，产品的使用者可分为新手—浏览者（Visitor）、中间用户—参与者（Participator/Player）和专家—探索者（Explorer）。任何一个产品都同时具有这三个层面的用户，这种划分一方面可以反映用户的使用水平，另一方面从这三个层面用户群的多少可以反映产品对用户的吸引程度以及该产品在市场上的定位。从产品的三个维度来看，新手层次的用户较多关注于产品的外观，而对产品的使用和内涵关注较少，因此称之为浏览者；中间层次的用户关注产品的使用较多而较少关注产品的外观和内涵，因此称之为参与者（玩家）；专家层次的用户则较多地关注产品的内涵和实现原理并探索它们，因此称之为探索者。以经济学的观点看，产品的这三个维度的总和就是该产品对用户的效用。对同一个产品的同一个用户来说，随着体验的递进，产品的外观之于用户的效用是递减的，而产品的内涵之于用户的效用是递增的。因此，对一个有内涵的产品，用户将从新手演变为中间用户，然后成为专家。而对于同一个产品的不同阶层的用户来说，其效用是不同的，他们所看到的是产品的不同侧面，因此我们在做用户研究时，必须注意用户背景的差别。

（4）设计师

对应于产品的三个层次，可以将设计师划分为三种类型：视觉设计师（Visual Designer）、交互设计师（Interaction Designer）和程序设计师（Program Designer）。如果按工作内容排序，这三个职位是由浅入深的。视觉设计师负责的是产品外观的设计及创意，即产品看起来如何，要传达给用户一种什么样的感觉；交互设计师负责的是产品行为的设计和创意，即用户如何与产品交互，以及产品如何响应用户的操作；程序设计师负责的是产品功能的实现和创意，即产品的运行机制是怎样的，如何使产品的运行更有效率。这三个职位的清晰定义很重要，每个职位都应该有自己的工作范围，设计师之间需要交流，但不要越界行事。特别是交互设计师，应该仅仅负责设计和定义用户与产品交互的形式及过程，充分发挥自己的想像力和创造力，而不必过多地考虑市场需求和用户因素，把时间耗费在分析用户行为和规划需求上。

2.2 体验设计的方法

2.2.1 体验设计的思路

体验是在某些脉络下，因为某种动机所从事的活动中产生的感受。人会因为之前的经

验，影响到现在的体验，现在的体验也会创造更多、演变出更多不同的未来体验。体验设计，不是在设计“体验”本身，而是营造一个平台或环境来展演体验。

设计体验可从以下几个方面入手：(1) 五感：这样的体验通常是透过视觉、听觉、嗅觉、味觉、触觉等感官让人产生感受。在品牌或产品的设计上，透过五感的体验，来增强顾客对品牌或产品的体验感受。(2) 情感：这样的体验在于产生和人情感或情绪上的连结。通过物品或服务创造出正面的情绪，来建立顾客愉悦的品牌体验。(3) 思考：这种体验试图挑起人的挑战欲望与创造力。通过与产品或品牌互动的过程，让顾客不断地发展出惊喜、晕眩、挑衅的体验感受。(4) 行动：这种体验主要是为了产生身体上的活动感受、建构生活风格、引起互动，提供顾客另一种行动的方式，来提升顾客的生活价值。(5) 关联：结合了五感、情感、思考与行动，就是这种体验的样貌。这种体验主要是把个人体验延伸扩展到与他人、社会、文化的连结。

体验设计的价值在于经营生活的文化。(1) 产品。产品加上体验设计，是将问题回溯到本质，去探究设计所能带来的价值。以 S·彼勒格瑞 (S.Pellegrino) 的 wonderful water world 设计为例[①]。它不但应被视为一种资源，而且还作为一个感官和物质上的“体验”。水的设计是在发展水的新价值，从喝水的方式、生活的方式来思考，让设计的产品为使用者提供另一种水的体验。(2) 服务。服务加上体验设计，重新思考人的生活意义。以柏林德意志未来银行为例，银行提供的价值不再只是一般的存款、提款、贷款等基本服务，而是帮顾客建构新的生活价值。银行是一个聚会的地方，到银行是为了去见理财专员，是为了和其他人交流金融的运转、生活的意义。整个银行的氛围设计，以“人”为主要考虑的重心，空间宽敞，方便人与人、人与信息的交流。银行更将抽象的服务转化成具象的产品，不但让客户有购买商品的感觉，还能将银行的商品当礼物送给亲朋好友。(3) 城市。城市加上体验设计，建筑一个生活平台，让人们能在这平台上展演一种动态的有机循环。巴塞罗那就是一个体验型的城市，人们可以游走在高迪的建筑世界中，可以重回 1992 年奥林匹克村，可以从高山眺望海景，也可以像当地居民一样在海边沙滩上享受早晨银色的阳光。人们活跃在城市的每个角落，用自己的生活风格累积城市的文化体验。

图 2–5　关于“水”的体验

2.2.2　基于用户体验的 POSE 法[②]

通常，提升设计质量的要素包括：理解企业的目标、核心竞争力及市场占有率；学习最终用户使用的体验是如何形成的；以及将设计物化为各要素（例如形式、色彩、模型等）以使最终结果令人满意。POSE 程序是一种将各要素结合起来的设计程序——一个由问题开

① http://www.iguzzini.com/html/en/628.html

② John Cain:《基于生活体验的设计：关于商务设计创新的科学》，设计管理协会编:《设计管理欧美经典案例》，黄蔚等译，北京理工大学出版社，2004 年版，第 138–140 页。

始，以满足各方面要求（包括企业目标和用户日常生活使用经验要求）的解决方案和形式为结束。POSE 所代表的产品研发过程从发现问题开始，到提出可行途径，然后是解决方案，最后是具体产品（图 2–6）。

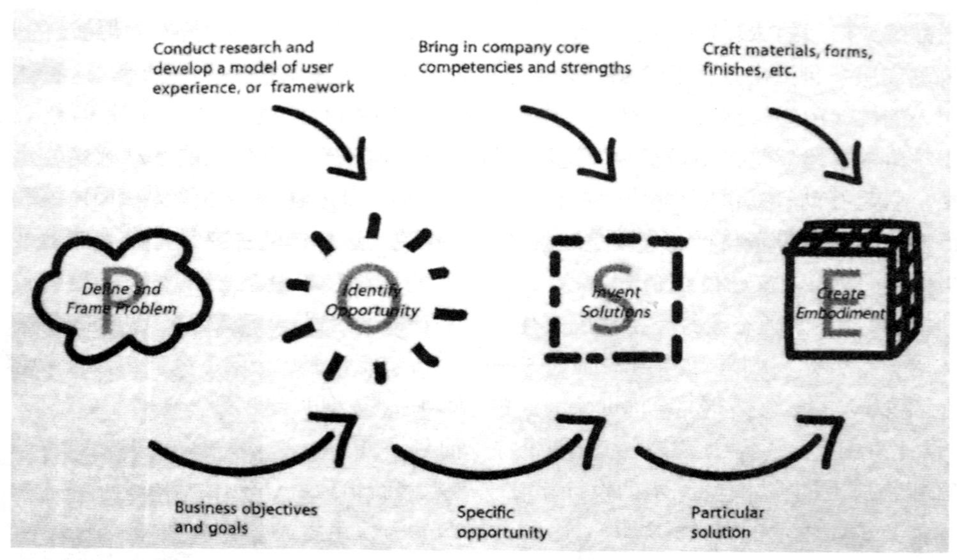

图 2–6 POSE 法

1．定义及概括问题

首先，将“现有问题”或关键议题从以商业为出发点的“概括”转化为基于最终用户或使用经验的“观点”。理解用户使用和体验有助于升华该商业问题，其他方法则办不到。一个商业问题有可能是这样提出的：企业要阻止自己的手机产品在商业市场上的滑坡趋势。如果从体验设计的观点出发，这个问题将被重新定义：用户对手机、移动通信甚至普通通信手段的日常经验是什么样的？

然后，深刻了解隐藏在表面的商业问题下的日常使用及体验。通常运用民族志学的研究框架，研究目标市场手机用户的使用体验的“想—做—用”，如：（1）对于在工作场所中手机、技术和通信的态度、信念及观点。（2）在办公室或其他工作场所中的行为习惯和方式，以及使用手机的方式。谁用？什么时候用？为什么用？（3）使用的典型例子，工作场所中的有关通信工具，直接或间接交流发生的场所等。

2．确定方向

框架完成后，下一个重要的目标就是找到一个正确的方法来延伸或改变现有的体验，以满足商业目的——尽管有时商业目标自身在这个过程中也会改变。这一步骤将用户体验模型与商业目标结合在一起，并在两者中找到一个“平衡点”或杠杆——其实最终两者都受到了影响并会作相应调整。一个完美的市场策略是通过两者之间的交流产生的，而不是一味强调一方而忽视另一方。

确定方向是一个系统化的过程，它确定什么支持而什么不支持符合用户希望的产品及服务的功能和使用方式。确立了所有这些内容之后，框架就进一步成为方向途径“地图”，

显示出公司可以注重考虑研发新产品及服务的潜在着眼点，以及对该变化的评估。

以手机和商业通信为例。手机在用户周围创造了一个相对私人的空间，有效地将用户与附近的人们与活动隔离开。在一些情况下，这个相对空间（也是现实）是重要而且必要的；在另一些情况下，这对交流等团队工作则成为障碍。新产品能不能同时支持“私人”模式又满足“公开”需要呢？这个方向又如何达到客户的商业目标并取得其中的平衡？它与已确认的及预想中的目标是否相关联？当框架重新组织分析这个问题时，以上问题的答案就会出现，给予设计者了解现有体验的途径，同时也为创造新的体验提供了基础。

3. 设计解决方案

好的设计是在考虑材料、形式及结果之前就解决了问题。设计解决方案就是将两条线的信息结合进 POSE 系列中：一条是特定的方向（承接之前的目标），另一条是企业的核心竞争力及市场优势（如新技术实力、市场渠道及创新设计能力等）。设计解决方案并不是纯粹追求创意概念的数量，而是设计符合开发方向的特定产品和服务，同时实现企业的实力（无论是现有或是经过努力后可能有的）。为了达到成功，商业创新必须要在企业目标、核心竞争力与日常使用经验的要求之间找到一个平衡点。

需要强调的是：所定的方向应被由原始问题延伸出来的外延所支持。换言之，一个“产品”问题应由相关服务、信息、环境、渠道等方面来支持。如，要设计一个可让商务人士同时作私人和公共谈话的产品和服务方案，应由产品定位、产品开发、服务开发及市场信息来支持。

4. 建立最终的表现形式

表现形式结合了两个方面：一个解决方案和使创意满足真实世界的材质。表现形式是有形的特定产品和服务、信息以及环境，它生动表现了解决方案。解决方案看上去是整个过程的最后一步，然而并非如此。传统理解中的“设计”问题应该通过“设计解决方案”的步骤来解决。成功做到这些后，最终结果应该由体现解决方案的最后形式及解决方案对方向和问题的针对程度来评价。

耐克的设计师米查德·希（Michad Shea）评价波顿滑雪板的设计价值说：“通过杰格·迪波拉·坎普（Jager Dipaola Kemp）的设计……成功地使产品传达了它的使用者（滑雪者）所需要的真正价值信息……它们是成功的，因为它们……诠释了这项运动的内在激情，这都归功于直接的交流沟通，而非间接的方式。” 波顿滑雪板体现出设计者对企业的任务、远景、价值及目标的清晰认识，以及对使用者（企业老板、设计师等）使用产品（滑雪板）的体验的充分了解。可以确定的是，设计者并非埋头苦想滑雪板可能有的最酷的外形，而是积极地想使产品表达波顿的品牌，并了解滑雪者使用他们产品的方式（图 2–7）。

这些设计师及他们那被公认为美妙的作品是不同寻常的。设计界将这类的理想境界作为追求和奋斗的目标。然而我们仍然对能产生这样完美结果的条件结构缺乏在一个更为理性、可靠基础上的清晰认识。设计者不应只关注设计中的特定结果——形式——并以其作为衡量设计价值的标尺，而应将关注焦点放到用户身上，在体现和满足人们真实需要的前提下，寻找解决方法和表现形式。

图 2–7 波顿滑雪板

2.2.3 剧本导引法①

剧本导引设计法的主要原理是利用人类的言语表达能力即讲故事的能力以及想像力，将设计师和相关人员带入使用产品的具体的故事情景中。透过具体的故事情景，设计师可以充分体验故事中各个不同角色的感受，并将与产品设计相关的信息吸收与消化。剧本导引设计法可概括为“透过观察→说故事→写剧本→显现情境→设计体验→沟通传达”的产品设计方法。

情景故事包括“人”、“物”、“环境”和“活动”四个要素。“人”指的是“物”的使用者即目标消费者，以及消费者的相关信息，包括年龄、性别、性格、健康状况和家庭经济状况。“物”指的是被设计的产品，包括产品的功能、形式、价格、材料和色彩等。“环境”指的是使用产品的具体环境因素，包括居住空间、流行时尚、社会与经济结构等。“活动”指的是发生在“人”、“物”、“环境”之间的相互联系，即“人”在“环境”中使用“物”的过程。剧本导引设计法主要是以推演情境故事来发展设计概念。故事可以分为三个类型，如果发生在过去，则可称之为“故事”，如果正在发生，则可成为“历史”，如果发生在将来，也称之为“故事”。记录人、物、环境和活动相关信息的则称之为剧本即脚本。

剧本导引设计法主要是以设计师和相关设计人员的思考力和想像力来合理地推演使用产品的具体故事情景，并将其按照具体脉络的组织成一个整体。整个故事的推演过程是以“人”、“环境”和“活动”背景信息为依据。在发展故事之前，要对“人”和“环境”作充分的研究，对“人”和“环境”的研究工作是剧本写作和发展故事的基本。“人”的研究即“使用者”的研究，主要是运用人类文化的调查方法收集不同目标组群的相关信息。“环境的研究”即对产业技术、社会文化、市场经济等发展趋势和方向的判断。

经过对“人”和“环境”的研究过程，就获得了发展故事的合理基础。故事剧本因此而得以发展。它的步骤如下：

(1) 产生演员表

说故事写剧本的第一件事就是决定演员表，通常三到五个，每个演员代表的是使用“物”即产品的一个组群，因此组群的覆盖面越大越好。表 2–1 为一个初阶计算机绘图外围设备设计案的“演员表”。

① 余德彰等：《剧本导引：信息时代产品与服务设计新法》，田园城市，2001 年版。

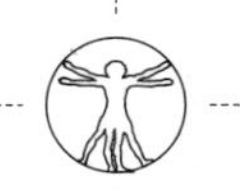

初阶计算机绘图外围设备设计案的“演员表”　　表 2–1

姓名	Gary	Rebecca	李大忠	Ben
使用环境	办公室	住家工作室	书房	办公室
性别	男	女	男	男
年龄	32	23	17	42
教育	研究所	大专	高中	大专
工作职位	SOHO	平面设计师	高中生	主管
硬件环境	扫描仪、无线鼠标、PC	扫描仪、鼠标、PC、eCAM	eCAM、MS 鼠标	鼠标、PC
人格	细心工整	利落、简洁、幽默	积极好奇	略保守
专长	影像编辑	平面设计	玩计算机游戏	多媒体分析
收入	50000	45000	5000	70000
理由	编辑工具、影像修正因非专业、Welcome 太贵	手绘输入、影像修正初入门、不会买太贵的专业产品	多媒体、网页制作学生、不买昂贵的专业产品	手写输入、一般中文输入法不太会用
嗜好	球类运动	歌唱、 卡拉 OK	登山旅游	看书

（2）制订未来情境

产品设计企划要考虑到未来两三年以及更长时间内的产品使用方式、形式风格和色彩风格等。因此要对产品发展趋势即其未来情境有一个预先的把握，称之为“未来情境预演”。影响产品的发展趋势的因素可以分为两类，包括主要的未来关键因素和不确定的未来关键因素。主要的未来关键因素包括技术发展、社会变迁、经济变化和政治问题。不确定的未来关键因素可以按照两轴分类，然后每组因素取正负发展，形成四个象限（图 2–8），针对不同象限编写不同的剧本。通过对各种因素的全面系统的分析和预测，保证产品在未来销售时的利润。

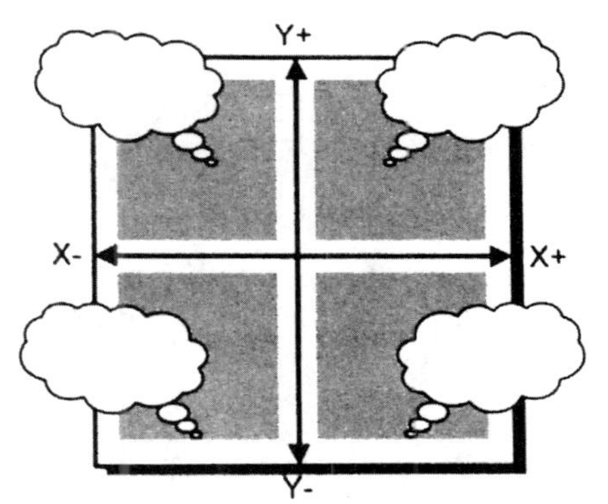

图 2–8　关键性的不确定因素的四个故事空间

（3）建立活动地图

活动地图主要是以人的活动范围为基础构建的，以便设计师按图设计时不至于遗漏。活动地图有日志式地图和旅程式地图。日志式地图定期观察周期发生之事，如生活中的一天、一周、一季或一年，旅程式地图则是描述由发生到结果的单一生命周期。

（4）起承转合创意引导

剧本的写作要经过“起”、“承”、“转”、“合”四个阶段。第一阶段“起”要从生活形态、社会趋势、市场定位、分析等角度分析使用者的面貌，从而引导设计师及其相关人员进入背景情境。第二阶段“承”通过“麻烦的剧本”、“梦想的剧本”，并使用情境、互动模式与关键议题等方式发现问题，积累解决问题的灵感。第三阶段“转”要透过“应用的剧本”、“互动的剧本”，将设计灵感转换成应用概念、互动概念和产品仿真等具体概念。第四阶段“合”透过“营销的剧本”、“商展的剧本”、“测试的剧本”和“使用的剧本”，将概念转化为成熟的、具体的产品规格、产品型录、行销策略（图 2–9）。

表 2–2、图 2–10 和表 2–3、图 2–11 是应用剧本导引法所形成的剧本和场景示例。

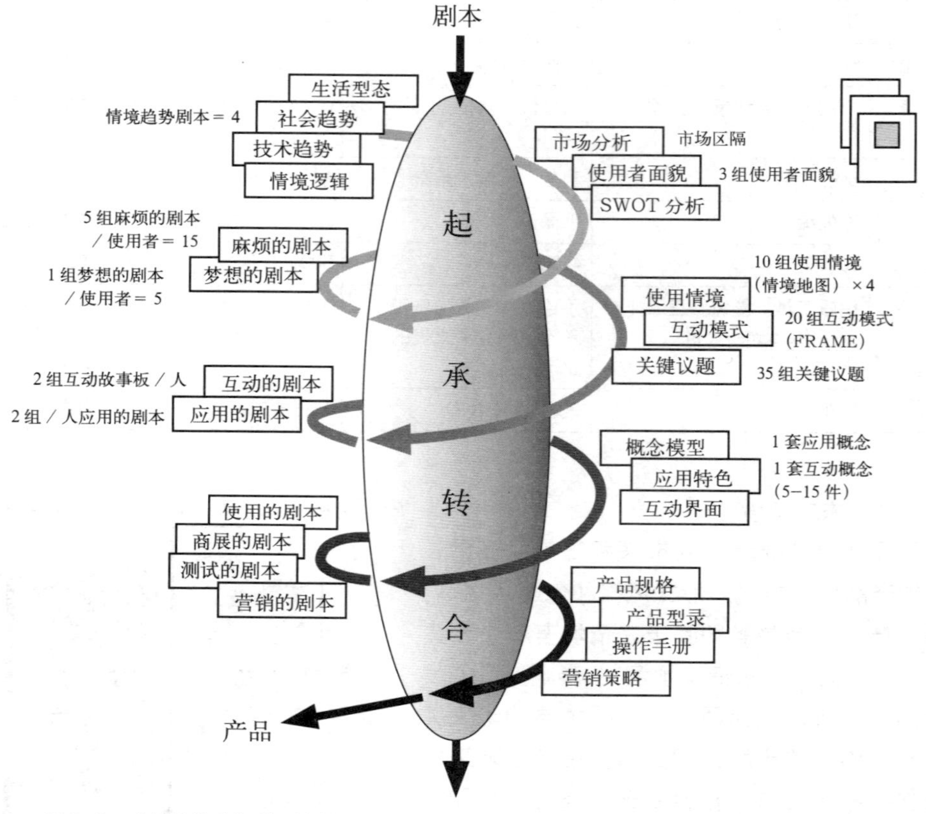

图 2–9 “起承转合”的剧本种类

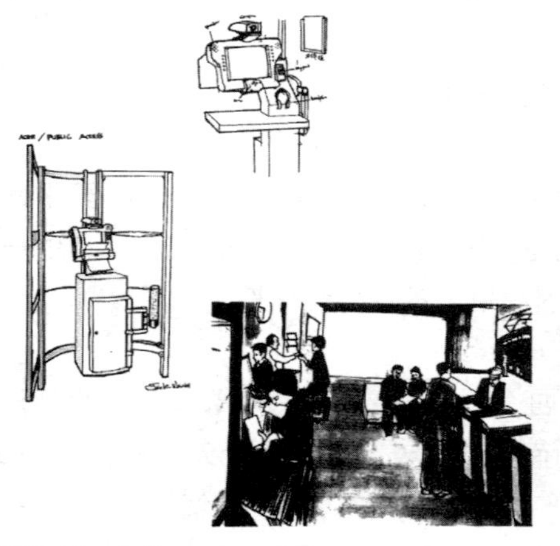

图 2–10 公共区用视讯会议产品剧本主场景

图 2–11 简易型视讯会议产品剧本主场景

公共区用视讯会议产品剧本及场景　　**表 2–2**

场景	情境描述	需求
1	Jenny 是一家光学公司的设计人员，这天早上 9:00 左右，她在火车站等火车，由于火车误点一小时，但是 20 分钟后，她必须在会议上提出报告，会中她要的小模型也在她手上	
2	还好，在火车站的大厅边设有"影像电话亭"，她走到里面从公文包拿出"影像电话卡"插入，先接通公司的 Tina 后，再由 Tina 电话联系外面的广告公司一起进行"会议"	· PCMICA、SMART CARD 需求或收费卡 Insert Slot · Multi–point conference 需求 · 由公司的豪华型方可三方通话
3	首先由她发言提议，她一边发言一边将一叠 A4 文件放在"文件框"上，当要开始说明文件后，她按下"camera remote"键，镜头自动转向文件，Auto Focus 后，她按"send"，开始一张一张地翻开，并加以说明，这时广告公司对其中一份文件提出 update，Jenny 看了以后按下"capture"键将它拷贝下来	· A4(A3) 文件框 · camera rotating 功能 · Auto Focus 功能 · Capture 及 copy 功能键的需求 · Auto Focus(S/W,H/W)
4	最后公司的 Tina 要求 Jenny 将手边的模型 present 一下，她因为站得太久太累了，拉下靠墙的折叠椅，坐下（坐的高度与原来站着的高度差不多），外面太吵，Tina 多次要 Jenny 提高音量，这么久口干舌燥，她就把挂在旁边的 Headphone 拿下来戴起来	· 输入方式（Hot Key） · Headphone 的需求 · 亭子内的环境设计，操作仿真（椅子的设计？）
5	Jenny 要 present 模型，她把模型放在"对象台"，按下"object capture"，camera 自动转向"对象台"，然后 Auto Focus，可以按 ZOOM–IN 或 ZOOM–OUT 键调好画面然后 send	· Objective Focus · Zoom–In /Out 操作键
6	火车来了，她必须结束会议，于是她带着会议中 capture 后 copy 的书面文件，在火车上可以再详细浏览。她匆匆上了火车，心里想着"影像电话"，还真是提升了她的工作效率	· Printer 的需求

简易型视讯会议产品剧本及场景　　**表 2–3**

场景	情境描述	需求
1	Jonson 是一家广告 Studio 的负责人，他拿出一台可携式的会议用摄像机，放在工作室的一角的 TV 架上，把 camera 展开	· 可携带式考虑 · 可接 TV(monitor) · Camera need
2	他请所有负责 Project 的人一起参加。时间一到，Johnson 拨通后，他用手自行调整好 camera（自动式的），在 TV 上可以清楚看到对方。他拿出一块手写输入的数字板，插在主机上	· 机械式 Camera 调整 · 数字板（手写输入）Port 需求
3	Tina 那边请 Johnson 将计划书提出时，Johnson 拿出文件放在文件台上，将 camera 调好角度，在 TV 上将焦距对好，一张张将计划书报告传到 Tina 那边 Capture 下来，画面也传来 Jenny 从车站那边丢过来的信息。他听了 Jenny 的 ideal 及模型产品说明，觉得非常符合他们自己的计划，只要稍事修改即可。Johnson 马上提出，用手写输入板把修正的 Drawing 及文字输入，一并丢给 Tina，再传给 Jenny，Jenny 那边非常赞成	· 文件台帮助 Camera 调整焦距用 · FCapture 功能见度(S/W) · 可修改的 S/W 功能
4	Tina 那边的人及 Jenny 在画面上加上 Command 及 Drawing，Johnson 这边也再修改一部分，最后大家都同意了，大家都将其 Capture 下来。Tina 对 Johnson 提出许多 Proposal。有一件 logo 图案，因为马上要用，资料需要更精确，Johnson 拿 Scanner 出来接上主机，将资料丢过去给 Tina	· 修改自动 Feplace 原有 Command 或 Drawing · Scanner 功能的加入？
5	Tina 把最后的结论再丢回给他，他用 3 寸盘拷贝下来交给相关人员，结束这次会议（用 copy 热键拷贝下来）	· FDD 的需要？或通过 mail 到 PC 上，再由 PC FDD 拷贝下来

2.3 设计机构的体验设计实践

2.3.1 伊丽莎白·桑德斯（Elizabeth Sanders）与体验设计

桑德斯开设了 SonicRim 设计顾问公司，主要为各大公司提供设计研究服务。他依据研究重点和获得信息的方式不同，将用户研究分为三种类型：Say，通过语言的方式交换信息；Do，通过观察他做什么理解用户行为；Make，让用户亲手制作一些东西，从中发现他的期望与需求。用户的每个状态都有可能显露出独特的创造机会与全新的设计限制，任何单一的传达方式都会对用户研究有所局限。桑德斯认为问卷、访谈等文字与语言的信息交流方式很容易产生"意义"污染，思维中那些"默许的"与"不可表达的"信息会被语言所遮蔽；而仅仅观察用户行为会带入更多观察者的主观成分；让用户自己来制作，就会使他们的期望视觉化。因此，桑德斯认为，好的用户研究应该覆盖此三种方式，即"体验设计（Experience Design）"①。

桑德斯发展了一套产生式、创造式的探索用户经验的工具，通过二维工具箱（包含纸板造型、彩色照片等）和三维工具箱（各种不同造型的按钮、旋扭、面板等），帮助用户叙说生活经历和产品使用经验。通过不同工具的组合，或引出人们的情绪反应和传达形式，或发掘人们的形态认知和意义理解。工具中包含了语言、行为以及视觉形式的构件，这些构件又可组合出无限可能的形式；人们利用这些工具组合出人造物，来表达他们的思考、感觉以及概念，同时也可以表达想象中的意象或梦想的画面等难以用言语表达的意念②。需要指出的是，这些工具必须是简单且语意模糊的，以便参与者能够将自我期望和欲求投射于他们所创造的物体之上。

2.3.2 飞利浦的体验设计

你想知道欧洲人、美国人、亚洲人、非洲人世界各地不同人种对圆形、方形的感觉究竟有什么不同吗？这不是脑筋急转弯，而是飞利浦的设计师们研究的课题。每一年飞利浦都会设置 10 个类似这样的概念问题，激发大家的想象及观察力。设计师的工作不是简单的画图，而是要捕捉人们内心的需求，赋予产品动人的灵魂。

在飞利浦的设计师看来，捕捉消费者内心的需要、发现生活中潜在的趋势是自己首要的工作。在飞利浦全球 12 个设计团队的 400 多位成员中，除了设计师外，还包括未来学家、心理学家、历史学家、人类学家等，这些员工擅长产生新鲜的主意并对已有的事物进行自由联想的演进。他们观察人们的生活，不仅仅是看人们如何使用产品，还要研究人们的行为心理。飞利浦公司设计部趋势与战略主管约瑟芬·格林（Josephine Green）认为，只有在设计中加入社会和文化方面的研究，才能带来更平衡的生活品质。

的确，如果创新设计仅被视为实用美术、产品设计而局限于造型设计，就无法真正增加用户价值，与"人造美女"无异。工业设计应该与生活需要联系起来，建立一种新的生

---

①唐林涛：《设计事理学的理论、方法与实践》，清华大学博士学位论文，2004 年，第 51 页。

② Sander, E. B. N. (2000), *Generative Tools for CoDesign*, In Proceedings of CoDesigning 2000, London: Springer。

活方式。约瑟芬·格林称："我们团队的研究课题包括社会价值观深处所隐含的影响未来世界构成的趋势，我们利用未来学和社会科学、文化和设计学进行分析。"

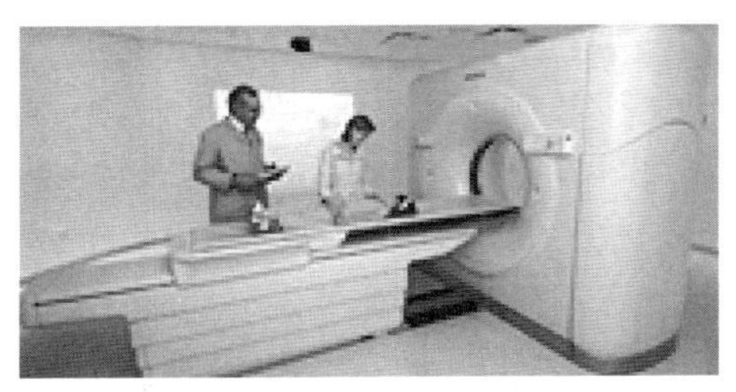

图 2–12

以儿童综合医院儿科 CT 扫描仪为例。当小孩子进入儿科成像室时，他们会看到绿色的小外星人在太空船上飞来飞去。外星人的出现会给小朋友们惊喜并让他们屏住呼吸，而这只是飞利浦放射检查过程创新方法之一，称之为"环境关爱体验"（The Ambient Experience）。这是一种前所未有的体验。对于小朋友们来说，医院是一个非常可怕的地方。他们习惯了在舒适的小床里甜甜地入睡，或者在妈妈温暖的怀抱里肆意地撒娇，而放射科室里冷冰冰的环境会让他们感到非常害怕。现在，"有趣"将会让这种"恐惧"感觉消失殆尽。飞利浦推出了一种全新的成像环境，专为年幼的患者而设计。它充分利用了最先进的环境照明、动态投影、射频技术和环绕立体声等诸多先进的技术。而 Brilliance 40 slice CT scanner 正是它的中心。营造身临其境的感觉会让小朋友们很不安分。而让他们安定下来的一个有效方法就是他们要什么就给什么。路德·吉纳（Lutheran Genera）儿童综合医院的小患者就有很多选择：候诊室里可以看到六个可爱的卡通形象，让他们选择一个最喜欢的形象。拿出相应的射频识别卡，在 CT 扫描室中激活所选的卡通形象。"扫描"放在飞利浦"小猫扫描仪"旁边的一个玩具，看看小朋友对于检查的反应。在进入 CT 扫描室时，将射频卡放在红色的大"X"上，便可立即激活选定卡通形象的灯光、音响和影像效果。这时即可开始检查，绿色的小外星人将再次出现，帮助小朋友屏住呼吸 20 秒钟，这是进行成像研究所必需的。这都有什么用处？放射科主任 John Anastos 医生回答说："当小朋友们在他们所处环境中感到自然并且安安分分时，我们将不必费力让他们安定下来，而且也不用做太多的重复检查工作，这样就能将这些小患者受到的辐射大大减少……提高了患者或家属的认同感，便能营造更积极的环境，减少他们的顾虑，这样他们将更加乐意接受检查。"飞利浦一直致力于为用户提供贴心的应用技术，最大限度地保障他们的利益。

又如"诺亚方舟"项目中，投影系统所呈现的整体场景，唤起人们生理的自然节奏，帮助休息，以自然的方式丰富其睡眠、苏醒的活动，同时引起心灵与自然的共鸣。

2005 年柏林消费电子展（Internationale Funkausstellung 2005）上飞利浦展出了发光织物，即纺织物中植入发光系统，由此作为一个柔软的显示屏。他们研发了一个由整块布料做成的可以互联的基体，在基体上安置了 10×10 的红绿蓝 LED 矩阵，然后把他们发到日常的布织物品，如枕头、背包、地毯等。这个可图像化的电子织物在飞利浦叫作"SMS pillow"，也就是你可以用发送短信的方式来改变显示的文字或图案，而且还可以显示动态的图案，就如 Windows 媒体播放器里面的可视化效果的动态图案一样。这种技术的应用前景很广，以后你身上穿的衣服也可以作为一个电子屏幕，你可以以这种方式来表达你自己、发布消息等，而这样

图 2–13

的一件 T 恤衫肯定又是下一个广告发布媒体。

2007 年荷兰设计周（Dutch–Design–Week，DDW）上，飞利浦设计带着两个体验设计项目 SKIN 亮相。作品旨在将电子和生化技术融入生活，通过服装来和外界交流、表达情绪。他们做了两组概念模型，Bubelle 和 Frison。Bubelle 通过里层的感应器察觉穿戴者的情绪改变，并把它们在外层投影出来；Frisson 上的 LED 灯根据人的兴奋程度而发出光。现在我们可能觉得不太习惯于将自己的情绪直接表达出去，比如“不高兴”，你就不想让每人都看到你脸上写着这三个字，但人总是渴望不断地表达和交流，无论是和人还是环境。同年 10 月发表的旅馆情境概念中，Daylight 为客户营造了光影服务。旅馆除了提供一张舒服的床，还能照顾旅客在旅馆里的所有感官，光影是启动这些感官的因子。Daylight 就是控制这些光影的界面，使用者可以挥动手臂来改变窗上爬藤的影子，以及太阳光照射进来的颜色。透过客房服务设定的叫醒服务（morning call），在早晨，爬藤会逐渐散开，透进晨间的朝阳将旅客唤醒。

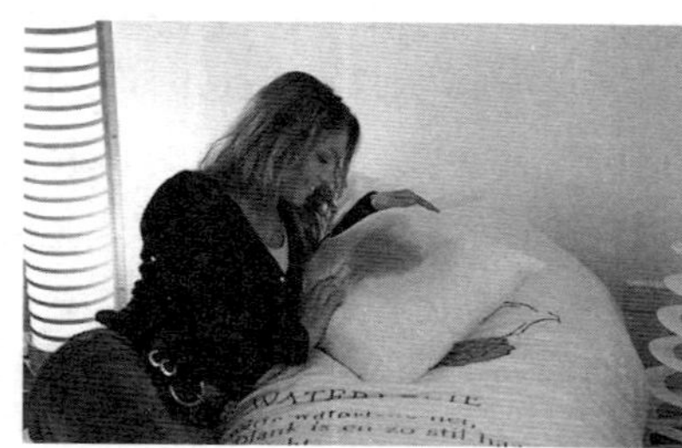
图 2–14

图 2–15

图 2–16

飞利浦最新的研发概念，让照明技术能够透过简单的设计，更加融入生活当中（表 2–4）。

飞利浦的照明体验 **表 2–4**

作品名称	图例	作品说明
Light Chimes		能够察觉风和温度的变化，并以这种变化来改变灯光呈现的样式，定位于未来庭院生活的照明。一个环形的灯圈，以及可以插在户外庭院中任何地方的长杆子，无线（预充电）。当风从灯孔中穿过时，灯光就变得明亮起来，颜色也可以随着温度的变化而变化，你就可以通过灯的颜色亮度的变化来知晓环境的改变，于闲庭观风听雨。
The Chameleon		变色龙灯能够按你展示给它的颜色即时改变灯光，你只要将带颜色的东西靠近那个传感器即可。灯的中心是一个传统的发白光的灯泡，而周围是 LED 环形灯，将所选颜色投影到灯罩上。

续表

作品名称	图例	作品说明
Herbarium		一个智能的植物培养温室，为植物（一般是为你提供健康环境的药用植物）提供最好的气候条件，它能够辨别出所种植物的种类，按照理想的生长条件为你提供指导。
Intouch		一个挂在墙上的触摸屏式交流工具，从一对一的交流回到群到群，以及家到家之间的交流。
Led Bulbs		这是一组家用 LED 灯，可通过各种新方式来改变灯的颜色和效果。图为通过扭转来改变灯光的颜色和效果。
Looklook		能够即时获取景物画面并马上传到手机或者投影到任何表面和别人分享。
Momento		一个不一般的玻璃球，里面存储着那些值得纪念的生活片断，当你回放时，这些短片将悬浮显示在玻璃球里面，而且玻璃球没有任何按键，当你接近它拿起它时，它就激活了。而你需要选择你想看的短片时，只要摇晃它即可。
Music Explorer		它由两部分组成，一个为固定的扬声器基座，而另外一个就是可以拿在手里的触摸屏式控制器，共有 4 种模式，分别为 Home（导航和播放）、Shop（购买和增加音乐）、Disc（播放碟片操作，碟片在基座）和 Radio（网络电台）。浏览、选择、播放等操作简单直观，运用星云显示模式，比如选择一个主目录进入，那么这颗星和它的星云将放大让你进行下一步操作。
阳光		这颗人造太阳有着与自然光接近的波长，可以依照需要调整日升日落的时间，藉以调整使用者的生理时钟（不过从这张图来看，这颗太阳实在太暗了一些）。

续表

作品名称	图例	作品说明
神奇小画家		家里有小孩的朋友，一定会对这个产品非常有兴趣。这套产品可以让小朋友在家里随意涂鸦，而不会弄脏洁白的墙壁，粉笔灰也不会飘洒得到处都是。哇，这么神奇的事情是怎么办到的呢？很简单，只要用飞利浦的神奇画笔、神奇橡皮擦、神奇画画棒以及最重要的神奇镭射投影筒，就可以轻易地将家中任何一个地方，转变成小达 · 芬奇创作的画布。
圣水泉		一次性同时进行炭过滤、UV 杀菌、添加矿物质以及冷却功能的水瓶，让您每一口尝到的都是纯净、甜美的圣水。
定时“光”钟	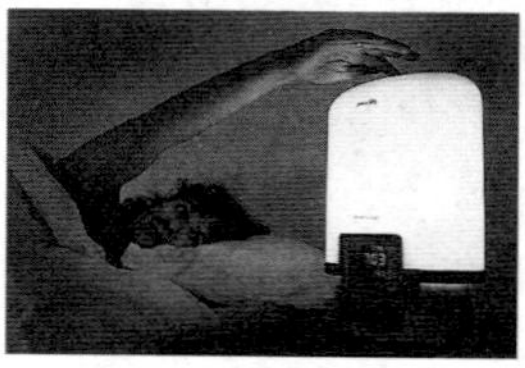	谁说叫人起床，只能用嘈杂不堪的噪音，搞得人心神不宁呢？飞利浦带给我们全新的和煦日光时钟。到达设定的时间时，这个灯光便会微微亮起，不仅照亮你的眼睛，更要照亮你的心灵，告诉你崭新的一天已经来到。当然，如果遇到有赖床习惯的人，灯光的亮度会随着时间越来越亮，让你不得不去注意到它。但是对习惯蒙着头睡觉的人来说，这个产品的效用就没那么大了。
甜蜜留言板	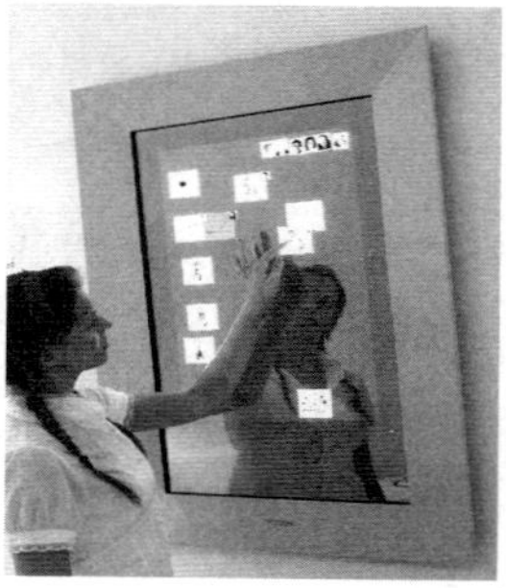	这一面触控板，除了用来展示生活照之外，还可以在上面写一些家庭留言，或是直接录制甜蜜的语音提醒你最爱的家人。
我的颜色	 	“今天的心情很 Blue”，“眼前尽是一片金黄色的天空”！人在不同的情绪下，似乎就会对某种颜色有特别的情感。而飞利浦这项 LED 照明技术，便能让我们自由地变换整个房间的灯光色彩。不论是要热情奔放的红色、沉思的蓝色还是光亮的金黄色，都只需要轻轻调整一下控制器就可以达成。

续表

作品名称	图例	作品说明
amBX		声光效果是游戏最着重的要素之一。"声"有 5.1 环场技术让使用者拥有临场的感受，但"光"呢？飞利浦的 amBX 便是要来填满这个缺憾。这款透过 USB 与电脑连接的外围装置，以数个灯具围绕着使用者。这些灯具会随着游戏场景变换亮度、颜色，给你仿佛亲临现场一般的全新游戏体验。

2.4　IDEO 的用户体验研究

总部在美国加利福尼亚州帕洛阿尔托市的 IDEO 在全球约有 400 名员工，其中一半是设计师。除了传统意义上的艺术和美术专业者外，还包括心理学家、语言学家、计算机专家、建筑师、商务管理学家。这些员工有着登山、去亚马逊捕鸟、骑车环绕阿尔卑斯山等大量古怪的经历与爱好，擅长产生新奇的主意并对已有事物进行自由联想的改进。据说，他们设计的一种治疗痔疮的装置的灵感源于涂改笔、胶片匣、晾衣架——以及著名动物学家珍妮·古道尔（Jane Goodall）在非洲对于灵长类动物的一系列实地观察。

2.4.1　基于用户体验的产品设计

自 1991 年成立之初，IDEO 就给设计行业开启了一种全新的设计思维：以洞悉人性为主轴，从人体工学、环境工程、语言学等多领域考察用户心态，进而洞悉潜在的需求。拿宝洁的 Oral-B 粗手柄儿童牙刷来说，如果你认为牙刷把的肥厚可爱仅仅从视觉上赢得了孩子们的欢心，那你就没能领悟 IDEO 这个作品的价值所在：儿童们习惯用整个拳手来握紧牙刷，丰满柔软的手柄把能让他们感觉安全和有趣，更乐意刷牙。

IDEO 总是邀请客户一同进入创新之旅，让客户们在参与工作的过程中设身处地地体会消费需求，学会如何创新。在教导全球公司如何把关注点转移到消费者身上的同时，IDEO 的业务也远远超出了设计类范畴，更像是以设计为形式的用户体验顾问。Design Continuum 通过深入观察消费者的打扫习惯，为 IDEO 的老客户宝洁公司开发出了市场价值 10 亿美元的 Swiffer 拖布。随后 IDEO 与宝洁继续联手，参考 Swiffer 开发出了更受好评的 Carpetflick。Swiffer 能够清洁木制、陶瓷和油毡地面，甚至连头发与灰尘都能轻松抹去，但美国 75% 的地板上铺的是地毯，Swiffer 恰恰对此束手无策。除了集中 Swiffer 的优点以外，清扫地毯可是 CarpetFlick 的强项。在设计 CarpetFlick 的过程中，宝洁的资深化学家鲍勃·高夫罗德与十来个工程师与设计师一起，走访顾客，听取年轻母亲与

图 2-17　Oral-B

图 2-18　Carpetflick

孱弱老人对吸尘器的抱怨，度过了尝试所有方法打扫地毯的可怕夜晚，与 IDEO 设计师买来所有种类的橡胶压膜和黏合剂尝试寻找适合的拖布，而最后由他而不是 IDEO 的设计师发现了 CarpetFlick 的雏形。

下文介绍 IDEO 为日本 Shimano 公司研发的 Coasting 自行车的案例。①

现在和自行车联系起来最多的，其中一个很显眼的词就是"装备"。兰斯·阿姆斯特朗（Lance Armstrong）战胜癌症回到环法自行车赛场，刺激了成千上万的自行车爱好者抛下旧车奔向高精尖装备。作为生产这些高精尖自行车核心部件的日本 Shimano，自然受益超过其他公司。而一本自行车杂志的调查显现了一些问题：过去十年，"自行车迷"增长超过三倍，而休闲自行车主（casual bikers，指大众自行车消费者）却降低了差不多 50%，整体的数字在下降，没有创造新的消费者。研究显示现在有超过 1.6 亿的美国人不骑自行车，这是一个很大的市场，他们为什么不骑，怎样劝说他们？这些问题启发 Shimano 去设计一辆新的自行车，规划自行车工业的未来。

图 2–19 休闲自行车

Shimano 不想得到一个产品，而是一种解决方案。这正对 IDEO 的胃口，IDEO 很早就称自己不是设计产品，而是设计一种商业、体验、品牌、解决方案等。IDEO 采取他们特有的基于观察的调研工作，而不是通过问卷和焦点小组。IDEO 的人类学家观察和询问 50 个人（在他们家中），但他们并不是和调查对象坐下来然后说"为什么不买一辆自行车"，而是把时间花在让调查对象给他们看那些用来休闲的东西。因为 IDEO 的人类学家更清楚、更深刻知晓那些给定问题的答案。同时也让 Shimano 的职员参与调研工作。虽然 IDEO 里有自信的自行车迷，但他们需要把自己的判断先搁置，去了解用户不骑车的原因。Shimano 主观臆断原因在于沉闷和懒惰，而调研结果却出乎意料。事实上人们并不是不喜欢骑自行车，相反，非常喜欢，而且有着美好的回忆，每个人小时候都骑过自行车，而且谈起来都是带着美好的微笑，表现出愉快自然的乐趣。但当人们带这样的心情去自行车零售店的时候，马上会遭到反驳，销售人员会解说技术、操控性、传动等用户不知道的东西，但这些东西不是以前的那种享受。调研者还发现人们不太喜欢像健身般踩脚踏而是推着骑着车到处转转。IDEO 认为这些结果让他们看到比原来预想的更大的市场。

调查的结果就是设计一辆新的自行车，一辆回到过去、改变未来的自行车。IDEO 根据调研得来的大众意见制造了原型样机，简单、舒适，可承担，随时能用，有些传统但是要创新，少一些健身，多一点快乐。任何创意都考虑到了，包括方便地搭连在汽车上，把手上内置咖啡杯座，轮胎上内置反光灯，内置花瓶，铃声可下载和可定制，他们甚至在公司后面的小道上用方向盘来操控自行车。

---

① Coasting bicycle design strategy for Shimano, http://www.ideo.com/portfolio/re.asp?x=19004998. 译文参见 http://hi.baidu.com/vinjun/blog/item/09c9d7c8b900cd167f3e6fee.html。

最后的新自行车Coasting,看上去并无特别的创新感。提高手把，让骑车者不需要佝背偻腰；横挡降低，让人可以自然地坐上去。整体来说，自行车融入了它的环境中。当然细节有所不同，所有的机械结构隐藏起来了，三速换挡系统由位于前轮车轴的发电机提供能源，可测速并自动加速或减速。无论何时停下，它都可回到默认的第一档。整个自行车共重 30 磅，价格低于 400 美元。

图 2–20　coasting 自行车

设计一个产品只是开始了复兴自行车工业的一个头，只有把零售体验重新设计，Coasting 理念才可以风行。IDEO 以隐藏式摄像头跟踪走入零售店的消费者，结果显示消费者总是被专业词语给搞昏头。最典型的案例就是他们尖叫着跑出销售店。Shimano 为了让销售人员知晓非专业人员的需求，推出了在线培训和相关 DVD。Coasting 战役的最后也许也是最关键的要素就是保证用户有良好的乘骑体验，在访问中得知安全是一个非常关心的问题。现在有很多受保护自行车道，Shimano 推出了一个在线网站 coasting.com，用来提供这些道路信息服务。

2.4.2　基于用户体验的环境设计

2004 年，首席执行官蒂姆 · 布朗（Tim Brown）把 IDEO 在消费类产品方面的创造能力转化成购物、银行服务、医疗保健和无线通信等服务业设计消费体验的设计能力。面对客户提出的改善产品服务质量和消费环境的要求，IDEO 邀请客户公司成员与自己的专家组成团队，去了解市场、客户、技术和相关问题的已知局限；观察现实生活中的人们，了解他们心中所想；站在顾客的角度体验消费感受。这些实践所得经过评估被提炼为模型，最后一道工序则是把模型调整为适合商业化的设计方案。

面对美国铁路客运公司提出的设计高速列车内部的要求，IDEO 将重心放在乘坐火车的体验而不是火车本身之上。一起和客户调查了 2.4 万个旅客和美国国家铁路客运公司的员工后，IDEO 提出建议：提供可转动的大椅子，使旅客可以面向彼此；每个车厢设置小会议桌，使旅客不必再跋涉到人满为患的餐车去；还配置人见人爱的生活配套设施和大浴室。

由于客户公司亲身参与了对消费者的研究、分析以及总结解决方案的决策过程，当流程结束后，客户已经非常明了方案设计的原因以及应当怎样快速地完成改造，而不用再花费金钱和时间来消化一套咨询顾问给出的庞大又陌生的解决方案。“我们卖的是公司的转型实践和经验。”戴维说。

当 Warnaco’s Intimate Apparel 公司正在为自己的内衣销售情况远逊于竞争对手 Victoria’s Secret 而苦恼时，它们找到了 IDEO 公司。Warnaco 公司处于竞争劣势，因为它们的女士内衣商品都摆在百货商场中销售，而不是开设自己的内衣专卖店。怀亚特说：“消费者在购买我们的商品时，无法获得舒适的购物体验，因此我们需要提高百货商场的吸引力。”Warnaco 公司与 IDEO 组建的团队陪 8 位妇女做了一次“选购长裤”的实地体验。他们还走访了 3 座城市的百货商场，以了解购买诸如女士内衣这样的私人用品时的感受。结果是：妇女尤其不喜欢购买 Warnaco 公司的产品。当她们走进百货商场时，她们甚至到

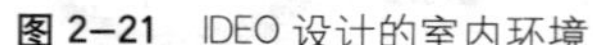
图 2–21 IDEO 设计的室内环境

图 2–22 IDEO 的研究团队

找不到内衣部的位置。即使找到了，她们还是无法找到尺码合适的内衣。试衣间捉襟见肘，无法容纳女性同伴，而且周围也没有可供休息的场所。她们的经历与 Kaiser 医院里牢骚满腹的病人有着惊人的相似之处：那就是糟糕透顶。IDEO 和 Warnaco 公司用了 18 周时间想出了解决方案。他们在百货商场中布置出一个新的零售空间，这里有宽敞的试衣间，有可供夫妇休憩、朋友聊天的场所，有为购物者提供帮助的门口接待处，以及有关时尚选择的展品陈列。

IDEO 的工作流程通常是：（1）一家公司找到 IDEO 设计公司寻求解决问题的方案。这家公司希望改善产品和服务质量，或者扩大服务空间，总之怎样都可以。于是，IDEO 组建一支集合了多领域人才的队伍，他们中有客户公司的成员，也有公司自己的专家。这个团队需要观察顾客的购物经历并予以记录。通常来说，IDEO 会委派客户公司的高层管理人员来扮演他们自己的客户。来自食品和服装公司的高层管理人员去不同的零售商店购买各自领域的商品，或是去网上购物。医疗保健经理则去不同的医院了解医护状况。无线服务供应商可以使用自己的服务，或者竞争对手的服务。

（2）集体讨论。IDEO 把设计师、工程师和社会学家与自己的客户聚集在一间会议室里，随后大家在这里针对提及的问题及建议的解决方案进行热烈讨论。尽管会场上一片喧哗，但是讨论过程却井然有序：十来个头脑机敏的人负责核对数据，出谋划策，在大的报事帖（Post–it）上记录有用的解决方案，并将之撕下来钉在墙上。

（3）IDEO 的设计师会根据大家提出的最佳建议制作实体模型。快速制作模型向来都是 IDEO 的长项。用具有实际运用价值的实物模型来表现所提议的解决方案是一种非常有说服力的解释方式，其作用远胜于从报告中阅读有关建议。IDEO 使用的是一些价格便宜的模型制造工具，例如，用苹果计算机的 iMovies 来模仿消费者的经历，用廉价的纸板搭建检查室或试衣间。荷兰的设计公司 Springtime USA 的首席执行官塔克 · 维梅斯特是名资深设计师，他说："IDEO 热心于模型的实际运用，而不是要成为艺术家。它们的公司客户对这一点大加赞赏。"

在 IDEO 设计用户体验的过程中，用于调动公司客户能动性的独特技巧让管理者们兴趣大开——"现场表演"、"绘制行为图"、"快速而简陋的模型设计"、"深入挖掘"、"广泛接触"、"尾随跟踪"以及"与顾客换位思考"。这些妙趣横生的体验，让客户公司不禁爱上了 IDEO。

2.4.3　基于用户体验的服务设计

IDEO 公司擅长不同领域的工作。TEX 方法（即基于技术的经历）的目的是把那些最初只令早期用户感兴趣的高技术产品吸取过来，加以改造之后使之为广大消费者所接受。IDEO 在 Palm V 掌上电脑方面所取得的成功促使美国 AT&T 无线服务公司找到了 IDEO，请 IDEO 为自己的 mMode 消费者无线平台出谋划策。该公司于 2002 年推出了 mMode 服务，这样美国 AT&T 无线服务公司的手机用户就可以使用电子邮件和即时信息、玩游戏、寻找当地的餐馆，并且与新闻、股票、天气预报和其他信息网站连接。技术人士钟爱 mMode 服务，但是普通的消费者却不愿签约该服务。该公司员工说："我们请 IDEO 重新设计用户界面，目的是让像我母亲这样不懂得上网的人也能利用电话来了解天气状况，寻找购物场所。"

IDEO 立即派遣美国 AT&T 无线服务公司的经理前往旧金山，开始一次真正的搜寻之旅，以便让他们从顾客的角度了解情况。IDEO 指派这些经理去寻找一张由某位指定的拉丁歌手演唱的 CD 专辑，而这张 CD 只在一家小型的音乐商店有售。这些经理还要寻找一家销售自有品牌 ibuprofer 的 Walgreen's 商店，最后再找一本 Pottery Barn 家具店的商品目录。这些经理发现，要用自己公司的 mMode 服务来寻找这些东西简直难于登天，最后他们借助报纸和电话簿才找到了所需的物品。IDEO 和美国 AT&T 无线服务公司共同组建的工作小组还奔赴该公司的专营店，用摄像机拍摄了 mMode 使用者的情况。他们发现，消费者无法找到他们想要寻找的地址。整个过程中，消费者要经历无数个步骤，点击次数数不胜数。IDEO 公司 TEX 操作方法的负责人杜安 · 布雷说："就连十几岁的年轻人也摸不着头绪。"

经过十几次集体讨论以及对多个实体模型的观察，IDEO 和美国 AT&T 无线服务公司研制出了一种新的 mMode 无线服务平台。该平台的起始页上显示着"我的 mMode"，这个页面的组织方式与网络浏览器的收藏夹非常相似，用户可以通过网站来管理。消费者可以挑选制作自己的网址名单，如 ESPN 或索尼电影娱乐公司等，也可以挑选自己的电话铃音。但所有任务的点击次数都不会超过两次。用户可以用起始页上的 mMoce 向导指定 5 处地点，如餐馆、咖啡馆、银行、酒吧和零售商店。这样，无论用户置身于美国国内的哪个城市，全球定位仪均可以帮助用户找出这 5 个地点。mMode 的另一个服务功能是可以帮助用户找到 5 家距离最近，而且在一个小时内仍然有票的电影院。而另一项功能，"我的储物柜"，可以让用户借助美国 AT&T 无线服务公司的服务存储大量照片和铃音。整个服务的设计过程只用了 17 周。豪说："我们对最终的结果感到震惊。我们曾与 Frog Design 设计公司、Razorfish 公司以及其他一些设计商讨论过，它们都认为这是个网络项目，我们需要炫目的图形。IDEO 却认为，这个项目的目的是改善手机用户的使用体验。"

Kaiser Permanente 是美国国内规模最大的医疗保健机构，2003 年它准备制订一项长期发展规划，以吸引更多的病人并削减经营成本。Kaiser 拥有数以百计的医疗办公楼和医院，它认为自己也许应该用造价昂贵的新一代建筑物来取代其中的许多建筑设施。于是，Kaiser 聘请了加利福尼亚州帕洛阿尔托市的设计公司 IDEO 来帮忙。当时，Kaiser 的高层管理人员对 IDEO 并不了解，但是他们即将经历一次目眩神迷的自我发掘过程。这完全是由于 IDEO 新颖的工作方式所致。Kaiser 的护士、医生和设施经理首先与 IDEO 的社会科学家、设计师、建筑师和工程师组成工作团队，随后他们一起观察在 Kaiser 的医院内来来往往的病人。有很

多次，他们还扮演了病人的角色。

经过大家的共同努力，他们有了许多惊人的想法。IDEO 的设计师发现，由于在 Kaiser 医院看病挂号的过程简直就像一场煎熬，而候诊室又让人感到非常不舒服，因此病人与家属在见到医生之前通常就已经变得心烦意乱。他们还发现，Kaiser 的医生与医疗助手的座位距离太远。IDEO 公司的认知心理专家指出，病人通常是在亲友的陪伴下来看医生，尤其是年轻人、老人和移民，但是医院通常不允许陪护者与病人待在一起。病人因而与陪护人分开，他们会因此心神不宁。IDEO 的社会学家解释说，病人痛恨 Kaiser 的检查室，因为医院总是要求他们半裸着身子单独待在那儿等候 20 多分钟，在此期间他们无所事事，而周围到处都是危险的针头。由此，IDEO 和 Kaiser 得出结论，即使病人得到了治疗并且痊愈而离去，但他们的就医体验却是糟糕透顶。

该如何解决这些问题？Kaiser 在与 IDEO 仅仅共事 7 周后就意识到，自己制订的长期发展规划并不需要大量修建造价昂贵的新设施。医院需要的是彻底改善病人的就医体验。Kaiser 从 IDEO 那里了解到，其实就医与购物非常相似——这是一种与他人共同拥有的社会体验。因此，医院提供的候诊室应该让人感觉更舒适；在医院大堂内应树立明晰的指示标志；检查室的空间应该更宽敞，能够容纳下 3 个或更多的人，房间中还应该准备用以分隔空间的布帘，以保护个人隐私，这样病人才会感觉舒适自在；医院应该修建员工专用走廊，这既可以供他们会面，也可提高大家的工作效率。Kaiser 的医疗管理服务经理亚当·尼默说："IDEO 公司让我们明白了，我们设计的是人们的体验，而不是建筑物。它提出的种种建议并不需要庞大的资本开支。"随着公司与客户沟通的心情愈来愈迫切，IDEO 的服务在市场上正变得越来越紧俏。目前，经济发展已由规模型向选择型过渡，大众市场逐步转变为细分市场，消费者品牌忠实度也逐渐消失。在这种情况下，改进"消费体验"已经成了公司最重要的经营策略。然而，经过对市场和目标群体数十年的研究后，公司觉得仍然没有真正了解自己的顾客，或者说它们还不了解与顾客交往的最佳方式是什么。

第 3 章　行为聚焦

3.1　关于行为聚焦

3.1.1　产品聚焦、文化聚焦与行为聚焦[①]

有很多这样的公司，他们努力改进产品来适应一些起初并不熟悉的大市场。在中国，柯达的市场占有率提高到 63%，而富士则降至 25%，部分原因是因为柯达的 8000 个便利店创造了一个系统，这个系统符合很多中国人发展他们自己的小公司的愿望。KFC 成为中国顶级餐饮连锁店之一的一个重要原因是，它很快调整其菜单以包含大米、汤和中式早餐粥。

对那些想打入未知市场的公司而言，他们面临的挑战不仅仅是要了解新的文化，还要尽快地将文化与其他相结合的运作。企业通常运用产品聚焦（product-focused）研究或文化聚焦（culture-focused research）研究来了解新的市场。

产品聚焦研究，典型的方法是使用问卷调查（survey）、焦点小组（focus group）、访谈（interviews）、家庭访问（home visit）和易用性测试（usability test）来询问消费者对既有产品或样机和服务的意见。这类研究的长处在于它对供求关系的准确的洞察力，能使公司调整问题或增加特色。它能快速和实际的导致对重要细节的正确总结。最为重要的是，如果一个抽样小组检查新提供的原型，这类研究能反映出他们是否讨厌它，获得的发现经常是被参加者当时的预期限制。如果你的目标仅限于增加变化，如果你确信没有一个竞争者将上市通过某种根本的方法来满足用户需要的某些东西，那这类方法就已经很好了。

文化聚焦研究使用像人口普查和一般了解日常生活的统计学数据一样的评价系统，例如，一家公司针对社会结构和亲戚朋友之间的关系这类研究能引出关于文化的惊人发现。获悉日益增多的家庭有两人挣薪水，更多的人受到中学教育，并且人们越来越注重个人信息的隐私权。这项研究将会深刻洞察人的行为方式、宗教信仰和奋斗目标，一般说来，这些也成为一个公司产品开发计划考虑的重要因素。

然而这两种方式都会使研究陷入两难的境地：前者能快速而确切地发现重要细节并正确总结，但拘泥于细节则难以导致突破性的洞见；后者常常导致大量关于文化的惊人发现，但缺乏应有的细节使得设计开发难以落到实处，并且文化聚焦研究非常耗时，在企业开发新产品的较短时间内很难有效运用。美国伊利诺伊设计学院（Illinois Institute of Technology）的帕特里克·惠特尼（Patrick Whitney）教授提出介于以上两者之间的方法："行为聚焦"（activity-focused research），既不关注某一具体的产品，又不关心整体的文化，而是关注人们的行为。

行为聚焦（activity-focused）研究在研究的过程中既不关注特殊产品也不关注一般文化，而在聚焦于人们使用公司即将开发的某种产品或服务时的行为。这个方法能快速应用于新

① Patrick Whitney：Global Companies in Local Markets，the Future Design Days Conference, Sweden, 2003.

产品和服务的开发过程中，公司能在新的市场快速作出令人惊讶的发现。例如，一个生产厨房设备的国际公司想要开拓中国市场，那就应该研究中国家庭的饮食行为，研究中国家庭如何购物、备餐、烹饪、进餐以及餐后清洗等行为。通过观察并录像记录某一特定环境下（厨房或餐厅）行为过程中人们使用产品的方式，了解用户面临的问题、期望的效果和潜在的需求。惠特尼采用录像、网络照相机等设备为用户制作照片日记（Photo Diary），并将收集的录像分类储存到数据库中，通过 POEMSii 框架分析数据，运用处理研究数据的工具软件来标记视频、注释活动、理解人们的行为特征，通过累计、比较与长期分析，从而提取在特定文化下的需求来帮助新产品、新服务和新系统的开发。

行为聚焦研究是获得对当地文化的深入了解的一个关键方法。许多公司正以此方法扩大市场，而且他们的市场也快速改变和成长，因此如果他们想获得成功，在挖掘有用的信息时，业务必须更快捷、更有效。

3.1.2 POEMS 框架①

地方市场的全球化公司是伊利诺伊设计学院的企业基金研究机构的项目，试图建立一个在各种文化下对日常生活观察和洞见的共享的数据库。"地方化市场的全球化企业"的目标帮助公司在三个应用区域及时和可行地理解文化的差异性：为文化分歧的市场开发产品和服务；以文化的方式管理品牌和企业识别；吸引和管理来自全球不同文化背景的雇员。

使用已确立的方法，一个国际性的学术专业团体将产生由企业、项目、部门、产业等定制的研究内容。强大的软件工具能帮助处理实地考察收集而来的数据，对观察进行收集和标记，通过比较，识别全部式样和洞察力。创造的数据库将形成可重复使用系统的核心，使得多种文化的多种项目从中获益。

参加这个联盟的企业将获得关于不同市场的比较的、定量的和定性的信息。数据库将是一种动态资源而不是一个静止的信息仓库，并且当它被使用时，它将继续增长，它的内容可及时更新。公司将作推断并且在既有主要信息的基础上发现关于产品和服务的洞见。进入数据库，企业就能了解一个提案的哪些方面能在数种文化中获得成功，或者什么才是文化特征（culture-specific）。最后，这些客观的信息收集将帮助公司作出决策，增加它在不熟悉的市场成功的几率。

这个项目将产生三种成果：一个研究和产品开发方法的"工具箱"，供参与的企业使用；一个能帮助企业把新方法用于他们自己的项目的全球研究人员网络；以及一个比较文化异同的数据库，以帮助公司创造新提案、形成多产的跨文化发展团队，并通过文化来管理他们的品牌。

在某项目中团队工作的用户观察阶段，标准程序是将几小时的录像分成许多小部分，对每段里用户的活动做笔记，并且发展那些可以被使用者设计的关于创新的洞察力。这是极其费时和昂贵的过程，但真正令人沮丧的是收集的数据很少能用于其他项目，即使它们是相似的。这是因为参与工作的每个团队都发展出一套分析框架，一套与项目密切相关的评价体系，甚至一种描述用户和创新的语言。在项目中他们给录像和照片加标签的方式也

① Patrick Whitney，Vijay Kumar: Faster, cheaper, deeper user research，Design Management Journal，Vol.14, Issue 2, Spring 2003.

是特殊的。"地方性市场的全球化"项目正在开发一个基于少量框架并对多种类型的设计项目通用的数据库。这将要求分析录音和照片时，观察者用公共的语言和框架来阐释那些被标注了的东西。

原型软件工具使用 4 种框架，涉及品牌、策略、用户体验和用户交互行为。例如，POEMS 框架通过使用五个范畴的词语列表来帮助研究人员对用户交互行为录像作标签：人(people)、物体(object)、环境(enviroments)、消息(messages)和服务(services)。每个范畴的词语列表将随脉络(context)而变化。例如，当研究团队使用家庭娱乐系统观察人们时，列表将与人们与男孩、计算机、办公室、游戏、因特网等家庭要素相关。如果他们关注医院中保健人员对医疗器械的使用，这些词语将截然不同——例如：医生、听诊器、办公室、病人记录或者信息恢复。因为这个框架将能渗透到各学科领域（如家庭娱乐和专业保健工作），一些观察数据将是可重复使用的。下面通过伊利诺伊设计学院对"家庭娱乐"活动的跨文化研究项目来介绍 POEMS 框架的运用。

1. 观察资料汇集。在这个步骤里，软件工具允许研究人员将实地观察资料进行分段。这些观察资料可能来自录像、照片、一次性的照相机、实地笔记、个人数字助手和其他工具。个别观察资料，例如，录像剪辑，可以通过视频控制面板来观看并编辑。研究人员不熟悉的语言能被自动翻译并以展卷的方式在视频控制面板中展示出来。实地数据区允许研究人员进入相关的参考数据，例如日期、时间、位置等。然后，基于这些参考数据搜索得以完成，使行为浏览更加容易。图 3–1 中显示的是中国上海孩子们在家里玩计算机游戏。下面一行图像展示的是其他一些已经被标注的观察资料，其形式包括录像剪辑、静态图像、实地笔记，其中任何一个都能随时使用。

2. 以 POEMS 框架对观察资料进行标注。此程序的另一步是在像 POEMS（人、物、环境、消息和服务）这样的综合框架内为每个观察资料进行标注。在此框架范畴中为一项具体的观察资料列举可能的关键词。图 3–2 的屏幕截图中，正在使用 POEMS 框架为一个芝加哥孩子在家里玩计算机的视频观察标注适当的关键词。在标注过程中，研究人员也能通过上端的窗口进入关于行为观察更详细的报告。

3. 以用户体验框架标注观察资料。图 3–3 屏幕截图显示如何通过一个由五项人的因素组成的用户体验框架标注一项特别的观察资料：生理的、认知的、文化的、社会的和情感的。

图 3–1　观察资料汇集

图 3–2　标注观察资料

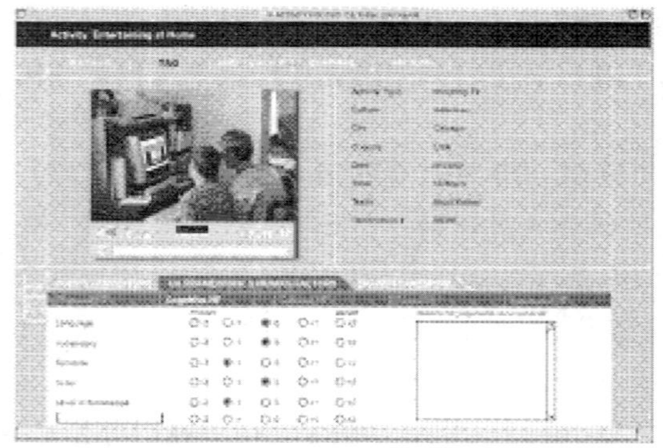
图 3–3　以用户体验框架标注

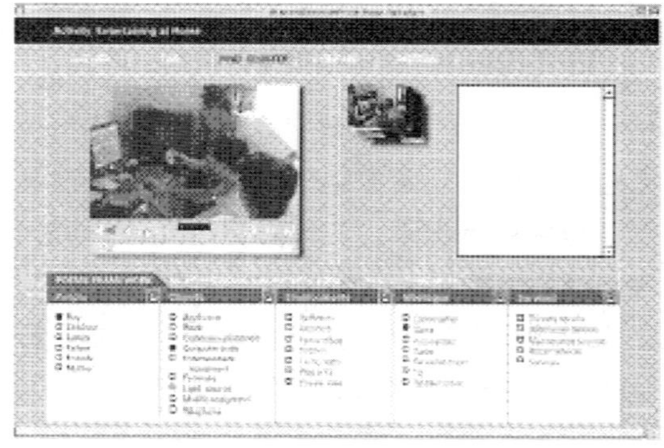
图 3–4　发现观察资料中的“簇”

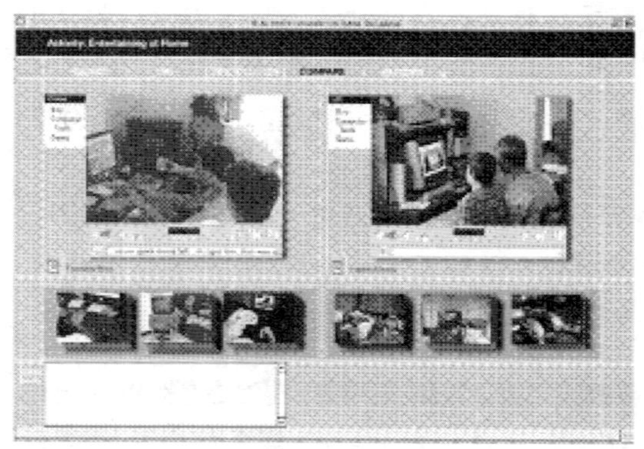
图 3–5　比较观察资料中的“簇”

例如，行为录像剪辑在人的认知因素（列举在左边）中的每个相关标准都可以通过 5 级评分得以标注。在评分期间，研究人员也能记录对实地内容进行评分的基本原理（在右边显示）。

4. 发现观察资料中的“簇”（clusters）。研究团队在不同的全球市场继续建造拥有越来越多的观察资料的数据库，数据库的内容更加丰富。分析工具有助于以多种方式看这套丰富的观察资料，从而获得关于全面行为模式和用户偏爱的洞见。“发现簇”（find clusters）就是这样的工具之一，这有助于研究群体基于选定的标准进行观察。如图，使用 POEMS 框架发现与男孩玩计算机游戏相关的全部观察资料（“男孩”、“计算机工具”、“游戏”），一旦“簇”被界定，研究人员能够研究关于男孩在玩计算机游戏时的一般行为的自我观察资料（图 3–4）。工具也提供文本区域以方便研究人员进行记录。“簇”和笔记一起，将被保存在数据库中以方便其他团队日后取用。

5. 比较观察资料中的“簇”。另一工具使“簇”之间的比较变得容易。这里有两个视频剪辑的“簇”能被同时分析以便理解其中的相似性或差异性。图 3–5 中是两种文化背景下——中国和美国，孩子在家玩计算机游戏的行为。他们进行这项活动时的行为差别可以被真实地、同步地了解。这样的比较是有价值的，能帮助企业创新适应具体的地区市场。如同其他步骤一样，关于文化差别的洞察力可以在文本区域被记录和看到。

6. 识别基于行为（activity–based）的模式。在前面所描述步骤中，涌现出丰富的关于具有文化多样性的人们活动的洞见。通过这些洞见，创新者也能析取出他们感兴趣的模式。当企业为地方市场进行革新的时候，这些模式将是非常重要的。图 3–6 中的两个例子，分别是中国上海和美国芝加哥在家中使用产品的相关观察资料。图中显示的模式表明数字产品被一同使用的频率，作为一组，以支持人们的活动。小圆点代表数据库中一个观察事件；通过点击一个小圆点，研究人员能激活相关观察并进一步学习。

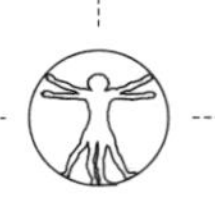

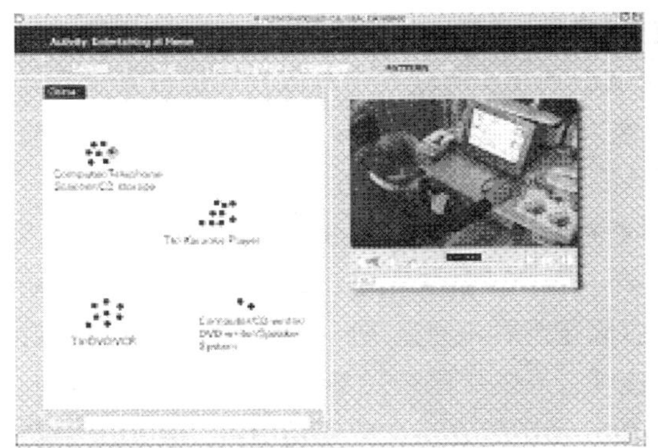
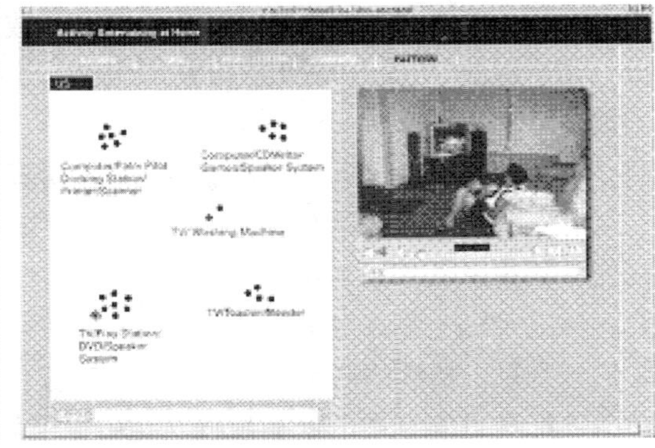

图 3–6　识别基于行为的模式

3.2　案例：香港交互家庭①

在金山工业（Gold Peak Industries）、香港电信（Hong Kong Telecom）和摩托罗拉（Motorola Consumer System Group）的支持下，伊利诺伊设计学院运用行为聚焦的方法进行了一次交互式家庭研究。这个项目的目的是检验行为聚焦的方法能否帮助公司发展与香港通常的提案不同的、具有附加价值的提案，并倾向于强调低成本和快速发展。这项研究为切实可行的产品和服务提供了丰富多样的概念。

3.2.1　研究过程

研究人员对几个家庭的家中生活、购物和在其他地方的相关活动进行了为期六周的观察。研究人员观察他们如何为孩子上学作准备，如何去上班、买东西、帮助他们的子女完成家庭作业，以及如何料理其他日常事务（图 3–7）。研究人员使用的几个观察方法包括：

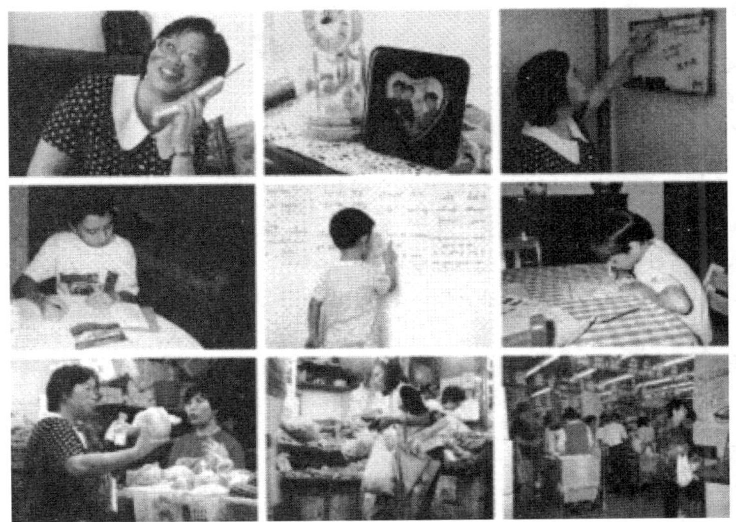

图 3–7　日常生活记录

① 清华大学美术学院工业设计系刘吉昆副教授参与了该项目的研究。相关图片资料由刘吉昆副教授提供。

用于制作关系图和亲自拍摄观察对象与家庭成员、产品、其他人、信息及服务交互作用的“每日生活追踪法”（day-in-the-life-tracking）；用来识别在实时观察中难以发现的日常生活详细模式（detailed patterns of daily life）的“影像人种学方法”（video ethnography）。结果表明交互家庭在家庭娱乐、家庭安全和家庭管理等三个特别的领域存在着巨大商机。

调查者把日常生活分为六个方面——存储必需品和其他物资、供楼、平衡预算、家人交往、供孩子读书和购买新鲜食物，这些为重要的新商业提供了基础。同等重要的是，研究人员揭示出一些深层次的价值标准，这些可以确定为香港家庭进行任何创新的管理标准。它们分别是：持续的联系，节省时间，家庭价值观，新的中国公民身份和更高的思维能力。前两项标准可能存在于所有现代文化中，但后面三项则是香港文化所特有的，并处于强势地位。研究人员认为，要想赢得香港消费者的支持，任何创新都至少满足其中一项标准，同样重要的是，任何创新都不应与这些标准发生冲突。因此，研究人员用其新标准作为界定的家庭联系、供孩子读书、购买新鲜食物等三项新领域的指导。

3.2.2 概念设计

1. 家庭联系

不久前，香港妇女还一直待在家中；现在，她们中百分之五十的人已经全职工作。在中国社会，照顾老人和孩子是一项传统的家庭义务，对双收入家庭而言这种压力非常大，以至于开始祖父母要搬到他们自己的公寓去。研究人员观察到人们为了解决这个矛盾还试着随身带上另一部仅仅用于家庭联系的手机。调查照片和笔记都显示出家庭联系的重要性。研究人员总结出为了照顾独自生活的祖父母的时间表信息板。

研究人员建议建立一个系统叫 Homebase，用于家庭成员间保持持续联系（图 3–8）；

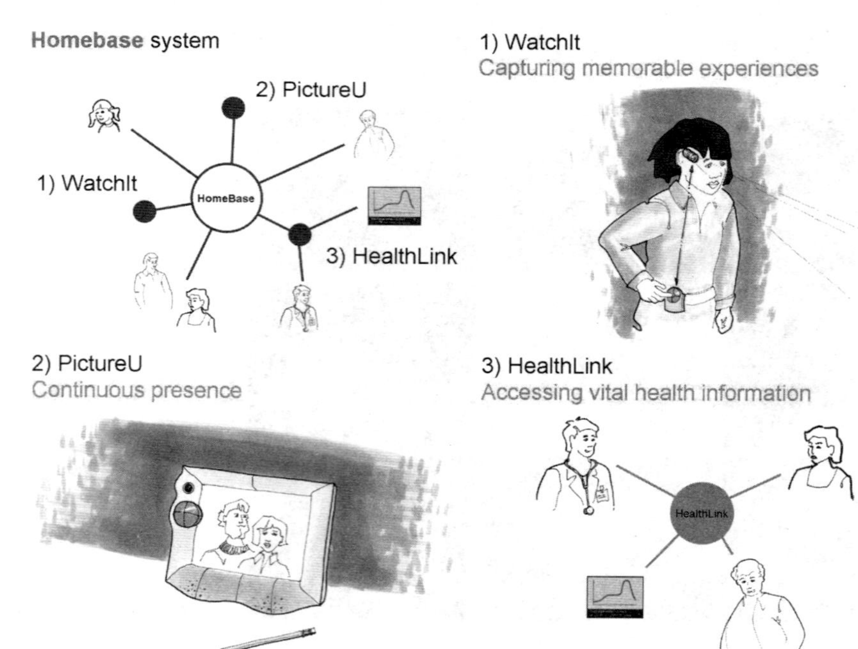

图 3–8 Homebase 系统

与大多香港家庭使用移动电话相比，这种方式更加随意和有效。PictureU 作为一个 Homebase 的产品和服务，有一个相框般小巧平坦的屏幕。PictureU 起到数据链接的作用，可以调节到另一人的家中。它与一些看护中心允许父母去看子女非常相似，但 PictureU 可以针对 Homebase 的老人照顾这个市场。稍微思考一下这样的场景，家中的情况每两分钟更新一次，这些场景也可以被捕捉下来并作为照片显示，就像在家中另一个房间观察其他家庭成员一样。

WatchIt 则是一个相反的概念。试想一个孩子戴着一个时刻都在工作的微型摄像机。当他感觉到有一些他想和家人一起分享的东西时，他就按下按钮把前 10 分钟的内容保存下来并且继续记录直到关掉按钮。这个孩子记录下他想分享的内容，同时他事先并不知道他将与家人分享什么有趣的事情。

2. 帮助孩子学习

在香港，绝大多数人都能达到中等班级水平，对每个人来说在学校学到知识并非特别重要。然而，由于香港令人乏味的教育体系，家长们通常都迫于压力要求他们的孩子每晚学习数小时——就是我们熟知的“填鸭式”。例如，在一个家庭中，研究人员观察到一个男孩的妈妈准备每天的功课，并把这些课程张贴在家中的墙上，这样可以让孩子总是看到。虽然有意义但缺乏引导，家长们艰苦努力，并在追加的教育资料上花费许多钱，却收效甚微。

Thinktank 提出了一套旨在加强学校、家长和老师之间联系的方法（图 3–9）。通过使用 Thinktank，父母和孩子可以获得信息来支持孩子在学校中的学习。TeacherLink 帮助父母和老师之间的联系以便家长能得到建议。LogBook 联系家长和孩子，这样当家长办公时，他或她可以参与帮助孩子做家庭作业。Thinktank 包括一个带有屏幕的折叠桌子，完全适用于孩子在家中学习。这也是在香港条件下的适应性调节。真实的状况是物价上涨速度甚至快过家

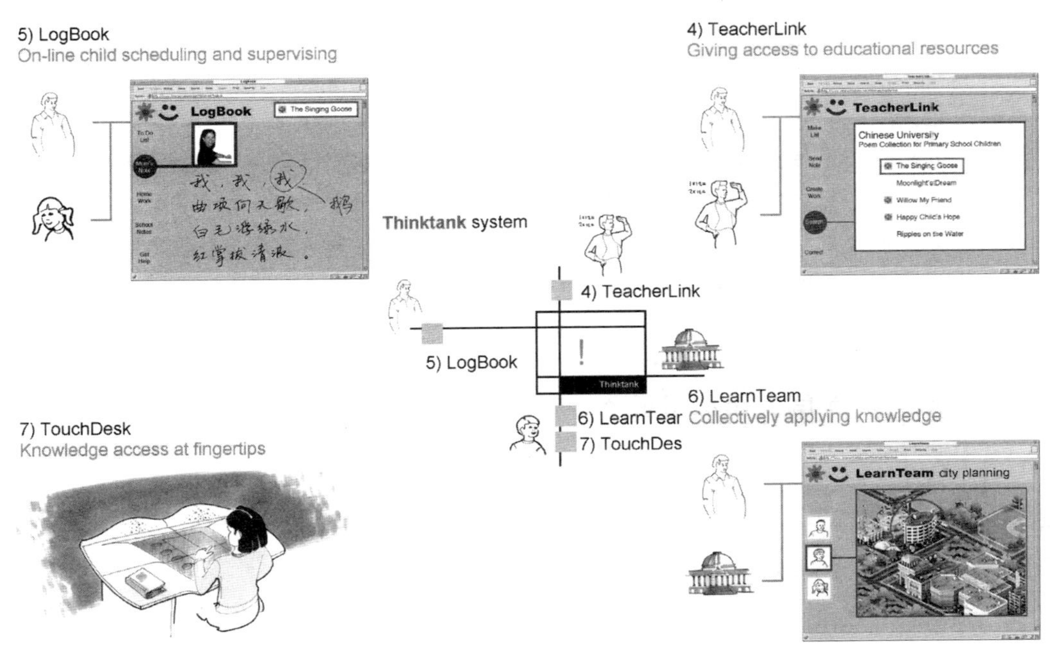

图 3–9 Thinktank 系统

庭收入，而且小单位的房子通常都不会有空间放适用于电脑的桌子。

3. 购买新鲜的食物

和其他很多亚洲城市一样，无论哪种收入阶层，一半香港家庭每天都去环境潮湿的市场买菜。传统上，母亲们会在接近中午和黄昏的时候去买菜，但这是一个非常耗时的过程，现在的习惯是只去一次，就是在一天快结束的时候。尽管菜的质量上没有潮湿市场上的好，超市已经变成了一种代替以往下午买菜的选择。在一天快结束的时候购物意味着商店和道路上会更拥挤，这种经历可能让人并不愉快。

食物链（Foodchain）将会帮助香港居民在一天中的任何时间购物，像他们所喜欢的那样联系卖主或菜市场，并按时将食物准备好送来（图 3–10）。食物链将按照以下的方式进行工作：在市场上，顾客拿着篮子和扫描器；她选择产品和其他物品，计入账单后放入篮中；活的鱼和鸡被选中后，记录购买的商品和宰杀它们的时间；所有的商品留在市场中，一起在顾客约定的时间送到顾客家中。

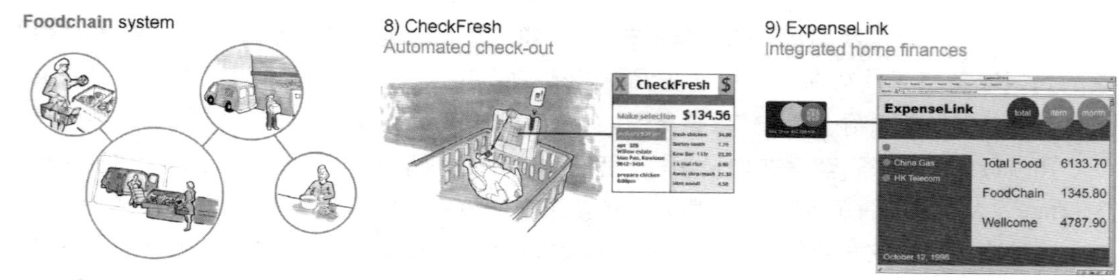

图 3–10 Foodchain 系统

香港执行者意识到这些新途径是以前相关家庭研究项目中所没有的。这些提案都表现出创造大品牌的独特价值。所有提案的提出都是利用现有技术——这些技术使创新提案更廉价而且基于现存的文化规范和已知的日常生活方式，这使得创新提案在被发展成为商业服务时风险更小。

研究人员在香港使用的方法也可以应用在其他地方。这些革新将会延展到世界上的其他地方，只要这些地方家庭成员感到生疏，帮助孩子学习非常重要，购买新鲜食物也十分困难。例如，通过对当地模式的改进，食物链也能在法国使用，因为法国对新鲜食物的需求也与香港相当。那些繁忙的顾客期望在家里选择并获取新鲜食物，能够实现这一改变的公司将会"独享"这些服务，正如为 Sony 公司所独有的随身听和便携电子设备一样。

3.3 案例：为底层人民而设计①

对于发达国家的公司，设计，如果不是标准，至少也是提高商业策略的一种选择。避开这些传统的设计聚集点，帕特里克 · 惠特尼和 Anjali Kelkar 大胆尝试在发展中国家实施贡献设计（contributions design），特别是印度的贫民窟商业。

① Patrick Whitney, Anjali Kelkar(2004), *Designing for the Base of the Pyramid*, Design Management Journal, Fall 2004, pp41–47.

C.K. 普拉哈拉德（C.K.Prahalad）和斯图尔特·哈特（Stuart Hart）在 2002 年 1 月出版的《策略 + 商业》有力地使商家意识到生活在世界贫穷地区的一个巨大的未开发的消费群体，他们一天的收入少于 2 美元。在同年的 9 月份的哈佛商业评论（*Harvard Business Review*）中，普拉哈拉德和艾伦·哈蒙德（Allen Hammond）重申这一理念。穷人并不反对买那些能够改变他们生活的产品。例如，20 世纪 90 年代为贫穷消费者引进的物美价廉、销售点分布合理并在本土生产的印度清洁剂 Nirma，现在已在清洁剂市场上占有 34% 的市场份额。

在伊利诺伊设计学院，研究人员通过聚焦特定的发展中国家城市改善贫民窟居民健康状况来扩展他们的想法，目的是使当地的经济更坚固，鼓励小公司的发展和长期帮助居民改善居住环境。总的来说，他们的做法是发展和解决附在企业家之上精神枷锁和财政障碍的方法。

为底层人民的设计项目是由萨姆·皮特罗达（Sam Pitroda）发起的，他成立了一个电信公司，并且是印度政府的顾问。在 1987 年，他成为印度首席大臣的首席技术顾问。几年后，作为印度电信委员会的主席，他成为这个国家电信各个方面的权威。从 20 世纪 80 年代晚期开始，皮特罗达的远见和技术使得 10 亿印度人拥有了电话，在印度的电信改革中，他也成为其他发展中国家的模式。皮特罗达了解到伊利诺伊设计学院关注解决高收入群体的问题，邀请他们解决贫民窟问题。研究人员最初的焦点是解决住房问题。这是因为贫民窟的环境很糟糕，最见效的途径是改善他们的日常生活必需的住房。

3.3.1　研究框架

贫民窟家庭的确认是根据联合国人居署（UN–Habitat）中的定义，各自独立的一群人生活在同一个屋檐下，他们缺少以下条件的一个或多个：所有物的安全保证、建筑结构的质量和耐久力、获得安全用水、获得卫生设施和充足的生活空间。为了得到全面了解贫民窟的机会，研究人员同时开始了主要和次要两个调查。次要调查主要由世界范围内现存的国际组织和慈善社团承办。

研究人员在印度的三个城市——孟买（Mumbai）、艾哈迈达巴德（Ahmedabad）和巴罗达（Baroda）——开始了对贫民窟的首要调查。为确保有一个一致的内容格式，研究人员利用一个改良了的 POEMS 框架版本，还运用一个用户体验框架来帮助分析这些家庭中日常生活的物理、认知、社会和文化各个方面（图 3–11）。这个调查是"详细的"，因为它是由芝加哥设计和管理并雇佣当地印度人实施的。研究人员准备将调查包快寄给这三个城市的小组，包括在 POEMS 调查框架中用到的照相机和小册子。

图 3–11　日常生活环境

POEMS 是由伊利诺伊设计学院提出的用于帮助记录设计世界和人是怎样互相影响的框架，它为设计师提供搜集的资料参数。根据实际情况，研究人员运用不同的观察方法来调查不同人群，包括建筑学学生、社会工作者和 MBA 学生，运用普通的框架来比较不同人群的特点。

观察资料帮助分析贫民窟居民的日常生活。当研究人员把最初目标锁定在住房时，这些问题显而易见，因为住房依然是一个大问题，它不是独立的，而是密切联系到用水的获取和质量、卫生设施、经济、医疗保险，并且涉及就业、消费、教育等问题。很明显，如果有一个办法是有效的、可行的、能够承受的，那么它一定是一个系统工程。而且，从居民的采访中获知，这些都可以更好地发展成为多样化的商业。

来城市寻找工作和更好生活的农民不断迁入，导致贫民窟不断扩大。贫民窟一般位于主要的活动市场附近，因为这是流动人口最容易找到工作的地方。周围到处是不合格的建筑。他们在这里活动，平均每天会有一个商业公司成立，包括周期性的、临时的和流动商业活动，规模或大或小的制造和服务，像家务、手工活或建筑劳力。如图 3–12 中，被采访的人是印度大量非正式经济的一部分。

图 3–12 日常生活记录

这些虽然看起来是繁荣的经济，但贫民窟居民仍然相当贫穷。重要的原因是 92% 的劳动者从事着的"非正式经济"、金融交易以现金为基础，并且没有凭证。因为这些交易没有记录，非正式经济依然是无形的和缺乏管理的。作为社会无记录者，贫民窟居民没有收入保障或其他措施，缺乏自我保障和预算的机会。即使那些早期来的居民，尽管很多年以前就来到这里并且收入也增加了，依旧生活在很差的环境之中。他们没有自己的房子，处于一种临时的恶劣的生活空间和很低的生活水平（图 3–13）。但如果公布这个问题会消耗政府预算，增加市政开支，并且会压缩城市资源。随着贫民窟逐渐发展和不断进化，每日涌进城市的新来流动人口在任意空地居住下来的事情会逐步减少。

这个复杂的问题需要一个系统引导的方法和互相连接的解决方法。这种工作在设计中已有很长的历史。在过去的三十多年中，查尔斯 · 欧文（Charles Owen）教授和其他人、小组的学生和教师在工作中经历了大量的问题，包括未来预测、NASA 空间设计、从海洋获得能量和食物、完善医疗保健和发展公共学校——这些都不是用一种标准设计途径能够解决的问题。

3.3.2 概念设计

为了解决印度贫民窟问题，研究人员提出了把设计和商业改革结合起来的社会内容框架。首先，确立了高水平设计的标准，如建立信誉、经济机会和有保障的收入等。这些是

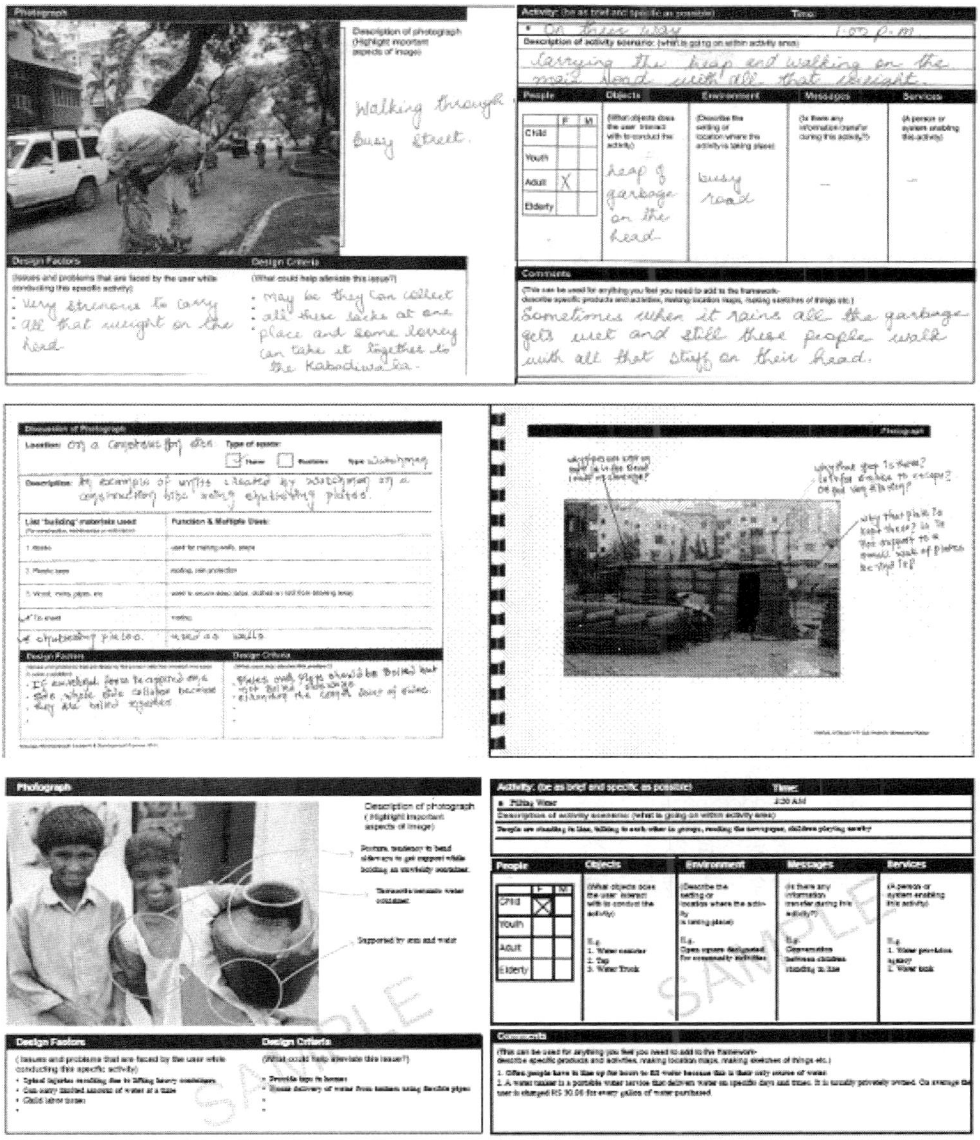

Photograph

Description of photograph (Highlight important aspects of image)

Walking through busy street.

Activity: (be as brief and specific as possible)　Time:

On their way　1:00 p.m.

Description of activity scenario: (what is going on within activity area)

Carrying the heap and walking on the main road with all that weight.

People			Objects	Environment	Messages	Services
	F	M	(What objects does the user interact with to conduct the activity)	(Describe the setting or location where the activity is taking place)	(Is there any information transfer during this activity?)	(A person or system enabling this activity)
Child						
Youth						
Adult	X		heap of garbage on the head	busy road	—	—
Elderly						

Design Factors

(Issues and problems that are faced by the user while conducting this specific activity)

- Very strenous to carry all that weight on the head

Design Criteria

(What could help alleviate this issue?)

- May be they can collect all these sacks at one place and some lorry can take it together to the Kabadiwala.

Comments

(This can be used for anything you feel you need to add to the framework-describe specific products and activities, making location maps, making sketches of things etc.)

Sometimes when it rains all the garbage gets wet and still these people walk with all that stuff on their head.

Photograph

Description of photograph (Highlight important aspects of image)

Activity: (be as brief and specific as possible)　Time:

Design Factors

(Issues and problems that are faced by the user while conducting this specific activity)

Design Criteria

(What could help alleviate this issue?)

Comments

图 3–13　远距离观察

引导一个基本生活需要的条目，比如就业、安全、避难所、水等在设计中需要确保的尽可能多的各种各样的基本生活需要。前文已经指出这个复杂的问题需要一个系统指导的解决途径，利用互相连接的办法一次解决大部分问题。这些概念随后指导设计标准，确保没有无根据的猜想，从本质上使系统成为一个整体（图 3–14）。结果，每一个概念解决

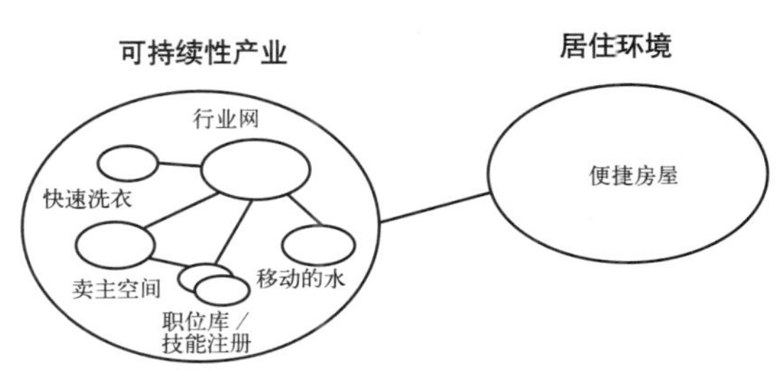

图 3–14　概念系统

两个或更多条目中的标准。可持续性产业的发展增加了经济的稳定性和贫困地区居民的财产安全性，为业主创造更好的机会。这也是提高居住环境的关键因素之一。

1. 行业网（GuildNet）

大量的城市贫穷人口持续生活在条件很差的环境中是因为他们得不到金融服务。因为缺少交易记录和储蓄安全限制了商业的发展，导致现金交易为基础、非正式经济等问题更加恶化。

"行业网"是由银行提供的鼓励个人小额投资商业的服务。"行业网"希望对印度南部现有的鼓励团队工作的文化因素起到杠杆作用。近来在印度出现一些更成功的例子，如SHGs（self-help groups），这是由一个地区或一个乡镇的人员组成，以集体的形式工作以求得更好的贷款机会、诚信和其他生存需要的团队（图 3–15）。

每一个"行业网"组成一个小公司。这个组织收入的一小部分由团体账务储蓄，这使得每个人转化为团体成员。小组成员可以查看小组账目，但不能改变它们。银行使得小组账务变得更容易，并且只能用于所有小组成员都同意的商业目的。个人账目的消费和交易由行会成员指导。这将建立一种对个人资产积累的激励并且提供金融服务的途径。

"行业网"成员使用一个智能卡和一个可自行管理的银行账目。城市中到处可见的 ATM 方便他们随时随地处理账目，并且减少频繁的现金交易，同时也提高了收入安全性。它同样解决了工人诚信问题。当小组和个人的储蓄增加时，可以间接投资和为住房或其他社会需求而贷款。他们直接地解决了金融问题和成立可行的公司的问题，间接解决了行业风气问题和土地所有权问题（图 3–16）。

2. 卖主空间（VendorSpace）

这个概念需要解决的问题是：不一致的供给与商品的需求与服务。不光是补助金，低收入者还需要获得信贷和就业的稳定性（图 3–17）。其好处在于：(1) 在城市平民区与乡

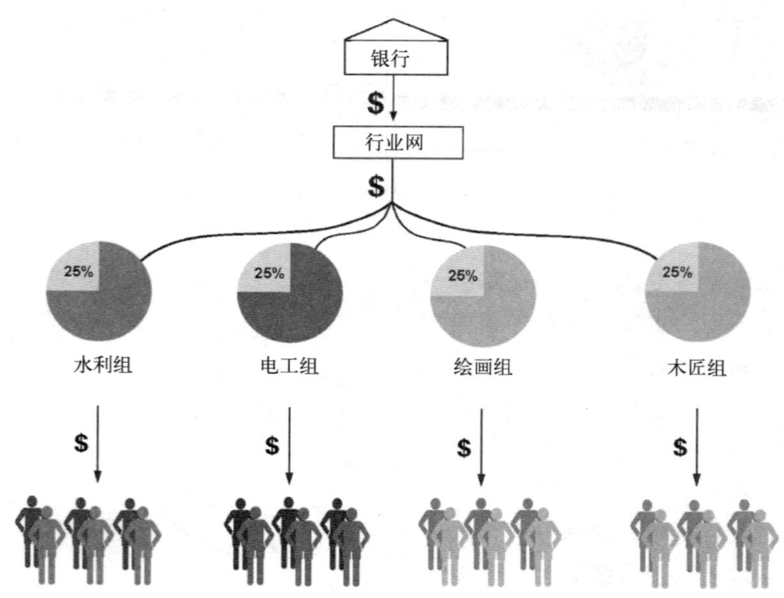

图 3–15 行业网的商业模式

疲惫的专业开采商Bhola Ram选择加入行业网

为了小金额的钱Bhola Ram去银行开了行业网银行账户

他拿出银行卡，然后告诉要存取的数目

过了几天，他就被介绍给行业网中的水利组，他们开始作为一个团队在一起工作

在接下来的几个月的时间里，Bhola定时通过自动柜员机去查询账户余额

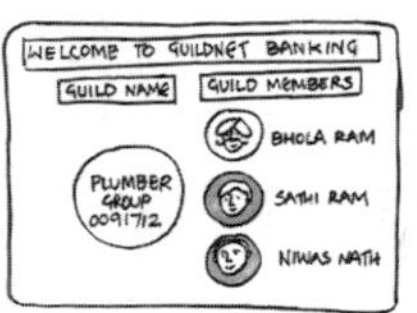

Bhola想给家乡的父母寄一些钱

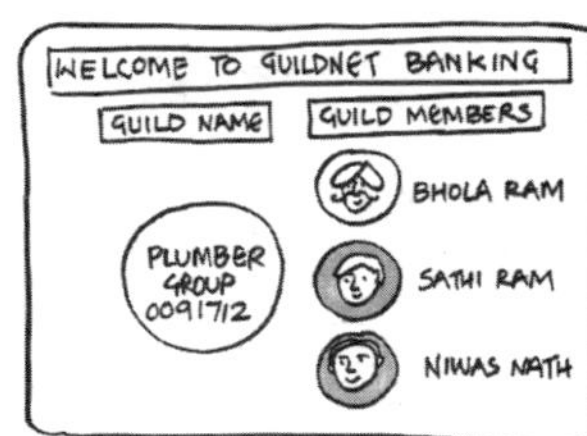

他选择了工作细节选项

JOB DETAILS			EARNINGS		
DATE	CLIENT	JOB	TOTAL	GUILD	PERSONAL
01/15	MR SWAMI	TOILET	450	50	100
01/18	MRS NAIR	KITCHEN	450	50	100
01/23	MR PATIL	TOILET	250	10	60
02/06	MP & CO.	NEW HOUSE	450	50	100
03/09	DGV ITL CO.	DRAINAGE	450	50	100
04/17	MR BAPI				

GUILD: $210.00

PERSONAL: $460.00

他发现他的存款已经充分的增长

Bhola Ram很高兴他的努力工作得到了回报

图 3–16　“行业网”的使用情境

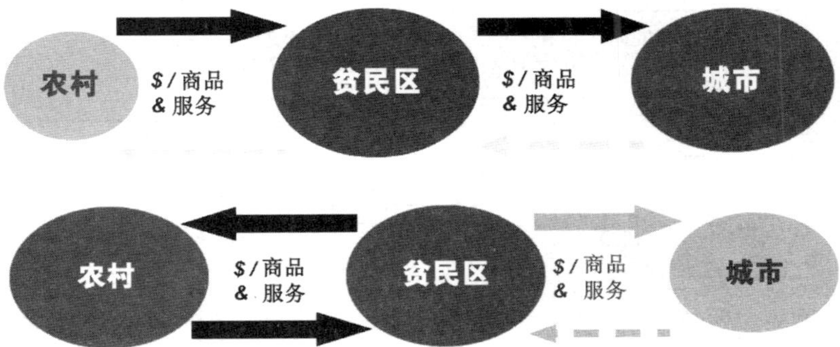

图 3–1　“卖主空间”的商业模式

村贸易区之间的正式贸易；(2) 合作伙伴间的便利交易；(3) 创造虚拟的交易平台；(4) 女企业家拥有平等的机会。其初期形式如“移动渔夫”——在印度喀拉拉邦，渔民们使用有 GPS 功能的移动电话，来帮助他们即时找出潜在的渔业信息与罢工信息；又如印度 ITC 的电子集市为农民们提供便利免费的交易市场。

从商业模式上看，现有情形是商品和服务主要是针对金字塔上层的城市消费者。而一些单一的途径大多来自于农村地区和城市的贫民区。大多数城市贫民是从农村迁徙过来的农民，他们的流动带来了一部分知识和一些产品的资源、市场、原料和手工团体等。期待的情形则是：“卖主空间”的目的是帮助贫民区的人们利用这一基础知识成为企业家，使城市贫民区和农村市场形成商业交易。这可以为农村的企业家带来新的市场，也可以为贫民区的企业家带来稳定的收入（图 3–18）。

Mohan Singh，贫民区企业家　　Shanti Singh 乡村手工艺人

Shanti 的大部分时间都花在了乡村里的陶工车轮上

Mohan 需要一件陶器手工艺品

他登陆到邻近村庄的手工艺技能登记处

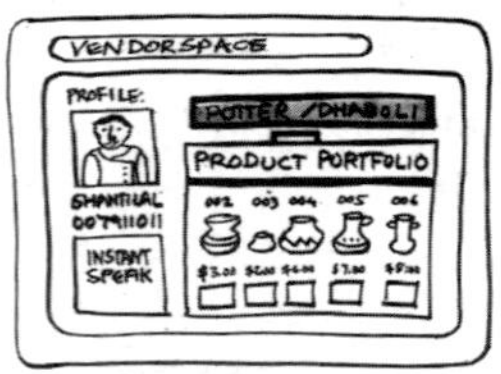

在 Shanti 的个人网页上，Mohan 可以看到 Shanti 的产品，并且选择他需要什么样子的壶

Mohan 设定了一个适当的时间去取货，第二天上午，他们就可以商谈业务

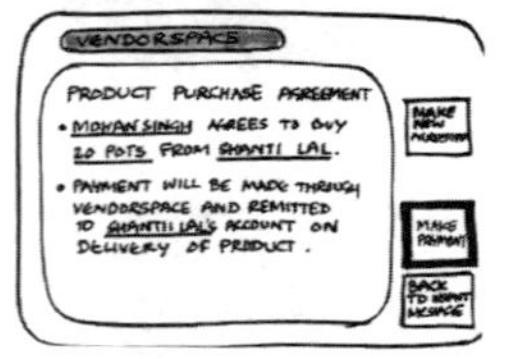

他们都同意了这份业务，并且及时签订了一份在线协议

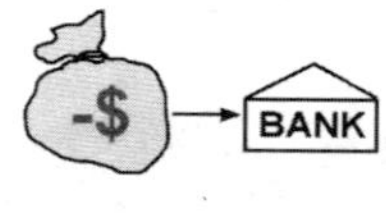

Mohan 付款

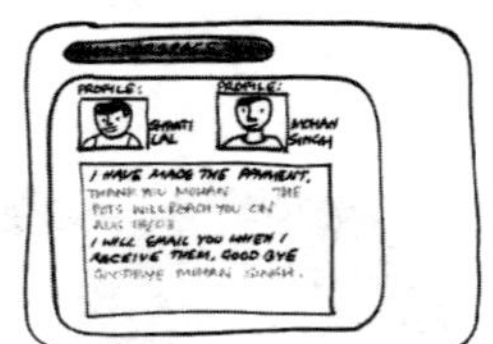
款项将通过银行转账到 Shanti 的账户

图 3–18 “行业网”的使用情境

3．移动的水（Mobile H_2O）

一个绝对重要的问题是贫民窟怎样得到新鲜干净的水。普遍的情况是储水者在贫民窟中心地带储水，并分发到各家，贫民为水付钱。还有一些人走到很远的公共水源处取水。不管哪种情况，水都是没有经过处理的而且来自不可靠的水源，比如城市外围的池塘和湖泊。这常常是疾病传播的主要原因（图 3–19）。

图 3–19　关于水的问题

"移动的水"是一种新的行业，为贫民窟家庭提供可靠的新鲜干净的水（图 3–20）。载水卡车可以每天在城市外围把水分给卖水人员。贫民窟常常是不能通行的泥泞小路，因此从一个贫民窟到另一个贫民窟的主要交通工具是手推车或机动车。每个卖水者服务一个特定的区域和一定数量的消费者。每个消费者有一个智能卡，根据他们预先购买的水量每天得到一定的装有水的水袋。卖水者用一个 PDA 读取和记录智能卡信息来证明水交易。这样能够保存交易的信息，从而解决双方现金交易的风险，为卖家和消费者保留每次交易的可靠记录。达到这样目标的动机是为双方建立一个诚信的历史记录，建立解决用户信誉问题的交易卡，同时为经济服务提供一个途径（图 3–21）。

"移动的水"实际上是基于一个食品移动出售车的模式。它最大的贡献是提供安全的和可以承担的饮用水，同样是公司投资这个概念和提供新岗位的一个动机，因为同时解决了健康、教育和经济承受力的问题。技术公司和服务提供者使这种解决模式变得更容易，可解决交易的透明度问题和减少中间人的冲突。

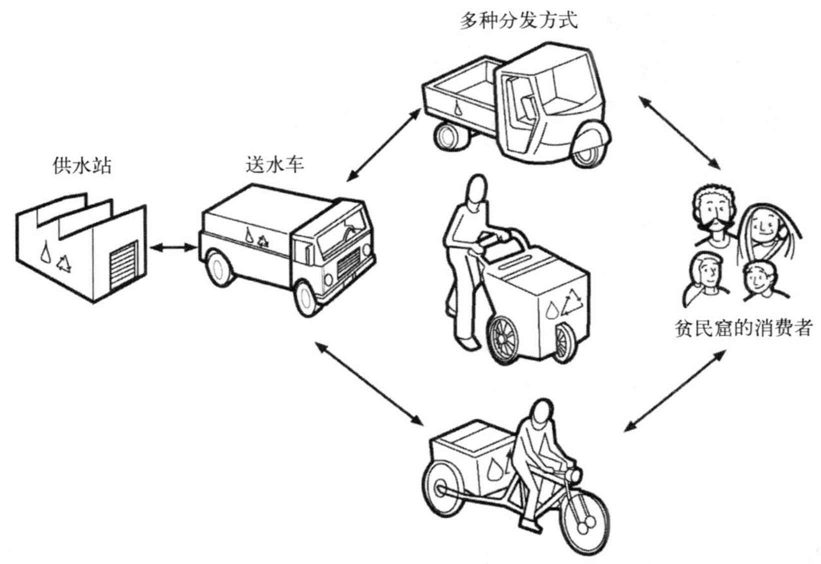

图 3–20　"移动的水"的商业模式

Ramesh 在早上 6 点开始他的移动水运送

同时像 Meena 这样的贫民窟居住者开始日常杂务

有了移动水她不需要在用前将水烧开

装水的三轮车装载 50 个水袋

卖水的小贩到达 Meena 的门口

Meena 给他用过的水袋和她的订购卡

她在 6 个月中每天订购 5 袋水

小贩升级了 Meena 的账户

Meena 带着新鲜的水和循环使用的袋子回家

图 3–21 “移动的水”的使用情境

像前面提出的，每一个概念需要解决至少两个问题。“移动的水”的直接目标是健康、交易的透明度、生活水平提高，间接地解决了诚信地实现、收入的保障和成立可行的公司。

4. 快速洗衣（LaundroFast）

该设计拟解决的问题是创造利润的可持续企业的需求（图 3–22）。“快速洗衣”可以增加传统洗衣服务的效益和产量，并改善其卫生情况。相关基础如印度菜贩用手机来传递信息，又如条码技术已广泛应用于印度大城市的超市中（图 3–23，图 3–24）。

图 3–22 “快速洗衣”针对的设计问题

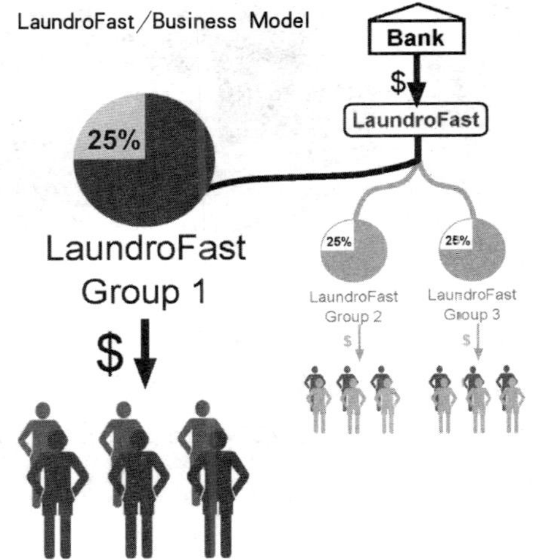

图 3–23 “快速洗衣”针对的商业模式

洗衣工德汉在早晨收集脏衣物

他用条状扫描仪来区分莱尔夫人的衣物账单

他用一个有各种图标的掌上电脑来区分衣物

每一项目的价格已经确定，掌上电脑会自动汇总账单

德汉拿着带有莱尔夫人身份标识条码的账单

条码帮助追踪包裹并记录交易细节

德汉用货车将各位顾客的衣物运到“快速洗衣”

在“快速洗衣”他卸下这些衣物包裹

在“快速洗衣”，衣服会被洗涤、烘干、熨烫或干洗，并在同一天返还给顾客

图 3–24 “快速洗衣”针对的使用情境

5. 技能注册与工作中介店

该概念拟解决的问题是当地人的就业状况常常受到信息渠道的限制、缺乏专业指导和无法核实工作经验等影响（图 3–25）。

图 3–25 当地人的就业状况

该设计鼓励职业化并对认可的技能给予物质奖励，为有能力者建立数据库，建立良好的银行信誉，可以为妇女提供平等的就业机会，并给予广泛的信息渠道。如印度的培训雇佣一条龙计划，又如尼泊尔的 ESeva 利用信息和通信技术帮助中小型企业对技术工人进行商业培训（图 3–26）。

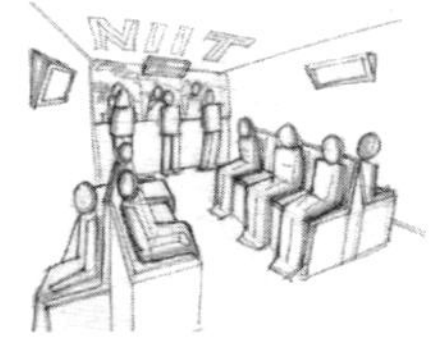

Champak Lal 早上 8 点来到人才市场排队等候

早上 8 点 15 分，人才市场助理帮助他进行一个快速补习

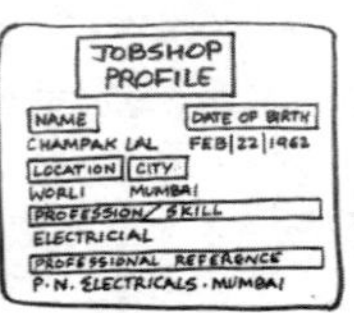

一个邮件账户对他开通同时创建个人简介

他还可以得到一个查询账户号码

Lal 先生注册了一个识别他的技能和证明每个成功完成的工作来创造他的专业形象的工作搜索服务。这个形象对于未来的客户是有用的，因此这个可以作为一个推荐信

Lal 先生走进一家网络中心核对他的工作身份

他用密码登录到人才市场

然后选择工作邮件选项

让他高兴的是有三个工作加入到他的邮箱里，第一个工作最适合他

他核对了确认栏并且希望他是第一个申请人

图 3–26 使用情境

6. 便捷房屋（StepOne House）

关于住的问题在于：临时搭建的房屋，结构不稳定；质量差的结构材料，在运输过程中容易被毁坏；不符合标准的产品；手工运输砖头效率低、耗时；不拥有土地的所有权等（图 3–27）。

图 3–27　关于住的问题

"便捷房屋"需要建立房屋标准，引进可持续的建造材料，发展标准化的房屋建造工具和定制的设计，将房屋和城市基础设施、服务整合。如模块化的房屋，预制系统、加快建造时间、使用标准的材料（图 3–28）；又如预制的"户外家具"，易于装配、模块化，还可创造广告税收（图 3–29）。

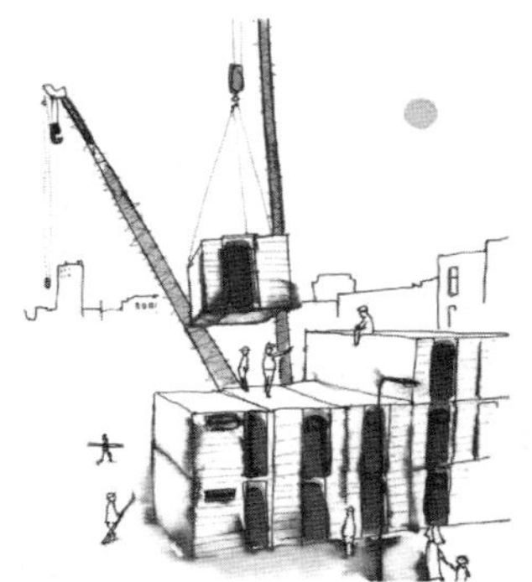

图 3–28　模块化建筑

图 3–29　户外家具

在印度进行的社会底层调查项目表明：设计可以改变人们的生活和建立可行的经济模式。通过行为聚焦研究，研究人员能够找到创新的机会，创建一个互相帮助和鼓励的可行商业系统解决问题，同时引导居民改善生活环境。下一个阶段是建立产品和服务的工作原型。研究人员希望这些原型促进更多的项目，为那些现在还没有想到的问题提供更多的创新。

为了使在印度的项目具有更深远的意义，研究人员在巴西、墨西哥和其他有大量城市贫民窟问题的国家进行相似的研究。在一个国家不同的贫民窟有很多不同的问题，也有很多问题是相似的。然而，本质上来说，大面积的城市贫民窟存在问题突出、发展得太快，不是仅仅能由慈善机构和政府政策所能解决的，最佳方法是利用并建立贫民窟中现存的能量建立可行的经济。

第 4 章　移情设计

4.1　移情与设计

4.1.1　关于移情

移情（empathy）通常译为“同理心”，也称共感或同感。移情是 EQ 理论的专有名词，指正确了解他人的感受和情绪，进而做到相互理解、相互关怀和情感融洽。移情一词最早起源于希腊文 empatheia，其中 em 为前缀，即进入；patheia 借自拉丁文，与英文 pathy 意义接近，指情感或知觉。移情意指进入别人的情感或知觉世界。

奥尔波特（Allport）（1937）提出：“人有三种知识，我了解事、我了解自己、我了解别人……”第三种知识即为移情。阿德勒[①]（Alfred Adler，1870～1937 年）提出：“一个专业的助人工作者必须可以将自己放在别人的位置上，用别人的眼睛看，用别人的耳朵听，以及用别人的心去感受。”1957 年，罗杰斯（Rogers）开始以辅导的观点将移情定义为：体会当事人的内心世界，有如自己的内心世界一般，可是却永远不能失掉“有如、好像”这个素质，如果失去了“有如、好像”的部分，那就变成认同（identification）了。

移情就是站在对方立场思考的一种方式。在发生冲突或误解的时候，当事人如果能把自己放在对方的处境中想一想，也许就可以更容易地了解对方的初衷，消除误解。在既定已发生的事件上，把自己当成是别人，想像自己因为什么心理以致有了这种行为，从而触发这个事件。因为自己已经接纳了这种心理，所以也就接纳了别人的这种心理。就算自己的看法与他人不同时，虽不认同但也不能判定对方一定是错的；尝试反复思考，认真从其他角度去看，针对事而不是针对人，便会发现自己原本的看法不一定完全正确。因为事情发生在“我”身上（主观）跟发生在“你”／“他”／“她”／“它”身上（客观）区别非常大。因为别人的想法和行为总会有他的原由。表层的移情就是站在别人的角度上去理解，了解对方的信息，听明白对方在说什么。而深层次的移情是理解对方的感情成分，理解对方隐含的成分，真正听懂对方的言外之意和弦外之音。

EQ 理论中“同理心”的六原则是：（1）我怎样对待别人，别人就怎样对待我——我替人着想，他人才会替我着想。（2）想要得到他人的理解，就要首先理解他人——只有将心比心，才会被人理解。（3）别人眼中的自己，才是真正的自己——要学会以别人的角度来看问题，并据此改进自己在他人眼中的形象。（4）只能修正自己，不能修正别人——想成功地与人相处，想让别人尊重自己，惟一的方法就是先改变自己。（5）真诚坦白的人，才是值得信任的人——要不设防地，以我最真实的一面示人。（6）真情流露的人，才能得到真情回报——要抛弃面具，真诚对待每一个人。

---

①奥地利精神病学家，个体心理学的创始人，人本主义心理学的先驱。阿德勒对社会文化环境的强调对精神分析的社会文化学派产生了很大影响。

4.1.2 移情训练

曾经催生苹果计算机第一只鼠标及掌上个人数字助理的知名设计公司 IDEO 毫不讳言，他们之所以能设计出让人喜爱的产品，就是因为公司经常进行移情练习，让他们对人能够深入的理解和关怀。

从设计的视角，移情最基本的意义就是了解用户的经验、行为与感受，就像当事人所体会到的一样，尽其所能地从用户的观点来了解用户，进入并了解用户的内心世界，同时将自己所感受、了解的内容传达给对方知道。简单讲，移情就是倾听、了解、传达、将心比心，设身处地，人同此心，心同此理之意。移情是人类沟通的一个基本模式；在讨论移情时，多以专注、倾听及观察为中心。梅耶奥夫（Mayeroff）（1971）认为这和沟通模式的本质就是关怀。对用户研究而言，关怀一个用户，必须了解他和他的世界，研究人员就好像是用户，研究人员必须用好像是用户的眼睛来看用户的世界，进入用户的世界，从内心去体会用户的生活、目标以及方向。

训练移情的游戏如下：（1）将学生分为两人一组，面对面坐下。（2）请两人中的一人写下最近发生的一件事，由另外一个同学辨识他的情绪，是愤怒、伤心、快乐、紧张还是烦躁？（3）之后，写下事情的同学再叙述现在的感受，如“我很开心”，而由另一人来确认想法背后的原因，如“你是因为快要下课了吗”……（4）每个人必须获得对方三个“是”的回答才算过关，然后再交换角色。（5）由同学表达参与活动的感受。游戏的目的是让人知道了解人的感觉是一件非常美妙的事情。

移情从发觉自我感觉开始，感觉来自自身，明白感觉与想法的不同非常重要，这种辨别能力是学习移情的基础。社会心理学有一个“自我参照效应”(self-reference effect)的概念。“自我参照效应可以阐明生活中的一个基本事实：我们对自我的感觉处于我们世界的核心位置。由于我们倾向于把自己看成世界的核心，因此我们会高估别人对我们的行为的指向程度。我们经常把自己看成是某件事情的主要负责人，而实际上我们只是在其中扮演一个小角色。”①分享感受会使人们距离接近，基本上，人们都害怕与别人太亲近，害怕自己会受到伤害，担心别人不了解自己。于是人和人之间避开直接交换感觉，只谈些想法与观念。要“生活在感觉的层面上”，这也是学习移情的一个较大障碍。作为陌生人的用户，他们会敞开心扉跟我们分享感受吗？此外，感觉的表达也常常出现困难，这也是符号学透过语言、动作、语气、姿态等符号形式研究其意义的根源。

4.1.3 马特尔玛基与移情设计

芬兰赫尔辛基艺术大学教授马特尔玛基（Tuuli Mattelmaki）专门研究用户的个体经验与私人生活脉络（personal experience and private contexts），其方法就是“移情设计”（empathy design）。移情设计是一种带观察性的调查模式，是一种采用对在自然环境中发生的现象进行观察而非打断的过程。很多公司都采用这种方式，如惠普(Hewlett-Packard)、尼桑(Nissan)、Cheerios 和哈雷·戴维森（Harley Davidson）。绕过传统的目标群体和鉴定方法，着重于观察

① http://kingphage.blog.sohu.com/94912936.html.

使用者在他自身环境中的日常活动，这个理论完全激发了人们的好奇，因为它具有一种潜能，使已存在的产品在消费者与产品的真实世界的互动基础上不断创新与提高。

桃乐茜·里奥纳多（Dorothy Leonard）和杰夫里·雷波特（Jeffrey F. Rayport）在《移情设计的火花式创新》（*Spark Innovation Through Empathic Design*）一书中介绍了移情设计的概念。与调查或访谈等方法相比，设计师能从观察消费者与产品之间的互动中学到更多。通过观察一个消费者在自然状态下使用产品，设计师从中不仅能够发现产品的瑕疵，而且还能够发现其他一些潜在的应用。这些发现会产生改良的产品，有时甚至会出现全新的产品，来满足人们说不出却看得见的需求。

移情设计意味着研究者必须把用户看作是一个具有情感的生命个体，而不仅仅是被测试的主体。设计师通过创造移情式的对话来理解用户。下面以马特尔玛基给一家健身器材公司作的用户研究为例介绍此方法。

该公司准备生产一种给身体健康的人使用的心率监测仪。他找到了 10 名自愿参加的被试者，他们如同人类学中的“情报提供者”（informant），然后分发给每人一套“探查包”（probe kit），包括一个日记本，一些画有高兴、痛苦、烦躁等表情漫画的贴签，一个一次性相机，以及一个拍摄任务的清单、十个带有问题的示意卡片。日记本的作用是让他们记录每天关于“健康”与“锻炼”的一些想法和活动，记录他们日常的一些事件以及他们的反应，然后在每个事件后贴上表情标签。示意卡片是将问题视觉化，关于他们的态度、经验及情感方面。被试者还要按拍摄任务清单拍照，内容包括一些信息类的比如他们的家庭环境，以及一些情感类的比如“厌恶的东西”等。在收集这些探察素材后，还要与被试者会谈，探讨其中一些含混不清的细节。最后，还要求被试者在一张大纸上完成一幅拼贴画，用来描述他所认为的健康的概念，所使用的素材是从杂志上剪下来的关于运动、生活形态、情感、环境的一些图片、文字。这样，在整个过程中，通过 say（日记、会见）、do（照片）、make（拼图）的方式，用语言的、视觉的以及行为的信息传达，再经过研究人员的分析与人类学解读，用户的主观态度、个性、动机甚至梦想等便活生生地呈现于眼前了。

此方法的长处是：1. 避免了以前仅仅使用问卷、访谈等语言交流中的“污染”问题。2. 通过一些“模糊”的刺激物，可以明确被试者的倾向。3. 给被试者以最大的自由，比如在拍摄照片时，在拼图时。4. 让测试充满乐趣，如同游戏，更能激发被试者的兴趣与认真程度。此方法被桑德斯称为“自我导向报告”（self-guided reporting），是一种“不进入田野的田野调查”。

移情设计的理论也极大地影响、改变了电子学习的面貌，但是只有极少数的学习网站似乎在使用这种实用的方法。一个从移情设计中获益良多的网站是思潮网络教育（Thinkwave's Web Educator）（www.thinkwave.com）。但网站教育的设计者明显缺乏对当今大多数老师技巧的理解（图 4-1）。通过使用移情设计模式的市场调查，一名老师在使用 Web Educator 时可能遇到的问题极易被发现。如果网站的设计者花时间来观察教师的日常工作，他们就会更好地了解产品，并能在不断增长的电子图书产业中占有更大的市场份额。通过使用移情设计，Thinkwave 发现教师需要更多的指导使程序符合他们的特殊需要，从此发现得出的一个解决方法是创造一个 5 分钟的 FLASH 动画指导，来引导教师从网站中获益。Thinkwave 也应该改善 Web Educator 的工作流程，用一种更直接的方式提供必要的步骤，如让“你的班级上线不超过十分钟”选择这个承诺就能变成事实。Thinkwave 通过移情设计能发现的第三个改善之处是扩大低需求的支持率。在 Web Educator 的许多网页上，帮助界面上一点内容都没有。甚至是一个“常见问题”的目录都会是一个很大的提高，帮助教师找到解决办法而非受到挫折（图 4−2）。移情设计有潜力完全改变、创造在线学习系统的方式，让梦想变成现实，那就是通过在线分享课堂资源，提高老师处理课堂知识的方法，使父母与学生能够一起参与到教育过程中来。

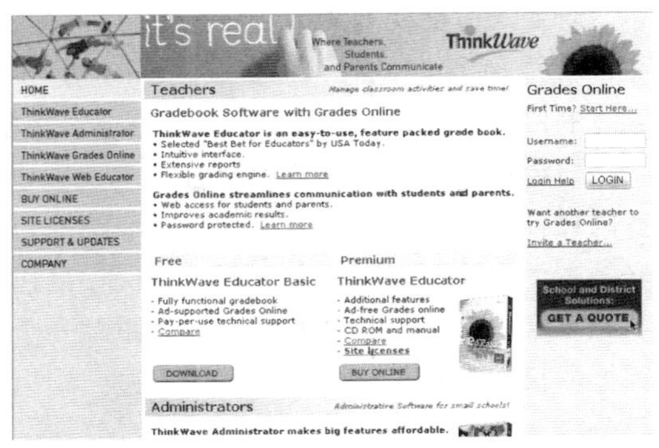

图 4−1　thinkwave 网站

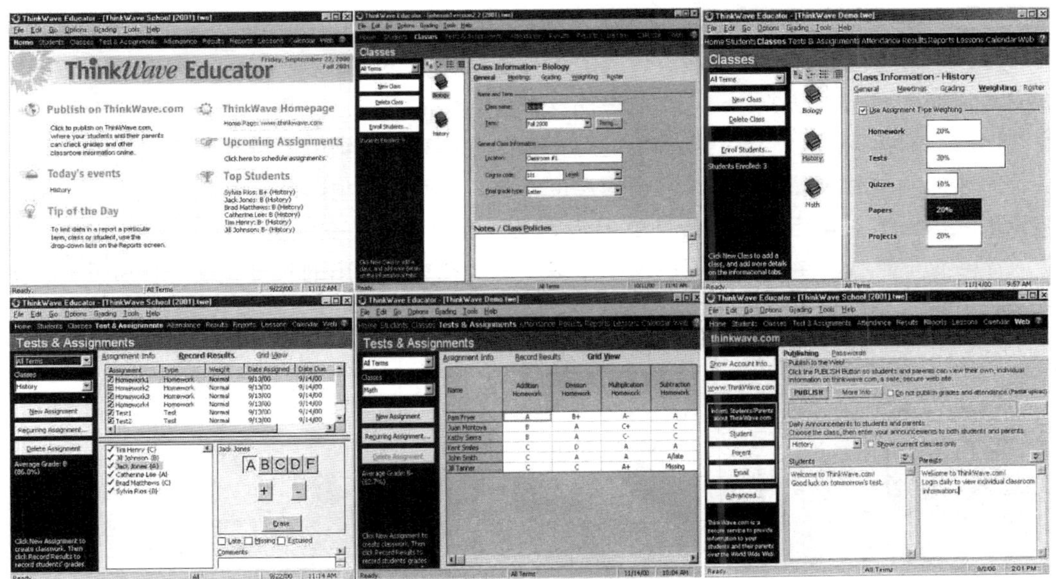

图 4−2　Web Educator 软件界面

4.2　黑暗中的移情①

2003 年 6 月，赫尔辛基艺术学院举行了连续 4 天的关于移情设计的工作坊（Workshop），目的是激发学生在掌握有关包容性设计的一手资料后，探索出一种他人可使用的和激发灵感的方法。学生们花了一整天时间追踪一个视力受损或失明的人，以了解他们的日常生活。学生以一系列基础活动练习为模型在其他设计师之间推动类似知识。工作坊提供的结果，希望可以鼓励更长远的探索方式，并在教育和专业设计这两个背景中激发包容性设计。

① Jane Fulton Suri, Katja Battarbee, Ilpo Koskinen, Designing in the Dark−empathic exercises to inspire design for our non−visual senses，www2.uiah.fi/~ikoskine/idmi05/designinginthedark.pdf.

研究人员把视力受限定作为首要条件。因为设计师通常极依赖于视觉感官的信息和表达。同时，给出时间和其他资源的限制，尽可能让参与者直接沟通而无需进一步辅助或翻译。最终的目的是扩展这种研究，使之包含有更加多样性的能力和限制条件人的经历和感受。

与会的 12 个博士生和硕士生拥有工业设计、平面设计、心理学、新媒体、建筑、家具、室内设计等不同的教育背景。为了追踪练习，工作坊招募了 6 名志愿者——他们都是赫尔辛基本地有视觉障碍或者失明的居民，且包括了一定的年龄范围。学生分六个组工作，总共花一个下午、晚上及次日早晨来跟踪一个志愿者，去了解他们在家中、工作场所、学校等处的日常活动，陪伴他们一起度过。学生为这次的经历提供了数码照片和录像，返回之后分享他们的惊喜和见解。

4.2.1 发生在安全的黑暗环境中的情景

这个练习让人认识到视觉怎样主导了设计师的经验世界的问题。在一个安全的陌生的环境中，通过非视觉接触，设计者可以更加敏锐地认识到美，通过其他感官感觉到潜在的信息。

在这个练习活动中，一个被蒙住眼的人被要求完成一个简单的任务，即在一个装饰简陋的黑暗的房间里，把饼干和礼物放在朋友最喜欢坐的地方。空间和任务的选择是为了了解不同点上的特定感觉。通过收音机的声音和很有质感的细绳的引导到达房间中的第一张桌子。这个桌面上放置着一些具有不同温度、质感、气味和材料的普通物品。第二张桌子和旁边摆放着笔记本电脑——正在发出传到门外的声音，并在地板上铺上一块小的地毯，微风伴随着车声和鸟声从敞开着的窗子徐徐吹来，花香在风扇的吹拂下飘散在房子中（图 4–3）。

图 4–3 安全的黑暗的空间

在经历了这些之后，参与者得到了一本列举经历和每种感官问题的小册子：你注意到了什么？你听到／感觉到／触摸到／闻到什么？它像什么？你学习到什么？给参与者明确目的，让他们进入非直观世界，通过自身的能力进行有效操作，在一个安全、舒适和反照的空间中，意识和确认其他情景信息的价值。

这个试验可以作为一个鼓励设计人员进行非视觉感官设计的方法，也可以改变对象、声音和任务帮助的设计，以反映特定的设计需要，着眼于具体问题，让设计人员了解用户感受。

4.2.2　使用非视觉线索了解产品

这个小组把他们的练习建立在对视力损伤人士的观察基础之上，谈论有关产品的使用，并教别人如何使用陌生产品，目的是使设计师了解如何利用触觉和空间组织帮助用户更有信心地学习和使用新产品。

首先，一名学员和教练坐在一起。给蒙住眼睛的学员一个陌生产品。教练通过口头指令帮助她操控产品（图 4–4）。起初，成功地指导被蒙住眼睛的学员非常困难，因为他们比较依赖难以解释的有关参考文字。随着练习的深入，教练根据对移情的认识和了解制定了一个操作指南，要求学员重视触觉和听觉反馈的信息。学员自己也有了对有关非视觉学习的策略，如感知周围整个设施的整体结构和布局。这导致在同一场合的人们认识到触觉区别的价值，使他们能很容易地找到或减少序列和目标记忆的负担，前提条件是视觉不可用来提供即时的对环境或对象的记忆。

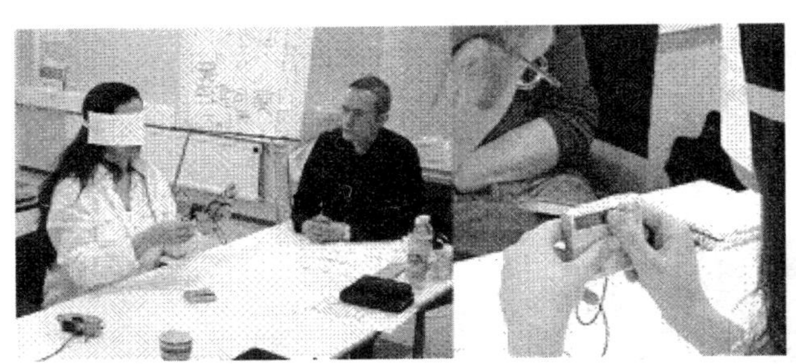

图 4–4　通过非视觉线索指导应用一个不熟悉的产品

这项工作可以使设计师了解第一手信息，通过视障人士的使用、帮助和提示问题，了解他们一些工作的战略和战术。练习中可能包括视觉受限的老师和学生，这个过程也可作为一个检验互动模式和原型方式配置的简单方法。

4.2.3　有关芳香线索的活动

第三组的观察重点在那些通常利用视觉与嗅觉来确定其周围环境的人身上。一名志愿者告诉她如何依靠有区别的气味和对其顺序的记忆导向城市中熟悉的部分。

团队设计了一系列的游戏以提高嗅觉在识别位置和支持记忆中的作用。他们收集到一些有香味的东西如咖啡豆、花等，然后放在杯子里（图 4–5）。参与这个游戏的人需要蒙住眼睛，并从特定的杯子中识别出一些地方——咖啡店、花店或餐厅，并加上另一层面的空间记忆。杯子被放置在一个桌子的边缘，每个参与者都要求找到一个不同的对象。

图 4–5　香味线索游戏：闭着眼睛寻找目标位置

这项工作可作为一个令人愉快的提高团队意识的训练。这个活动引起了在创造情调和气味信息所带来的附加价值的讨论。虽然很少起到直接作用，但声音和气味可以用通俗易懂的和易记忆的形式有效地标记空间组织和路线。

4.2.4 以限制视觉为前提走一段熟悉的路程的经历

弱视力和失明的人在空间中移动时怎样记住他们的目标路线呢？这一组对此很感兴趣。他们的目的是为正常人创造一种主要通过声音和基本的视觉信息在空间中移动的意识，在一个可视的熟悉行程中提供一种新的其他感官品质的理解。视觉受限不意味着世界中美好的事物被移开了，而只是提供了不同的感受。

他们记录了一个简单的步行路程的声音追踪——从教室到学校的食堂——同时沿途拍了一些照片。对于从未依靠声音、较少的光线或颜色来行走的人来说，在这条已经熟悉的路径上走过，需要非常专心。这显示出光、颜色和有节奏的多样性的声音在环境中传递着实用的信息。结果表明，大家用自己的多种感官在空间确定自己的位置，创造了一种新的非视觉和能被人使用的低水平线索观念。即使没有详细的视觉、光线中的形态、颜色，它也可以是美丽的（图 4–6）。

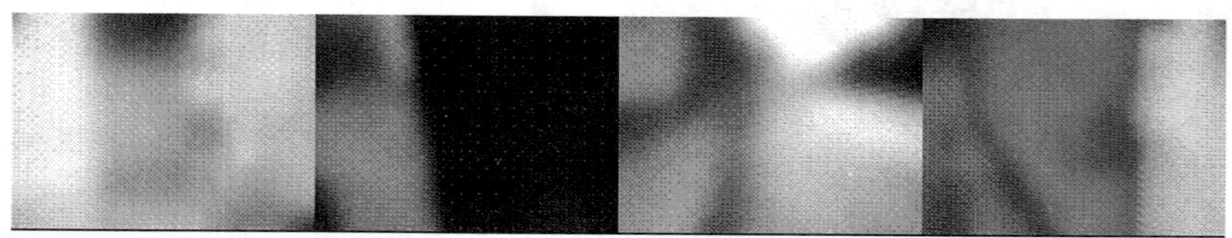

图 4–6 以限制视觉为前提走一段熟悉的路程

编辑熟悉的路线片段去探讨问题可能会成为更具有挑战性的事情，如：当我们失去完整的行程顺序时，会发生什么样的情况？如果在我们每天乘坐的电车上睡着了，如何知道我们已经错过了要下的站？在一个行程中仅仅从不同的声音线索中判断，我们可以辨别出有多少位置？

在这次研讨会中每个学生至少与一个人做了移情练习，他们通过这个人来感知世界，用迄今为止对他们来说还是陌生的方法在通常的环境中经历和探讨。学生们高兴地发现了新的非视觉感官线索的可能性和关于空间记忆的特殊作用的信息。但或许他们更高兴的是自己惊奇地发现，视觉受限的人们更喜欢自己的生活，他们享受业余爱好、旅游、对自己开玩笑，并不是视觉化地寻找娱乐和享受世界上的美好事物。学生们更加敏锐地意识到，这些无所不在、但经常被忽略的快乐和研究人员所设计的环境的特点。在这些工作模式原型中，重点突出其中的一两个特点显然是最有效的。提供的控制经验可以使其他人发现怎样才能更有效地开发设计。

当然，这些结论并不能代替对真实的人的深入接触。研究可以通过广泛参与设计、跟踪、观测和面试来进行。事实上，研究人员坚信，这些活动最有力地结合了真实的用户，他们成为一种集中意识和认识可接受信息的催化剂。但限于用户时间和参与人员的经济预算，广泛参与是不可能的。这样一组练习可以为广泛设计带来新的观点，可以激发设计者对一个视觉受限世界的想像力和创造灵感，使他们对美感以及其可行性有一个确切的观念。模拟视觉残疾并不难，你所做的只是带上一个眼罩，但这样并不能代表真实生活中天天都是盲人或弱视的人。在这个短暂的研讨会练习模式中提出了更有条理地进行设计的方式，从

而对不同的感官信息有了经验性的了解，并激发出对研究安全有效的探索和好奇心。

4.3　关于幼儿园空间的移情[①]

建筑师经常要替各行各业、不同年龄族群和文化背景的人解决空间的课题，"移情"是很重要的桥梁，可以帮助参与者深入一种共通的情境，并对机构重新想像与定义。

幼儿园的空间经验，是我们从小开始对于"机构"的第一印象。它是人生中很重要的过渡经验，是从家跨入社会的第一步。幼儿园在儿时究竟带给我们什么样的环境冲击？东海建筑研究所的同学们一起回忆各自幼儿的生活体验，希冀从中找出共同或特殊的空间记忆，供彼此检索与参考。从 14 篇回溯性文章中，找到可以解读的信息，依人、事、时、地、物的分类归纳整理。这是一种有效的研究与数据收集方式，辅以移情投射，可以帮助设计者感应孩童的尺度与心理，与我们已久久遗忘的童心互动及对话。

1．"人"的记忆

感官的感受是最直接的。吃各种东西的满足感；生病或是皮肉的疼痛；湿袜子、拉裤子的不适；睡眠不够被叫起来的不愿；怕天气寒冷的动物本能反应；违反欲望时，以哭闹赖皮的方式对抗强势的大人，或发出求助的信息；与他人关系的建立，也是以身体的接触印象最为深刻；牵手、拥抱；天冷加衣裳；被女生亲吻的记忆；还有打架、向互推挤、罚站的痛苦与等不到家人接送的恐慌；老师对上下课行为的制约；吃力握笔写作业的阴影等等。这些点点滴滴都有可能影响到行为的发展。敏感的同学已经可以分辨母亲叫唤时的轻柔与老师午觉时摇唤大家起床时的不耐烦了。好人、坏人、喜欢的人、不喜欢的人、对自己好的人、对自己不好的人、强势或弱势已经开始在小脑袋里区分与辨识。

嗅觉的记忆比较有趣的是一个位于菜市场内的幼儿园；听觉的记忆有使用三角铁与木鱼乐器、舞曲的旋律及厨房铁锅铁勺的碰撞声背后的期待。视野在教室常是受阻碍的（一般的窗台多高于孩童的视野），因此图像的记忆只有画画劳作时色彩的创作与挥洒。

2．"事"的记忆

每天重复的课程当然也潜移默化地教会了大家很多知识。印象深刻的常是一些非课堂上的游戏与发现：游戏的内容有单纯体能的运动，如荡秋千与溜滑梯的快感，也有模拟战争攻城谋略的欢乐；拍橡皮圈的输赢，有赌博意味的游戏，还有到杂货铺抽号码换玩具的交易；与孩子的尺度最接近的低空间，例如插座孔居然也成为孩子们危险游戏的工具之一。对于好奇心强、创造力高的孩童而言，游戏是不限于狭义的玩具或游具的，任何对象与场所都可以转换成冒险、犯难、斗智的对象，所以安全或是危险的定义在有些人的眼中是无趣与有趣的。抓老鼠、同学受伤或特殊节庆活动如圣诞晚会、生日、运动会。老师们的忙碌，同学的排练，教室或礼堂特别的布置，让大家参与共享社群一分子的荣耀与兴奋，是在成长过程中很重要的养分。特殊才艺、领导能力的开启，被关注与被称赞的成就感，都深刻地替这些未来的精英们打下了基础。另一方面，这也提醒大人应减少一些容易造成挫折感与弱肉强食竞争下的逃避、羞愧等阻碍学习的因素。

---

① http://blog.roodo.com/tearch/archives/3086377.html.

3．“时”的记忆

起床、上学、上课、中午休息、放学、回家、天黑、睡觉，一个会敲铃的告诉妈妈时间的箱子叫做闹钟。时间观念在幼儿园应是粗略的，借着钟声与阳光而有一种频率与步调。过年了，放假了，难得有一位同学记得今夕是何夕。都市里的生活几乎没有四季，对于日子感受最深的时候，已经是凤凰花开的毕业典礼了。

4．“地”的回忆

有一些属于梦境与想像不可度量的空间常会与真实相叠。可度量的、最直接的就是被窝内的温暖、床上空间的依赖、自己的玩具所占领的范围。家是安全且受保护的，离家愈远愈不安全愈不熟悉，相对的也是愈有趣。上学的路经常等于领域扩张与探险的旅途，每个人都不尽相同。有些人自己走，有些人跟姐姐哥哥走，有些人是爸妈接送。妈妈骑自行车飞快的经验，贵族式人力三轮车的接送；叔叔骑铁马接送时，一路教育；在校车上欣赏窗外景致，或在车内争夺坐椅，或挤沙丁鱼式地被老师叫上叫下的使唤。

从同学不同的过渡过程中，也可看出不同个性的养成。有较早独立探险开发勇气的，也有不适应新环境依恋家庭或自闭内向的。但通过脱离家里较封闭的尺度，开始有了速度与方向感以及对于远近的认知状况。路途中的小河、臭水沟、杂货铺、街巷、招牌，都成了一幕幕空间经验的重要场景。幼儿园里的共同记忆如游戏场、操场、高耸的教室，被禁止进入的楼上禁地，合唱表演窄小的台阶，晦暗令人不安的厕所……都说明以往的幼儿园设计极少考虑儿童的尺度与视野及心理感受。对于灯光不足的教室有很多着墨的描绘，而光亮的来源即是出口的特殊感受，更像是宗教空间而非适合教学空间的场所。把幼儿园想像成城堡，不知是否因为在建筑造型上有城堡般的装饰，或是因为建筑物包围形成及大门高耸的效果，还是同学们玩攻城游戏后的联想？还有在树下空间乘凉，在大桌上画画，在铁门缝等家人接送的张望……这些都是使我们与场所紧密相连的感情因素。

5．“物”的记忆

从家到幼儿园的适应过程，老师取代了父母，开始有了群体的价值观。玩具的拥有，我的、你的、他的、学校的，开始分辨对象的拥有者。对新奇新事物的好奇像是路上有哪些动植物，以及在河边与同伴拯救菠萝的有趣行为。关于植物昆虫的记忆归纳有蝴蝶、蚱蜢、瓢虫、蝌蚪变青蛙的过程，错认蛔虫为白蚯蚓，了解抓蟋蟀的方法，喂养幼儿园中鱼池内的鲤鱼。

难得的是这些同学的童年还算与大自然有相处的机会，而再过几年、小朋友就无福享受了，以后只能依靠光盘片上的数据告诉他们，这叫做蝴蝶。令人担心的是视听媒体冲击下，广告的洗脑、物质化与商品化、名牌及明星的崇拜左右了大众的思维。孩子们太过早熟对父母而言真不知是喜是忧？毕业照片像是定格的记忆，记念着照片框框以外的那个世界；教室改建，学校迁移或是停办等变动因素，或多或少带给大家情感的失落与记忆的空白。

路易斯·康强调三种重要的鼓舞：学习的鼓舞、与人相处的鼓舞与追求健康的鼓舞。以现象学的观察方式，围绕三种鼓舞的主题去思索，可以帮助我们检验“机构”的本质。“人”是建筑中最重要的却也最被忽略的课题。常用“移情”去替各种弱势的使用者如幼儿园的孩童考虑，以用户为中心的观念去做任何设计才会有好的活动与空间质量。人类学、心理学所探讨的“移情”需要我们经常使用与省思，有助于沟通分享；有爱心的人才会做出感动人心的设计，“移情”应该就是设计大师的秘方。

第 5 章　文化探察

5.1　文化探察

比尔 · 盖夫（Bill Gaver）与托尼 · 邓恩（Tony Dunne）是英国皇家艺术学院“计算机相关设计工作室”（Computer Related Design Studio）的研究人员，他们受到了人类学与社会学的影响，采用“非科学”的手段，“模糊”地去探察文化背景下的需求，其研究方法叫作“文化探察”（Culture Probe）。他们准备了一套材料（包括地图、明信片、照相机和小册子）交给用户，给用户以最大的自由去组织这些材料。这样，研究收集的是用户的“灵感”（Inspiration）而不是“信息”。

“文化探察”不以传统的理科和工程为基础，而是从设计师的艺术眼光去获取新的方法；不强调精确分析或有效控制，而集中于美学与文化的暗示、制度与服务方式的创新；不仅将科学理论指导的客观问题作为灵感来源，更看重非正式的分析、观察的发现、流行的动力和其他一些“非科学”因素；不聚焦于商业产品，而重在理解新技术。

基于文化探察的设计尝试拓展现在的技术要求，研究标准之外功能、经验和文化分布。与设计解决用户需求不同，文化探察是提供发现新的乐趣、新的社交方式和新的文化形式的机会。研究人员经常亲身体验以设计改变当前技术功能的、审美的、文化的甚至是政治的感觉。

文化探察——这些成袋的地图、明信片和其他物品——被设计用来引导不同地区用户富有灵感的回应。文化探察是用有回应的方法进行实验设计的策略的一部分。它们共同为一个陌生的团体解决项目开发的难题。理解当地文化是必须的，这样设计才不是无关的或傲慢自大的，但是团体也不能通过他们已经理解的——聚焦在需要和愿望上——不恰当地约束设计。文化探察希望引导一个讨论从而得到一些意外的主意，而不是支配他们。

尽管探察的目的是了解探察点，它们的答案不直接指导最终设计，但在让研究人员了解当地详细结构上的作用是无法衡量的。对探察点的调查、从当地合作者那里听说的关于这个地区的奇闻和数据、对大众和专业出版物的阅读等的影响……很多因素在设计探察时被应用，它们也成为影响设计方法的众多因素之一。文化探察成功地使研究人员熟悉了探察点，提供给研究人员充足的各种材料，包括激发研究人员的设计灵感和使研究人员了解当地文化的详细结构，这正是设计创新的一个适当途径。

文化探察可适用于更为广阔的设计项目，研究、设计和生产的物品只是为这个项目、为这些人和为他们的环境服务。文化探察帮助研究人员获取老年人的个人信息和提示老年人传达个人观念。正如超现实主义学者 J · 列维所言：“游戏应该玩更长时间才到达最匪夷所思的结果。问题，和答案一样，被认为是有征兆的。”

5.2　案例：改善老年人生活状态①

这是一个欧盟的实际项目。为了改善老年人的生活状态，研究人员调查了荷兰 Bijlmer（阿姆斯特丹附近的一个大型社区）、意大利 Peccioli（一个托斯卡纳式的小镇）和 Majorstua（奥斯陆的一个区）。来自 4 个国家的 8 个合作者探索丰富当地社区的老年人生活。这是一个比较不受约束的项目，只能用总体目标和经过时间考验的词汇来定义。第一年开辟一个可能的设计空间；第二年集中测试这些探察点以完善原型。他们运用包括 10 张带有图像和问题的卡片、一些生活场景的地图、一次性相机、图片卡与问题的“探察包”（图 5–1），探询老年人的喜好、生活中的重要事物，及其对生活环境、文化环境和技术环境的态度。

1．明信片

在探察包中，有 8 ~ 10 张明信片。这些明信片正面是图像，背面是问题，例如：

- 请告诉我们曾经对你很重要的一条建议或见识。
- 你不喜欢 Peccioli 的什么？
- 在你生活中哪些方面是有艺术的？
- 告诉我们你最得意的作品。

这些问题是有关老年人对他们生活、文化环境和技术的态度。但是研究人员运用间接的词汇，给他们在一个尽可能广阔的想像空间，允许他们有尽可能大的回应空间。明信片是提问这类问题的一个吸引人的方法，因为它们的内涵是非正式的、友好的交流方式（图 5–2）。

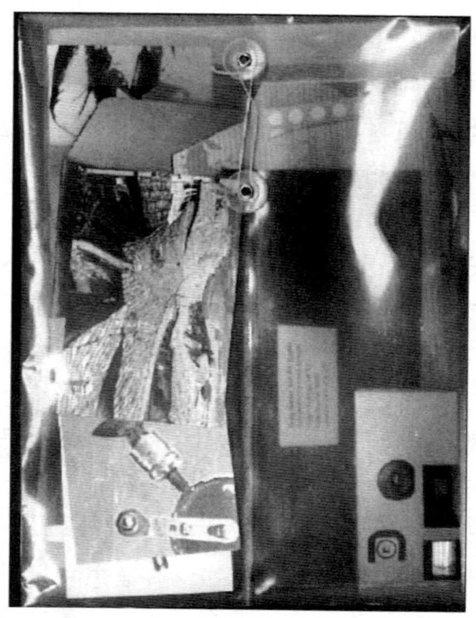

图 5–1　文化探察包

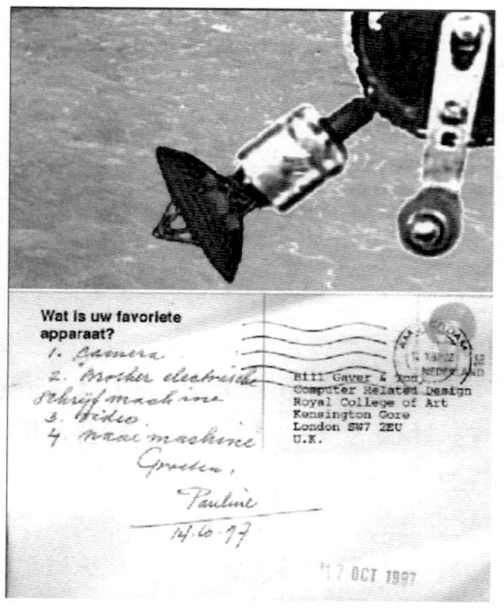

图 5–2　明信片

① Bill Gaver, Tony Dunne & Elena Pacenti(1999): *Cultural Probes*, Interactions, january+february 1999, pp21–29.

2. 地图

探察包有大约 7 张地图，每一张附一份调查问卷以探察老年人对他们的环境的态度。问题的形式包括直白提问到诗歌。例如，一份世界地图包括的问题有“你去过世界上的什么地方？”规定用小圆点标注出来。参与者还被要求在当地地图上用圆圈标出以下问题，例如：

- 他们会在哪里会见别人？
- 他们喜欢在哪里一个人安静一下？
- 他们喜欢在哪里作白日梦？
- 他们想去但不能去的地方。

这些地图印刷在一种有织纹的纸上以增强它们的个性，并且剪切成几种不同的袋子形式。当老年人完成这些答问后，可以展开它们并邮寄（图 5–3）。

3. 照相机

每个探察包有一个可任意使用的照相机，和其他探察工具配合使用。在背面，研究人员列出了需要照片的问题，比如：

- 你的家庭
- 你今天穿什么
- 你今天见的第一个人
- 令人高兴的事
- 令人烦恼的事

大约有一半的图片没有指定主题，在寄回照相机之前，老年人可以照他们想展示给研究人员的任何东西（图 5–4）。

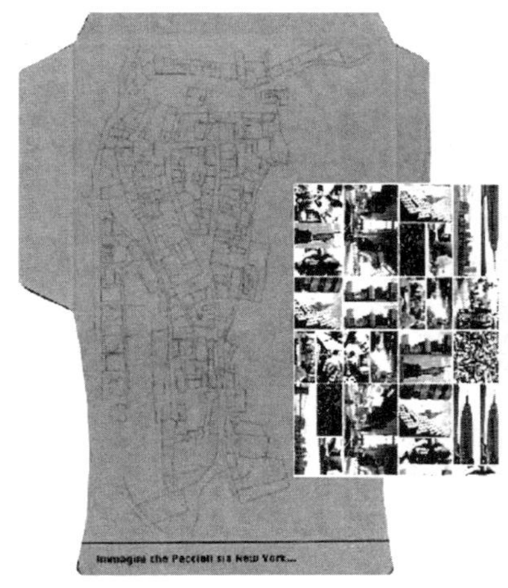

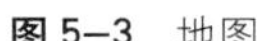

图 5–3　地图

图 5–4　照相机

4. 相册和多媒体日记

探察的最后两项任务是以小册子的形式进行的。第一个是相册，要求老年人“用 6 到 10 张照片讲述你的故事”。研究人员鼓励参与者用过去的、现在的、家庭成员的或任何觉得有意义的照片。

最后，每个探察包有一个媒体日记，要求参与的老年人记录下他们的电视和收音机使用情况，包括他们看什么、和谁一起看和什么时候看。他们也被要求注意收到和打出的电话，包括和通话者的关系和打电话的目的。入户调查者制作了一整周日记（图 5–5）。

图 5–5 相册和多媒体日记

5. 灵感，而不是信息

艺术设计方法是很主观的，只有一部分是客观问题，因而研究人员根据探察的"有灵感的数据"来刺激想像而不是定义某类问题。

研究人员没有试图通过探察得到一个关于老年人需求的客观观点，而是得到一个对老年人信念和需求、审美和文化的关系的总体印象。正式的问卷和会议，感觉如同医生诊断用户的问题和开出解决问题的处方。反之，研究人员也不想变成仆人，让老年人指导设计。试图建立一种煽动者的角色，研究人员以文化探察影响老年人以引出他们的回应信息。

6. 克服差距

建立和老年人小组的会话，研究人员不得不克服几种可能疏远他们的关系的障碍。最初的差距来自训练有素的专家试图减少这种距离延伸的氛围和探察工具的美学理论。地理和文化差距是这个项目中更特殊的问题。研究人员设计这些物品到处邮寄，将名字和地址写在信封上，既认识其差距又强调其生命的存在；同样，研究人员试图尽量把物品设计得很形象，以克服不同地区的语言障碍。

7. 关于老年人

研究人员要跨越的一个显著的重大隔阂是其年龄上暗含的代沟。鼓励具有引导性和煽动性的对话，拒绝老年人的陈词滥调像"需要"或"好"。超越老年人的"需要"和"好"的视角，为研究人员提供了一个新的途径观察，开辟了新的设计机会。例如，老年人描述一生的经验和知识，经常是深深地植根于当地的社区，这是社区中年轻成员无价的资源。相反的，老年人也描述了需要从工作中解脱出来的生活，因此可能定义为生活中有趣的品质。文化探察提供了一套新的迷人的方法来鉴别生活环境——社会、城市和自然——中的机会。

8. 审美功能

通过这个项目，研究人员观察到审美和概念上的愉悦是正确的而不是奢侈的。研究人

员作审美探察不单纯为使它们有吸引力或有激发力，而是因为研究人员相信审美是完整功能的一部分，愉悦作为设计标准同有效性或可用性同等重要。研究人员努力使探察物品有趣，但不是幼稚或哗众取宠。事实上，为了鼓励回答者对问题的不同看法，审美是有些抽象或背道而驰的。但尽管这些物品并不能太专业，这给他们一个非正式和个性化的感觉，使其超脱政府形式或商业行销的类型。最后，它们显示出研究人员投入的精力和表达出对研究人员这个群体的体验和兴趣。袋子的审美是另一个缩小研究人员和老年人团体之间差距的尝试。研究人员通过物品、图片和请求尝试减小其自身和老年人群体的差距，同时也要求老年人减小他们本身和研究人员的差距。这样不仅使探察有趣和顺畅，还意味着老年人开始暗示他们希望在最终设计中得到什么。

9. 艺术概念的应用

关注各种艺术活动的概念和独特技术同样影响了研究人员的设计。例如，探察所用的地图和情境画家的心理学地图有关，它是用来获取不同地方的情感气氛。研究人员自身对当地不熟悉，就让当地组织给他们画出这些。这些不仅成为设计素材，同样研究人员也希望让老年人用一个新的方式思考他们的环境。

研究人员还利用其他的技术，如达达主义、超现实主义和更多现代艺术手法。他们吸收了美术拼贴的元素，在这一并置的图像开辟新的和煽动的空间，借用和推翻在广告、明信片和其他商业文化元素中的视觉和文本语言。最后，研究人员试着正确使用不明确、荒谬和秘密的手法，如激起对日常生活的远景瞻望的新方法。

10. 发起探察

研究人员通过探察点的一系列会议对老年人小组进行探察，研究人员并不逐条解释，而是让他们自己理解。研究人员想让他们在接下来的几周内重新翻看这些袋子时会有惊奇的发现。

最初研究人员计划把袋子分发给小组成员，但是研究人员担心他们会抛弃那些研究人员想要的与众不同的方法。研究人员决定当面给他们说明意图、回答问题和鼓励老年人通过一个非正式的、实验的途径对待这些物品。

结果显示这是一个非常幸运的决定，因为一个意想不到的探察力量在研究人员和老年人的对话中迸发出来。文雅的团体讨论变成自发的和个人的，研究人员在讨论这些物品时得到很多关于这个小组的知识。甚至在研究人员离开后，一些老年人给研究人员物品外的个人问候——明信片、信甚至是私人的圣诞卡片。

11. 回复

研究人员离开各个探察点一个月后，开始收到完成的物品。老年人返回的一些条目中留有空白或附有关于他们为什么给出不同要求的条子。研究人员在会议中鼓励过这种做法，作为保持探察过程对老年人意见的开放性的一个方法。

将收到的大量地图、卡片和照片进行分类，研究人员发现三个不同的特点。一些条目像灯塔一样指引着研究人员——一张在意大利咖啡馆里朋友们的照片、一张 Bijlmer 的地图和附有广泛的关于这个地区“吸毒者和小偷”的注释、一个来自奥斯陆的关于死亡的笑话。他们获取了文化的细微方面，却清楚地象征着重要的事情（图 5–6）。

小组的返回评估加深了研究人员对它们的不同印象。奥斯陆的小组返回了几乎所有的物品，并且看起来是热心的和用心做的。Bijlmer 的小组返回了一半稍多一点的物品：他们看起来不是很相信这个项目，但是他们乐意参与这个实验，因为他们发现了有意思或有挑战。最后，Peccioli 小组返回了不到一半的物品，尽管他们拿到它们时很热情。研究人员把这个作为快乐被日常生活打乱的一个标记——这是后期设计的一个重要因素。

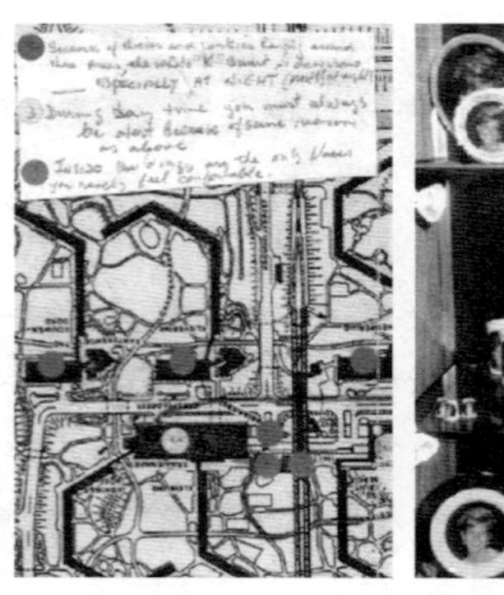

图 5–6 地图与照片

12. 从探察到设计

研究人员提出的设计建议是从返回的物品中寻找知识的反射。探察物品显示出三个不同特点，皇家艺术学院把这些完全不同的设计想法反映出来：在 Bijlmer，研究人员的创意反映出在危险地区拥有健全社区的需要，并建议建立一个电脑网络陈列室，以帮助社区老年居民表达对文化的价值观和态度。Majorstua 的小组是丰富的、有教养的和热情的，研究人员提议他们组织一个全社区的关于社会问题的会谈，从图书馆公布问题，通过咖啡馆、有轨电车或公共场所的电子系统获取公众的回应。Peccioli 的老年人在一个漂亮的装置里享受一个不受拘束的社会生活。研究人员计划通过建立社会和田园式阶层扩大他们的快乐，允许他们创作灵活的社区网络和聆听来自周围村落的声音（图 5–7）。

图 5–7 电子系统

Domus 学院发现这些返回物品暗示了老年人关注广泛但缺乏对细节的聚焦。例如，很多老年人希望和远房亲戚或子孙的关系更亲近，或提供“软监督”的形式或非正式帮助链来抵御社会孤立现象。最后，老年人提供了一个社区细节的生动回忆，真实描述它的历史。

这些提议是研究人员对老年人探察回应的答复，综合了相关情况而提出的新可能。从探察得到的回答促进了对当地文化有价值的探索，其中最好的证据是老年人在提议中清楚地确认出他们自己。尽管研究人员有意使一些建议很奇怪或很有煽动性，老年人也欣然参与，为重塑观念提出建议，但在谈话中没有细目分类，预示了研究人员的理解可能是粗略的或错误的。

然而，了解老年人只是研究人员的一半任务。另一半任务是老年人从探察中学到了什么。他们激发小组来思考他们扮演什么角色和他们经历的快乐，为研究人员的设计提供了新的角色和新的经历。最后，探察帮助建立和小组的谈话，贯穿整个项目。

5.3　案例：变频器使用手册的文化探察[①]

这个案例是针对变频器用户手册展开的文化探察。研究阶段有 4 个用户参与，他们都是在工作中使用频率变换器的专业人员。其中 3 个用户具有在复杂的工业应月过程中结合丹佛斯（Danfoss）VLT 系列变频调速器的丰富经历。另一个用户（Ole）正在一个复杂的生产过程里使用一台非丹佛斯的变频器。

用户详述　　表 5–1

用户	标题	公司	与频率变换器的关系	使用频率变换器
Ole Duus	电机师	Müller	设置调试、装配、维修	在自动化的制造环境增加训练的速度
Søren	电机师	Lachenmeiher	设计，设置调试，装配，维护	控制一台工业包装机器的电动机
亨利克 · 彼得森	主要的检测者	Automatic Syd	在更大的控制面板系统里测试频率变换器的功能性，维护	定制的工业控制面板方面的组成部分
Peter Jörgensen	电机师	Sønderborg Rensingsanlæg	使用 VLT 的设计系统，安装，装配，维护	控制水／污水泵

用户差别在于他们如何使用变频器。其中两个用户属于设备制造商，并且在他们的产品中使用丹佛斯 VLT 变频器。他们运用 VLT 开发和测试，但并不实际使用。由于产品和业务依赖 VLT，他们成为经验丰富的专家，正如其中一位说道："与丹佛斯相比较，我们或许对 VLT 知道得更多。"其他两个用户在实际工作中使用 VLT 变频器。

研究人员在本地市场寻找两个变频器用户。丹佛斯的使用者被安排与另外两个用户一起接受访问。研究人员要求每个用户在他们的工作环境中进行 30 分钟的访谈。通常研究人员花一半时间在会议室里坐下来访谈，另一半时间参观、体验变频器的工作环境。

访谈：访谈之前，研究人员集体研讨关于操作手册的使用设想。然后准备相关问题，看看访谈手册是否被提及。访谈的两个主题是"问题解决"和"训练"。为了帮助这些用户交谈，研究人员准备了两个练习。第一个练习由一套卡片组成，其中每个卡片上有一幅不同的漫画图像。图像非常粗略简单，因此有很多可能的解释。研究人员要求用户排列这些卡片，以学习使用 VLT 过程中各因素的重要程度为序（图 5–8）。第二个练习由 6 张卡片组成，其中一部分写上操作手册，手册中上包含无关紧要的元素。

录像：在访谈时研究人员准备了一台摄像机记录访谈的全过程，希望以一些连续的镜头片段，探索和揭示潜在的设计点。

问卷调查：访谈之后，研究人员给用户包含 4 页调查问卷和 2 个练习的文化探察包。调查问卷要求用户陈述手册和实际情况一致性或不一致性的意见，如"我发现手册非常难使用"。

① http://mciprojects.sdu.dk/students/2002/manual/user/

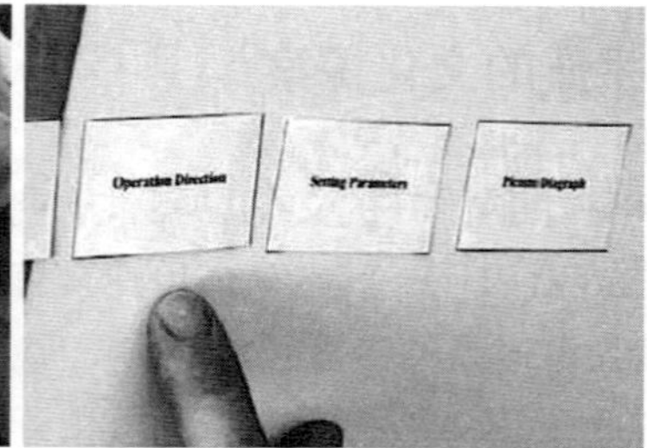

图 5–8 使用过程中的重要因素排序

文化探察：练习 1：解决问题最重要的是什么？练习 2：讲述你具体解决问题的故事。两个文化探察练习都是为了得到更多的定性数据。首先要求用户描述他们感到最重要的因素是什么。然后用户从 8 幅漫画图像中选择 5 幅，并且按照从最重要到最不重要的次序排列它们。最后要求用户写一些话解释每幅图像对于他们意味着什么。第二个练习要求用户回忆一个 VLT 的具体问题，然后用讲故事的方式解释他们是怎样解决问题的（图 5–9）。一共发放出去 4 份资料包，完成 2 份，返回的不完全探察 1 份，留待取回的探察 1 份。由于只有两份已经完成调查，数据不足，无法作任何统计分析。

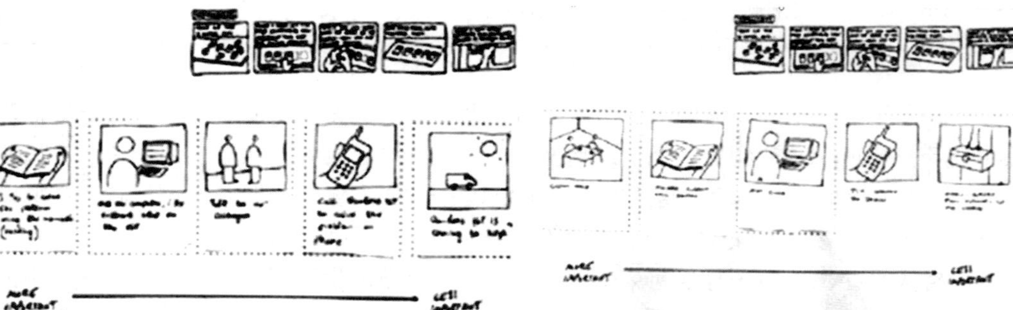

图 5–9 文化探察练习

分析：探察包含大量信息，但可能存在偏差或误解，仍然有必要与用户一起重新探讨。

定性分析 **表 5–2**

序号	初步评估	设计思考
1	左侧用户解释“重要”意味着首先需要做的。在第 2 个练习里他首先查阅手册，但使用其他方法解决问题	评估手册，是否能满足需要去解决问题？
2	左侧用户必须写下丹佛斯的记录，同时尝试使用 VLT。似乎很多重述是困难的	有一种允许用户在打电话时使用 VLT 装配并且测试的方法吗？
3	右侧用户贴了一个图标，一个手中持有丹佛斯技术手册的人打电话给另一个用户时，他读手册吗？	如果是这样的话，是某人指导你通过手册使用想要的某些事情吗？
4	除了在设计阶段，右侧用户好像不需要手册	他不负责安装和编程，还是他已经“超过”手册了？
5	与一些人交谈是为用户解决问题的重要部分	

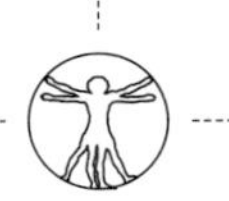

在调查、研究和分析的基础上，研究人员就一些感兴趣和想要了解的问题与用户进行进一步的交流，研究人员更确切地理解了用户、VLT 产品和使用手册。这些问题包括：(1) 个性化的手册。手册内容的不同部分的利弊和手册是什么关系？全部用户的普遍要素和每个用户的具体要素是什么？手册包括设计指南、结构说明等不同类型，每种类型的作用是什么？是否可以将不同类型合并成一个适合用户的 VLT？（2）多样性的手册。如果手册容易得到，对用户的好处是什么？活动的手册或将手册定位在多样性是最好的。(3) 交互式的手册。①用户是怎样做试验，还是玩弄参数？它能是手册的一部分吗？其他的功能也能统一到手册中吗？②版面编排。基于研究所得到的价值标准和机会，将手册进行 2 个或 3 个版面的编排。个性化的手册包括手册的定位、手册的功能以及手册的内容。③与丹佛斯使用部门的人员会面，寻找有关的版面编排建议，并且更详细地了解手册的内容和工艺。④与用户第二次见面。研究人员将使用版面编排样本与那些用户集体讨论。⑤提炼价值标准和设计机会。研究人员将努力重新设计版面编排，分析用户的答案，作为将来的手册范本。

第6章　感性工学

6.1　关于感性工学

6.1.1　感性工学发展概况

"感性工学"①（Kansei Engineering，Kansei 是日语"感性"即カンセイ的音译）是一种关于"人"的"心理感受"（感性）与"物"的"实体对象"（设计特性）关系的人因工程理论及方法，以日本广岛大学长町三生、筑波大学原田昭、信州大学清水義雄为代表。感性工学以用户为导向，借助艺术科学、心理学、残疾研究、基础医学、临床医学以及运动生理学等多学科，通过问卷、实验、访谈等方式和眼球追踪、机器人、脑电波等技术手段将用户对某事物的看法、认知量化，从而进行概率统计，将人们模糊不明的感性需求及意象转化为形态设计的细节要素。如日本九州艺工的杉本洋介、佐木司、佐藤阳彦等对"烦躁"的研究，将"烦躁"的频度做成问卷，从1988年12月到1989年1月对学生、双亲、朋友等发放，回收有效样本约376份，进而将"烦躁"与性别、年龄、职业、事件等因素之间的关系进行深入分析②。

日本东洋工业KK集团（今马自达汽车集团）前会长山本健一（K.Yamamoto）1986年在密歇根大学发表演讲时第一次提出了"感性工程"的概念，并引起了很大反响。1987年，马自达汽车公司横滨研究所率先成立了"感性工学研究室"。此后，日本的主要汽车制造和家电企业相继成立了类似的研究机构。1993年，日本文部省成立"感性工学小委员会"，研究感性工学发展的可能性，其使命至1997年成立全国性的"感性工学委员会"为止。1999年召开了第一届感性工学大会，迄今已召开了4届。2003年10月在日本筑波召开的第六届亚洲设计大会，亦以"理性和感性与产业的融合"作为本次大会的主旨。

日本感性工学方面的研究实际上在山本健一提出这一概念之前即已开始，相关的概念和研究如日本物理学界开展的"感应工学"、"诱导工学"研究，设计界开展的"人间工学"、"感觉工学"、"情绪工学"、"生体工学"研究等。日本近年各学术领域都积极导入感性工学的理念，特别是在纤维产业、机器人工程、人工智能、人类工程学、心理学、认知学、信息等领域，一些传统工业领域如制鞋业、住宅、陶瓷、漆器等也导入了这一理念和技术，用于新产品开发。

---

①感性工学源自20世纪70年代日本广岛大学研究的"情绪工学"。从1989年开始，长町三生发表了一系列关于感性工学的论文和著作；日产、马自达、三菱等企业最早将感性工学实用化；20世纪90年代，日本产业界全面导入感性工学技术和理念，涉及住宅、服装、汽车、家电产品、体育用品、女性护理用品、劳保用品、陶瓷、漆器、装饰品、纤维等领域。1993年开始，筑波大学原田昭负责筹组并成立了"日本感性工学学会"；1996年，原田昭将"感性工学"研究分列为16个研究方向，并建立感性工学研究资料库。近年来，欧美各国都开展了相当深入的感性工学研究。参见，李立新:《感性工学——一门新学科的诞生》，邬烈炎主编:《设计教育研究》第三辑，南京，江苏美术出版社，2005年版，第10页。

②（日）杉本洋介、佐木司、佐藤阳彦:《烦躁之研究》,《日本人间工学会志》第25卷特别号，诸葛正译，来源于"全球产业设计情报服务系统"。

从哲学、美学领域到材料工程学各个方面，"感性"几成流行语，政府机构亦为此注入大量财力支持其研究和发展。筑波大学原田昭教授主持的文部省项目"感性评价构造模式之构筑"研究，自 1997 年起用三年时间，联合了 50 余位研究学者，包括工业设计、机器人工程、控制工程、信息工程、信息管理、认知科学、美学、艺术诸多学科人才组成了大型研究团队，分别就"感性评价"、"程序与感性数据库"、"机器人系统"的课题进行研究，通过诸如在美术馆设置附有摄像机的机器人让观者远距离遥控观赏艺术品，记录其过程，以期了解观赏者在鉴赏艺术品时的感性表现和心理机制。

广岛大学工业与系统工程系的长町三生教授认为，感性工学是"将人们的想像及感性心愿，翻译成物理性的设计要素，具体进行开发设计的技术"。他认为，感性工学是一种人机学意义上的以顾客需求为导向用于新产品开发的技术。在日本设计学界，学者们将感性、感受作为顾客对新产品的心理感受和意象。意象有时就是一种心理预期，当一个顾客想购买物品时，他必然对想购买的物品有一个意象或预期，如实用的、美的、高档的、精致的，等等。感性工学的技术即是要求将这种意象和感受翻译成设计要素在新产品的开发上加以运用，因此，长町三生将这种技术定义为"翻译为设计要素的技术"。感性工学建构人们对设计情感反应与产品特性关系的模型。该方法在发展的过程中已经结合感情方面要素（Schütte，2005）。感性工学已经应用在各种产品的设计过程中。两个最典型的例子是畅销的马自达 Miyata 跑车和有外置 LCD 显示设备的夏普摄像机。感性工学其他应用领域包括家用设备、建筑、包装设计和专业设备等。感性工程最大的好处是它能把多种产品特性和产品情感联结起来。

感性工学的目的是根据用户的感受和要求来设计制造产品。以往的设计和制造也关注用户的需求，但主要关注的是功能和形式方面的要求，而这种需求又在一定程度上表现为设计师的一种理解和需求。而感性工学所追求的则是真正来自用户本身的需求和反应，这种反应甚至是细微的、心理的、不易察觉的。因此，感性工学实施的关键在于：（1）如何根据人机学和心理学的评估来捕捉顾客对产品的感受；（2）如何根据用户的感性来定义产品的设计特征；（3）如何将感性工学建立成一种人机学的技术；（4）如何调整设计来满足社会的转变以及人们的喜好倾向。

一个人可以通过以前积累的经验来体验感性。这种情况可以解释不同复杂程度的感性等级。简单的感性体验能使一般感性增强。人的感性将通过生理功能表示。感性测量方式有多种（Nagamichi，2001），包括：（1）语言；（2）生理的反应，包括心率、EMG、EEG 等；（3）人的行为举止；（4）面部表情和肢体语言方式。测量感性的最普通的方式是通过言词表达。言词是反映感性的要素，它们是人类情感的外在表现。感性的要素可能是不健全的，因为我们的言语没有描述全部情感，那些话不是感性本身。面部表情和肢体语言也已经在感性工程之外的情感设计范围内使用。戴丝美特（Desmet）、赫克瑞特（Hekkert）和雅各布斯（Jacobs）（2000）已经开发出一种表达情感的漫画媒介 PrEmo 去评价产品情感。

感性工学研究包括三部分：（1）感觉分子生理学：通常以检测法和 SD 法①对用户的感觉器官进行检测或描述，并运用统计学的方法和实验手段，对人类生理层面的"感性"进

① SD 法，即语意差异法（Semantic Differential Technique），由 Charles E. Osgood 等于 1958 年提出——笔者注。

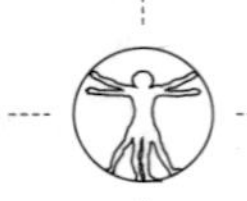

行评估；（2）感性信息学：主要对人类感性心理的各种复杂多样的信息进行数据采集、分类、排序、变换、运算和分析，并将数据转换、传输、发布，完成感性量和物理量之间的转译，通常包括感性信息→信息处理系统→设计要素的顺向系统、感性测评←信息处理系统←设计提案的系统以及双向混成系统（图 6–1）；（3）感性创造工学：研究感性与形态、材料、色彩、工艺、设计方法与制造学等之间的关系，通过实验评估产品的有效性、使用性、运算性与推广性，以满足产品的感性化诉求[①]。

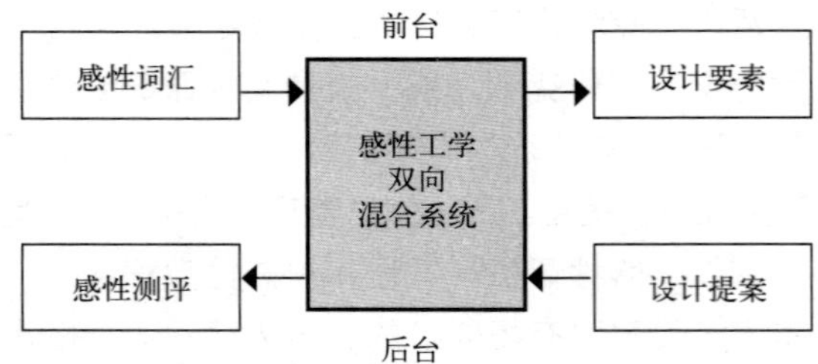

图 6–1　感性工学的双向混合系统

感性工学的应用可从以下五个方面展开：（1）感性工程方法。开发一个鉴定用户情感需求的树形结构，然后人为地把用户感情需求与产品特性联结。（2）感性工程系统。这是一个电脑辅助系统，使用感性语言表达的干预工具和数据库，运用数学统计工具联结感性和产品特性。感性工程系统通常由感性词语、图像、颜色、图形和关于数据之间关系知识的数据库组成。（3）混合工程系统。设计者把他的想法灌入干涉引擎，将自己的想法与被提出的感性语言相联系，从而预测产品特性引出的感性。（4）感性工程模型，即建造一个能评价一系列人的感觉言语的数学预言模型。（5）感性工程应用。通过结果虚拟现实和标准数据收集系统，用虚拟现实（VR）替换一个现实产品图像。

6.1.2　感性工学的类型

目前日本感性工学的类型可从测定方法和实施方法两个角度区分。所谓“测定”，即“表出法”和“印象法”。“表出法”是对人“五官”在生理学层面上的“感觉量”的测定，基本利用生理学上已经成熟的对视觉、听觉、触觉、痛觉、味觉、温觉、体觉、平衡感、时间感的测量技术。在这种技术中，研究者将感觉到的最小量称为“刺激阈”，最小差别则称为“辨别阈”。在理论上常将感觉量中的舒适性与人体生理的变化量视为一致，因此，只要测者生理上反应值的变化，即能将这些变化数值转化为舒适性的值，从而为设计的舒适性提供依据。“印象法”可看作是“表出法”的互补，属于测量“内在”，及在受测者接受不同程度外在刺激后，以问卷的方式，让其称述自己的感受。“语意差异法”也是其中一个典型的方法。问卷的信息视为感受量，并利用多元尺度法、图形理论将其构造化，或者通过多变量分析、模糊推论等统计解析技术，将人的感性信息转变成定量的数据，即将内在的感性信息定量化。

感性工学的实施过程即感性工程的过程。按照实施的方法区分，长町三生将其归为三种类型，类型一意味着从零到 N 个级别分类，类型二是感性计算机系统，类型三是利用数学模型来推理最接近人机学要求的设计。

① 李立新：《感性工学—— 一门新学科的诞生》，邬烈炎主编：《设计教育研究》第三辑，南京，江苏美术出版社，2005 年版，第 12–13 页。

(1) 类型一：感性信息分类

这里的分类指将一个产品的感性类别分解成树形结构来获取设计细节。马自达汽车公司利用感性工程设计开发了一种名为"Miyata"的新型跑车并获得成功，从而使感性工程成为马自达汽车新产品开发的一项基本的技术手段。长町三生在《感性工学：一种新的人机学顾客定位的产品开发技术》一文中详细介绍了"类型一"分类的具体方法。他以马自达公司开发"Miyata"汽车和另外一家汽车公司运用马自达经验开发另一新型汽车为例，来说明感性类别分解与设计的关系："平井先生，一个新品牌汽车的经理，在与他的项目团队研究后，决定运用马自达在开发'Miyata'时使用的感性工程，为新汽车'人机统一'（Human—Machine Unity）进行零水平分类，该汽车的概念是使汽车驾驶员能在驾驶的过程中感到他（她）与汽车之间的完全一致。驾驶员觉得他（她）的身体就是车，可以任意根据他们的直觉自由控制车。'人机同一'只是一个开发新车型的概念，并没有对如何设计汽车提出任何建议，例如发动机特征、汽车尺寸等。在感性工程类型中，零水平概念应该被分解成清晰的、有意义的分概念，以最终获得设计细节。团队成员开始划分这个零水平概念为分概念，一层、两层……n 层直到最后获得汽车设计细节特征。根据'Miyata'感性的零水平（人机同一）被划分成为一个层次上的 4 个分概念，它们是'紧密感'（tight—feeling）、'方向感'（direct—feeling）、'速度感'（speedy—feeling）、'交流'（communication）。紧密感是指'与机器非常接近'。在各个概念上，研究认为汽车的长度应该是 4 米左右，最终经过讨论以后定为 3.98 米。当他们安置 4 块车身钢板在车内时，发现顾客感觉'狭窄'，这就不符合'紧密感'的要求，因此将它改成了两块钢板。"

(2) 类型二：感性工程计算机系统

感性工程类型二是计算机支持的感性工程系统。感性工程系统是一种运用专家系统将顾客感受和意象转变为设计细节的计算机系统。这种计算机感性工程系统的操作基本是依靠四个数据库。

①感性数据库。感性数据库代表顾客对产品感受的感性词语。通过商店中销售者的对话，首先收集大约 600 个词汇，然后筛选至 100 个左右，这足以代表顾客对产品的感受，然后组建语意差异量表，并在语意尺度图中评价产品，评价的数据再进行因子分析。通过因子分析所获得的结果代表了感性词语的意义空间，根据它可以建立感性词语数据数据库。

②意象数据库。意象数据库将根据语意差异量表作出的评估结果再次用 Hayashi 的数量理论进行分析，这是多元回归的一种，用来分析定性的数据。通过这种分析，我们能获得一张感性词语与设计要素之间统计关系的列表。因此，可以定义若干个对设计细节贡献的项目为一个特殊的感性词语。例如，顾客要"奢侈"的东西，这个感性词语会对应一些系统中的设计细节。这些数据组建了意象数据库和规则库。

③知识库。知识库主要包括了一些必要的规则，用来决定设计细节与感性词语之间的相关性，一些规则来自数据理论的计算和其他一些诸如色彩条件原理等。

④造型设计数据库和颜色数据库。系统中的设计细节分别被存储在造型设计数据库和颜色数据库中，所有的设计细节包括了设计的各个方面，这些方面作为一个整体的形式与每个感性词语相关，设计和色彩合并的部件被特定推论系统推导出来，以图形的方式在屏幕上表现出来。

感性工程系统（KES）的运用包括两个方面，一个是顾客支持的感性工程系统；一个是设计师支持的感性工程系统。顾客支持感性工程系统，首先是顾客将其渴望的产品意象用词语表达出来，并输入感性工程系统中，感性工程系统接受这些词语并将它们与感性词语库中的词语进行比较，检查识别它们，如果被识别，这些词将被转入数据库。在这一阶段，推理机制通过匹配规则数据库和意象数据库来工作，并决定设计细节各个方面，有感性工程系统的控制器，在屏幕上显示最接近的产品样式和色彩。感性工程系统能帮助顾客作出符合自己意愿的选择，因设计专业的不同，而有不同的系统构成，如时装意象系统（FAIMS）、人居系统（HVLIS）等。设计师支持感性工程系统是辅助设计师从事设计的系统，当设计师设计一种新产品时，他也会有一个产品的意象和概念，输入这些意象词语咨询感性工程系统，感性工程系统会将感性工程计算出来的结果显示在屏幕上，如果显示的造型与设计师的意象不符合，可以通过感性工程系统的修改程序进行修改。将顾客支持的感性工程系统和设计师支持的感性工程系统结合起来就成为"混合感性工程"。事实上，设计师在从事设计时必须同时关注和运用这两个系统。

（3）类型三：感性工程计算机系统

感性工程的科学性还体现在建模方面。感性工程计算机系统可建立感性工程的数学模型，从感性词语来获得人机工程学的结论。在这类程序中，数学模型显示了某种逻辑关系，执行着与感性工程规则相似的任务。

应用感性工学于产品开发的一般流程如下[①]：①感性意象认知识别。首先广泛搜集各种产品图片，通过分类确定典型产品图片，并编号制成问卷调查的样本；然后试测，采集与产品造型的感觉与偏好相关的形容词与感性意象，并确定意象词汇集合；在此基础上建立调查问卷，除了被访者的基本信息（年龄、性别、职业等）外，对每一产品样本图片对应的感性意象语汇进行七度[②]测评；在大量的调查和统计基础上，建立意象看板；最后以因子分析法降低认知空间的维数，简化认知空间的结构，从而确定反映用户感性意象认知的几对意象语汇。②定性分析。首先，以形态分解、问卷调查及专家访谈归纳出构成产品要素及形态分类，并两相交叉，重新构建新的产品实验样本；然后针对前期提取的代表性感性意象语汇，选择部分用户再次测试；将问卷调查结果加以整理，并求出各个样本在各意象语汇对下的平均数，以感性意象语汇评价数据为因变量，形态要素类目为自变量，进行多元回归分析，由此获得各个意象语汇对所对应的形态要素类目系数，并对照各个样本形态要素与感性意象的关系，进行相关分析；据此可以进一步了解意象语汇对与产品形态要素间所呈现的对应关系，定性归纳出基于感性意象的产品造型设计原则。③定量分析。以数值描述的方式来寻求感性意向语汇对与产品造型参数间的关联关系。如以点描绘法逐一对先前的产品样本进行描绘，并记录每一个描绘点的坐标值，然后分别以每位受测者对每个产品样本的感性评价平均值为因变量，产品样本的坐标描述变量为自变量，进行多元回归分析，以多元回归方程式实现量化分析的目的。④结果验证。根据前期研究成果设计一些样本进行问卷调查，将所得调查数据与前述多元回归方程的计算结果进行检验分析，从而验证研究成果的合理性和有效性。例如杜瑞泽在运用感性工学方法研究手机感觉意象时[③]，将女性用户分为"独树一格族"、"理

---

①苏建宁等：《感性工学及其在产品设计中的应用研究》，《西安交通大学学报》，2004年第1期，第62页。
②如果使用五度测评，需要正向、反向测两次，以验证用户价值判断的细微区别。笔者注。
③杜瑞泽：《生活型态设计——文化、生活、消费与产品设计》，台北，亚太图书出版社，2004年版，第148-155页。

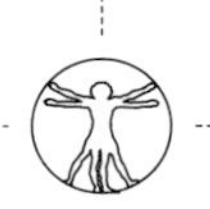

性实用族"和"时尚购物族"。以"理性实用族"为例，其对手机外观的感性需求因子为人因因子、创造因子和性向因子，分别表现出舒适、高雅、另类、创新、大众化和功能性等感觉意象，如表 6–1。

手机感觉意象分析表　　表 6–1

因子	意象词汇对	因素负荷量	平均值	形容词偏向	累积解释变异量
人因轴	15 舒适／不舒适	.882	–0.1165	舒适	46.232%
	08 美观／丑陋	.846	–0.1950	美观	
	02 高雅／粗俗	.840	–0.6238	高雅	
	14 好拿／不好拿	.835	–0.1847	好拿	
	20 吸引力／无吸引力	.821	–0.09	吸引力	
	16 女性化／男性化	.814	–0.05	女性化	
	17 设计感／无设计感	.809	–0.2	设计感	
	01 轻盈／厚重	.772	–0.2490	轻盈	
	12 高贵／平庸	.739	0.1770	平庸	
	03 曲线／直线	.716	–1.888	曲线	
	05 前卫／保守	.696	–0.1345	前卫	
	04 年轻／成熟	.694	–0.2745	年轻	
	19 科技感／无科技感	.674	–0.1245	科技感	
	06 简洁／复杂	.662	–0.3954	简洁	
创造轴	09 另类／主流	.860	–0.1753	另类	62.235%
	10 创新／沿袭	.642	–0.1040	创新	
	11 独特／平凡	.620	0.04	独特	
性向轴	07 大众化／个性化	.731	–0.2065	大众化	69.325%
	18 功能性／装饰性	.625	–0.3195	功能性	
	13 古典／新潮	.543	0.1385	新潮	

6.2　感性工程方法

感性工学的不同模型集中关注把感性转化成产品特性，输出不一定反映出某人关于一种产品真实的感性。舒特（Schütte，2005）把研究结果与一张真实物体的图像进行比较，发现两者静态差别很小，结果令人满意。舒特提出模型是 6 个步骤，不同的方法可能在每个步骤中被使用（图 6–2）。这些方法不是惟一的，因为感性工学适合要素分析和回归模型。感性工学的分析过程就是运用不同的技术和方法把产品情感与产品特性联系起来，在分析过程里对被选择的产品领域从语义学和物理观点作详细的计划，感性与相应物理性能直接相关，建立一个有效的预言模型。

6.2.1 领域选择和跨越语义空间

首先是收集感性词汇。感性词汇与描述产品领域有关。收集全部可得到的用来描述领域的词汇原始资料。这经常包括杂志、文学作品、手册、专家、有经验的用户、想法和幻想。来自言语表达的幻想也同样重要，有时会在此发现潜在的新解决办法。研究人员必须一直收集词汇直到不能发现新词汇。一个好的结果取决于是否包括全部的重要词汇。感性单词的数量一般在 50 ~ 600 个单词之间（Nagamachi，1997）。

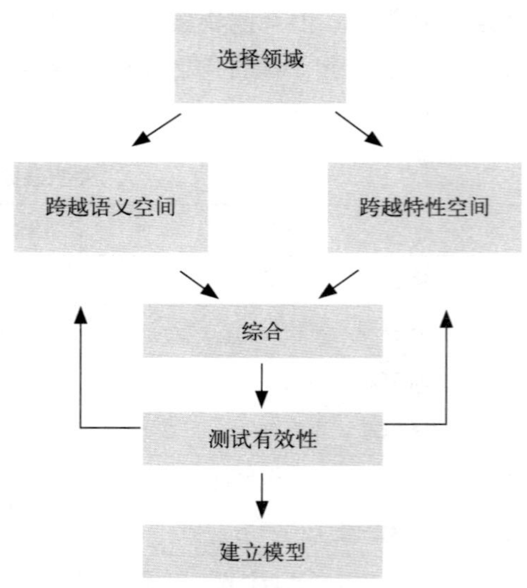

图 6–2 舒特的感性工程模型（2005）

危险　工作　成熟
系统　严格　发射
工程　坚硬

专业

图 6–3 词汇组织

其次是识别感性结构。这是为了找到高级别的代表描述产品领域的感性词汇。这需要用人工或者统计来完成。最后的感性词汇通过最低等级的词汇来组成。例如，描述电池钻床一部分产品领域的一个感性词汇是 "专业"（Professional），感性单词 "专业" 由 8 个更低等级的感性词汇组成，包括危险、系统、工程、工作、严格、坚硬、成熟和发射等（图 6–3）。

感性结构的识别可以运用手工或统计学的组织方法。

专家根据偏爱和需求手工把感性分组和总结，前提条件是你应该是一位专家，甚至专家也可能失败。所以通常采用：喜好关系图解、设计者选择、访谈等方法。一张喜好关系图解是使用联想组织感性的一种方法。一组专家（熟悉产品类型和感性工程的人）通过头脑风暴确定怎么去组织这些词汇，并且基于群组直觉的方式归类。标题被想出描述相应每组的概念。如果可能的话，建立更高层级标题。这种方法经常使用便利贴来制作。最后一步应该静心地完成，并且是在会议期间完成非正式的权限。绝大部分设计者都认为在过程中专注于用户是有益的。访谈法以调查表或书面采访来预定和分析结果。访谈者首先关注领域的特性，然后查明这些属性结果，最后揭示隐藏的与属性相连的数值。以炸薯片为例，通过关注炸薯片的属性和用户访谈者，表明炸薯片是美味可口的；下一步用户说出结果，关于给炸薯片加强调味使用户保持更好体型。进而访谈者揭示隐藏着的价值，当用户能有好的体形时将获得高度的自尊。这表明味道和味觉属性能产生高度的自尊。

给用户组一组典型问题，并给出重要的感性词汇和相关信息，以七点刻度进行测评。测评结果可运用因子分析、群簇分析、定量分析、主要成分分析、神经网络等不同的统计方法。

因子分析法把许多变量分解为更小量的组，因此称为因子。因子间的数学关系需要精心设计。这个分析是为了弄懂低水平感性词是怎样被连接到高水平的感性词的。因子分析常用于比较感性结构与证实分析的相配情况。结果是一个矩阵，感性词分组成因子，感性工程揭示词汇之间的联系。如用因子分析法来找到一位音乐家察觉声音质量和该房间的形

状、材料等物理属性之间的联系。奥斯古德 (Osgood, 1967) 将语义空间定义成行为 (activity)、力量 (Potency) 和评价 (Evalution) 的广义三维空间, 并为语义空间开发了因子分析 (图 6–4)。

将更高层级的感性词汇测定到一张显示语义的向量空间的三维图解上，能用来查明哪些词汇彼此间的关系最密切，在向量空间群簇内可发现相关词汇。如果仅从因子分析定义三向语义空间，这个能在视觉上完成。为了鉴定全部群簇，必要时需旋转三维组合矩阵。群簇分析经常与因子分析联系起来。如图 6–5，一个视角只有一个群簇可识别，但是全部群可通过旋转矢量空间来察看。语义的组织结果将有一个阶层或者多组词描绘语义的空间。高层级的感性词或者相关的多组感性词与综合特性相关联。

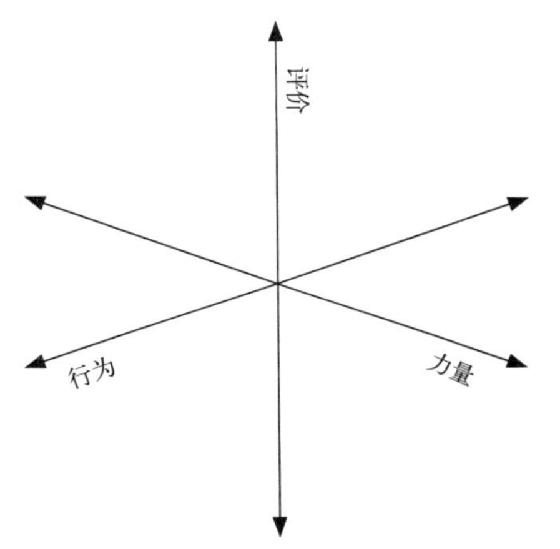

图 6–4　奥斯古德（1967）的语义空间

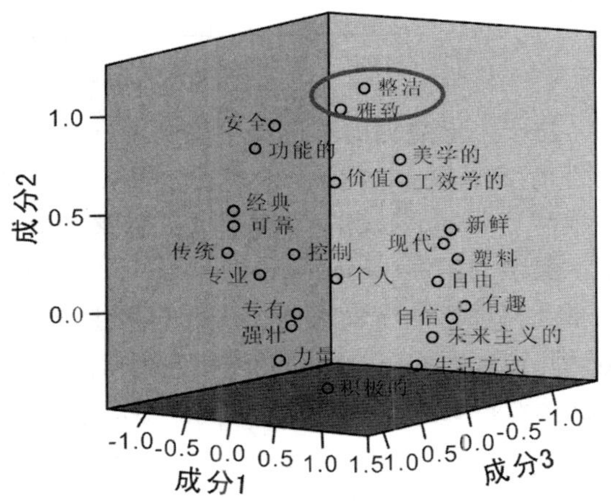

图 6–5　语义空间的群簇分析系列训练

6.2.2　跨越特性空间

舒特为跨越特性空间提出一个收集、选择、编译的三级模型（图 6–6）。首先，收集到鼓舞人心的关于产品领域的材料，需要鉴别使用一系列材料的潜在特性。其次，根据潜在的重要特性分类，这些特性将在综合过程中连接语义空间。最后，发现或者产生被选择的产品样品特性描述。

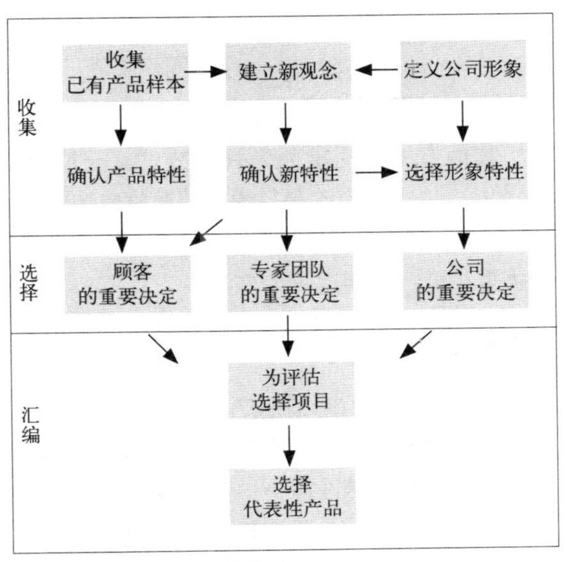

图 6–6　跨越特性空间的模型

6.2.3　综合

综合阶段重在连接特性空间和语义空间，运用定性和定量工具，通过标准化方式堆积输入数据，发现许多感性词汇或感性特性。分类方法包括手工方法、统计方法和其他方法。

手工方法是最老的工具，容易执行并且要求相对小的资源，因而受到研究人员的广泛欢迎。感性词汇被手工联结到感觉特性、产品特性、物理特性等各个层级，从而明确感性词汇是如何与有关系特性的不同元素发生关联。这种方法对于专家尤为有效（图 6–7）。

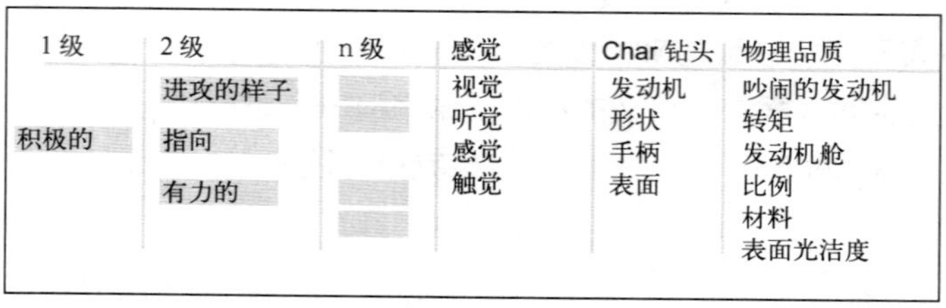

1 级	2 级	n 级	感觉	Char 钻头	物理品质
	进攻的样子		视觉	发动机	吵闹的发动机
			听觉	形状	转矩
积极的	指向		感觉	手柄	发动机舱
	有力的		触觉	表面	比例
					材料
					表面光洁度

图 6–7　手工种类鉴定

对于大量数据则可选择不同的统计方法，通过数学方式为感性词汇和物理性能之间制订情感连接，包括：（1）回归分析：揭示数据中存在的一些固有关系。（2）一般的线性模型（Arnold，2002）：通过编辑收集的数据，建造一个简单的线性模型。（3）量词化理论类型（QT，Komazawa 和 Hayashi，1976）：确定感性词汇等级和不同的产品特性之间的相互关系，从而表明特性和每个感性因素之间的连接状况。以分析在广告过程中移动电话和音乐的关系为例，部分相互关系的系数值小于 1。结果显示速度要素是强烈感性词汇的相对重要的特性，因为更高的 PCC 表示更高的重要性。缓慢的契合度最高，为 0.53，这表明"缓慢"比"强大"在广告过程中移动电话和音乐的连接关系中更受欢迎（Deng，Kao，2003）（表 6–2）。

对感性词汇进行量词化理论类型分析的结果　　**表 6–2**

音乐原理	范畴	系数
速度	强烈的	0.92
	慢板	0.53
	中板	0.38

其他方法包括排列／评价方法、一般算法、模糊的集合论和拉夫集合论（Rough Set Theory）。拉夫集合论是从模糊的数据集中抽出准确数据的一种方法，从三个等级评价产品，"1"代表"不"，"2"表示"中立"，"3"代表"是"。拉夫集合论在输入数据时与量词化理论类型相似，但用途更为广泛。

6.2.4　建模

感性工学目的就是把产品情感和产品特性联结起来，从而建立有效的情感价值的数学或非数学模型。数学模型能用来在更详细的水平上解释数据。模型取决于特性的功能并能预测某种词汇的感性得分。

感性工程软件就是实现这一目的的有效工具。尤其是不具备统计知识的设计者可以利用感性工程软件获得可靠的结果。当然，并非将变量放进一个软件程序就能得到完美的产品。

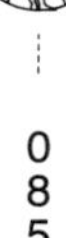

尽管感性工程的优势在于建立用户情感和产品特性在数学上的联结，但数字不能描述一切事情。设计者经常亲自使用来自知识和经验的情感，而感性工程软件更多地不是用于引导而是验证。当然，领域选择也相当重要，包括语义空间和特性空间。感性工程软件作为手工程序的有效补充，与传统的语义绘图相比较，它能产生更全面的分析（图 6–8）。

$$y_{Kansei}=f(property)$$

图 6–8　感性工程的函数模型

因此，建议选择手工的同时，又用统计软件作为组织语义空间并且把特性与情感相联系的方法，如使用 SPSS 标准统计软件。这种方法更适合设计者，可有效展现出在设计过程里为什么作出某些选择，统计结果输出为一种说明文件。尤其当客户不具备工业设计的专业知识时，这将是一大优势。

图 6–9 归纳出了联结情感和产品特征的一般感性工程程序与方法。需要强调的是，运用感性工程方法并不会产生任何新概念，包括特性空间，因为感性工程的主要目的是证实在产品特性和感性词汇之间的某种实际连接。

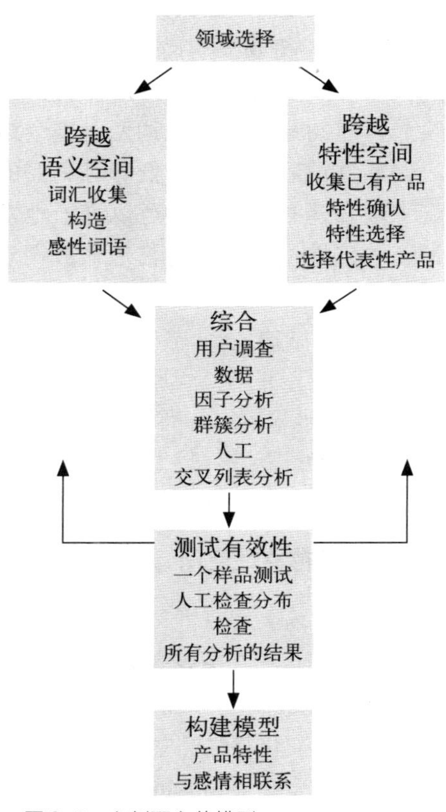

图 6–9　案例研究的模型

6.3　案例：便携充电电钻的感性工程分析

本案例针对市场出售的电钻进行测试。"充电电钻"、"便携电钻"意味着家庭用具的、便于携带的、无绳的、可再充电的电钻。目标群为在 20 ~ 30 岁之间的青年人。

6.3.1　跨越语义空间

首先，从杂志、手册、广告、产品评论、互联网上的用户论坛、小册子和用户等不同来源收集描述这种产品领域的感性词汇，并记录描述该产品领域的全部相关物。这个阶段不需要进行关键评估。

所有描绘充电电钻的词汇都置于选择领域的第一级集合内。继续收集，直到没有新词出现。这项工作重复做了 3 天共用大约 10 小时。特别是互联网上的用户论坛非常有价值，因为这表明不同用户对便携式设备的主观描述。最后共收集到 156 个单词，然后将意思相似的同义词予以合并，将总词汇量降低到 112 个单词。

描述语义空间的感性单词的数量可能高达 600 个单词（Nagamachi，1997），在这项研究过程中的目标是将词汇量控制在 30 个单词以内，以降低在调查过程中的评价时间。首先将 112 个单词集中在最初的 56 组里。第二步将这些词汇降低到 38 组。第三步选择具有代表性的语义词汇，同时排除其他的词汇。最后将词汇数目缩减至 37 组 77 个词汇，并用一句话来代表每一组。

这些都是候选的感性词汇。进而对每组词汇进行评价，最终选择了 25 个用于描绘便携充电电钻语义的感性词汇。通过在纸上手工记录或使用 Adobe InDesign 软件，词汇可被迅速安排进组并且评价。如图 6–10，将收集的描述产品的词汇归类。最后归纳成描述部分产品特性并能唤起情感的高水平感性词汇。整个结构表明感性词汇是在很多低等级词汇的基础上增加建立的，同时可以清晰地发现最终的感性词汇如何与其他一般词汇建立起感性关联（图 6–11）。

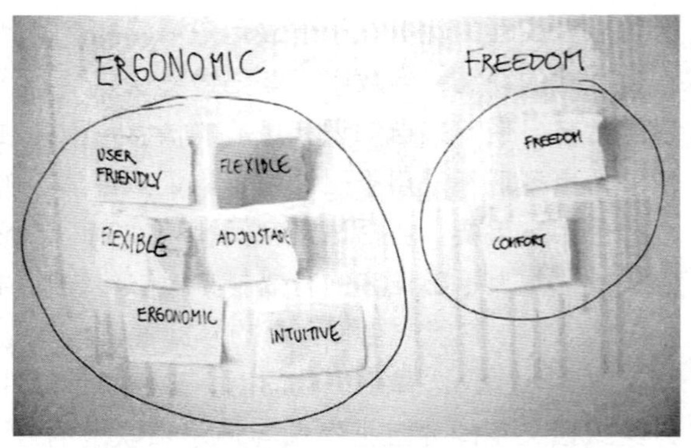

图 6–10 对描述词汇进行等级归类评价

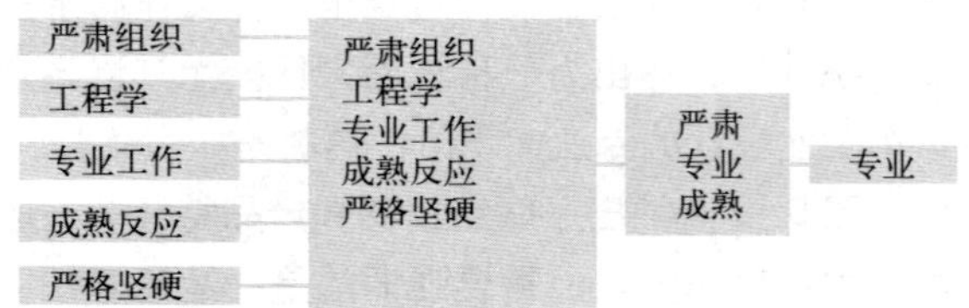

图 6–11 萃提取感性词汇

最后归纳的 25 个感性词汇是：经典、传统、塑料、整洁、优雅、新鲜、现代、生活方式、未来、娱乐、个人、自由、可靠、效果、安全、专业、控制、估价、能力、强壮、积极、信任、专有、审美、工效学。

6.3.2 跨越特性空间

研究市场上发现了 51 个钻机，分类考虑形状、比例、材料、细节等变化特征，以及电池盒、轴、发动机仓和开关等安装钻头的主要构件。鉴别物体内的不同要素并改变特性，并将改变特性的数目维持在最低限度。

呈多样变化特性的主要部件是发动机仓、轴、电池仓、开关等。

鉴定每个要素内的特性改变，见表 6–3。

对钻机部件的要素特性分析 **表 6–3**

部件	要素	特性
发动机仓	形状	圆柱体或者有机
	细节	简洁或者复杂
	材料	单一或多（一种材料不同的颜色中，被定义为倍数）
	位置	平衡
	比例	长或者短而粗
	背面形状	直线或者环形
	通风孔	垂直、水平或其他
轴	材料	单一或多（一种材料不同的颜色中，被定义为倍数）
	细节	简洁或者复杂

续表

部件	要素	特性
电池仓	位置	平衡
	按钮色彩	分离或者对比
开关	形状	圆柱体或者成锥形
	比例	长、宽、高
组件	连接	螺钉或者隐藏／没有螺钉
启动按钮	色彩	分离或者对比
	手柄	有手柄与否

色彩是电钻的重要特性之一，但并没有包括在商标之中，因为这个分析过程过于简化。通风孔也没有被单列为研究对象，因为没有足够的产品样品来提供资料。而调查发现发动机仓的比例反映在电钻的总体形状上。一次理想的试验将包括至少描述一个样品的综合性能，因此这种分析非常耗时；而且也无法为每个组合体提供一个产品样品，因为并非所有产品都在市场中存有现货。如图 6–12 中，发动机仓被简化定义为相反的特性，即不能有既是圆柱体又是有机的一个形状（图 6–13）。

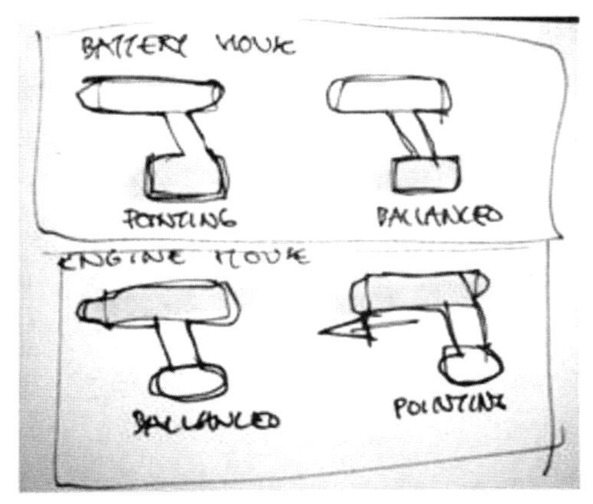

图 6–12　以手工绘图进行特性分析

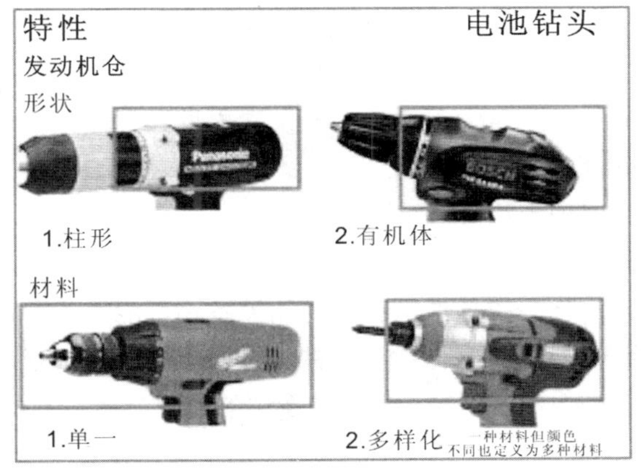

图 6–13　发动机仓的特性分析

6.3.3　感性词汇测评

在试验里运用了 23 对描述电钻特性的词汇，被测者通过观察产品图片，描述他们理想钻机的语义尺度。调查表的发放采取随机的方式，测试者被要求以一组感性词汇的 7 点刻度来描述这张照片（图 6–14）。图片质量需要足够好并能明确描述产品的三维形状。全部参加者需要擅长形象化思考并且能从照片考虑三维的形状（图 6–15）。

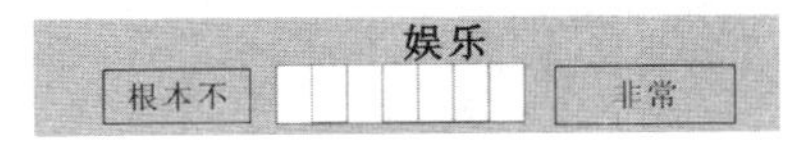

图 6–14　调查中使用 7 点刻度

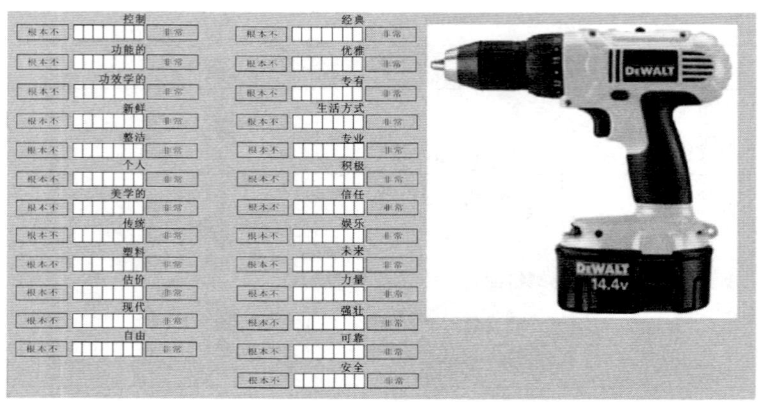

图 6–15 7 点刻度和样品图片

参加测试的人员包括 10 个设计系学生，男女各 5 名。他们全部都是 20 岁左右。参加者花费一小时左右的时间来试验。与向外发送 Microsoft Excel 的电子邮件相比较，用钢笔填写试验表格更省时。

但据尼尔森（J.Nielsen，1999）论证，可用性测试中最小的样本量为 8 个用户。这对语义评估也可能有效。填写纸质表格之前，需对参加者进行简短调查，简单介绍如何填写调查表格，并要求他们首先填入每个产品样品给他们的初步印象，而不要过分比较数值的大小。

在 Excel 中处理数据，一些模型如研究者早已期望的那样没被评价。在感性词汇“优雅”上九号钻机得分较低。绝大部分用户发现它在方向中是或多或少的“并非雅致”，而这与研究人员的单方面意见相反。在男性和女性之间未能发现明显不同。这可能是因为全部参加者都是设计系学生。

理想钻头最重要感性词汇似乎是“控制手段”、“功能”、“工效学的”、“力量”、“可靠”和“安全”。用户认为“个人”、“传统”、“经典”、“专有”和“生活方式”等并不重要，但产品样品的感性等级之间的关系不可能手工鉴定。绘制出理想产品的感性量变曲线，如图 6–16，其中得分少于 4 的为负值。这张图解显示用户怎样描述他们的理想产品。但这只可能是他们认为的和他们想像中的理想产品（图 6–17）。

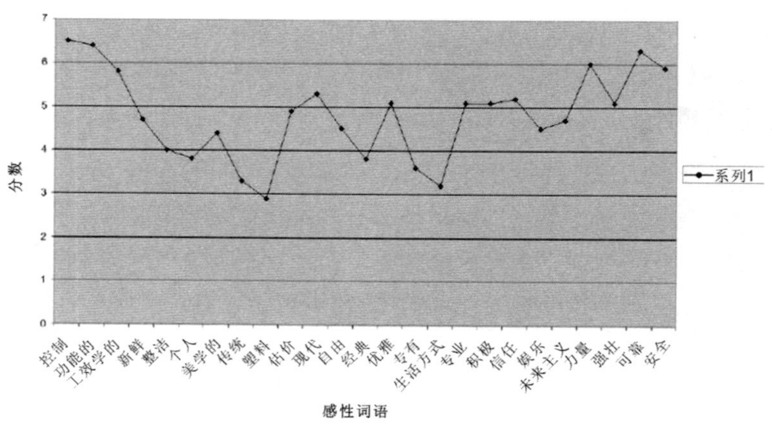

图 6–16 电钻理想感性量变曲线

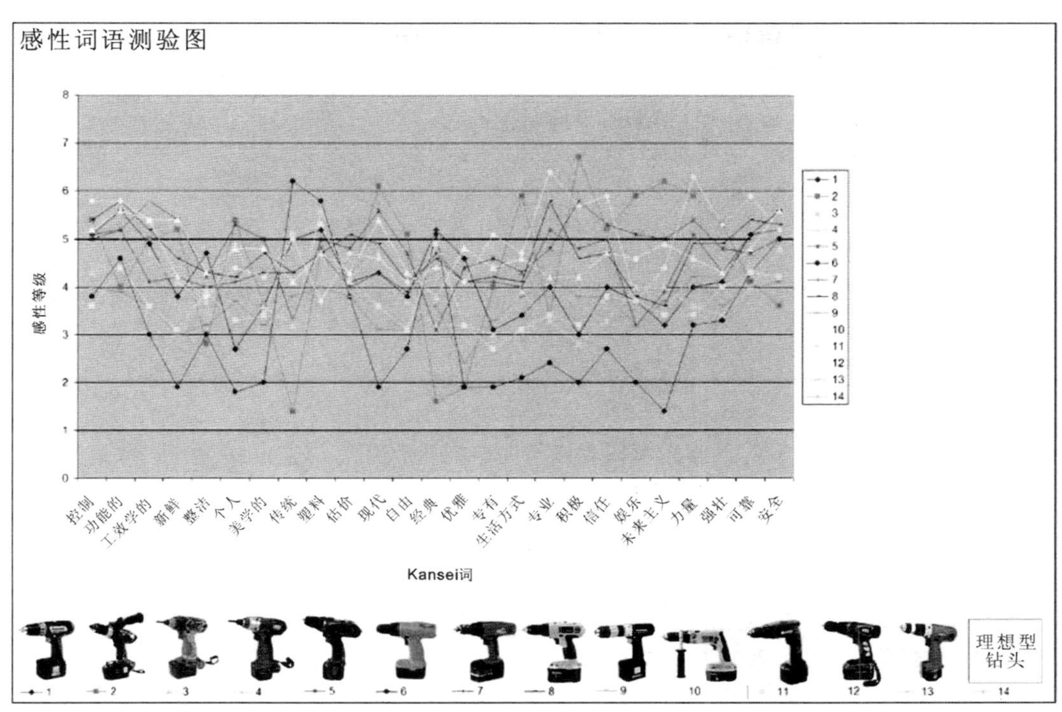

图 6–17 电钻感性曲线图

6.3.4 分析

下面进一步分析感性词汇的结构并基于调查数据找到在产品特性与感性词汇之间的关系（图 6–18）。

首先以语义构造为目的对数据进行要素分析。运用 SPSS 统计软件，输入 25 组感性词汇描述 13 个钻机样品中的每一个平均值。要素分析简化这些原始数据，并且揭示变量之间感性等级的关联，如图 6–19。全部感性词汇被汇聚到 3 个词汇：功能、灵巧精致和高可靠性，分析结果如表 6–4 所示。

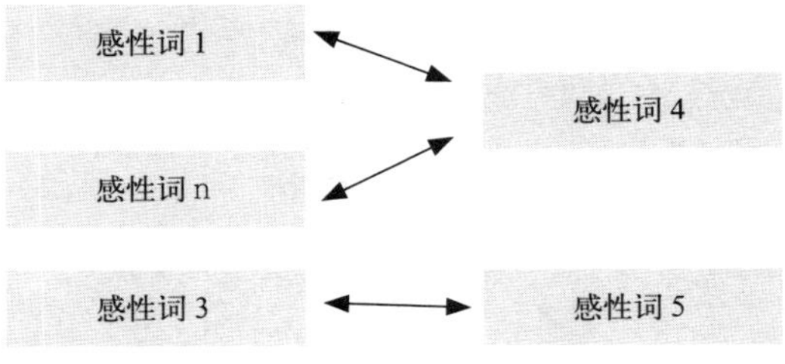

感性词 1 ↔ 感性词 4

感性词 n ↔ 感性词 4

感性词 3 ↔ 感性词 5

图 6–18 组织感性词

	成分		
	1	2	3
控制	.853	.321	−.176
功能	.533	.816	.043
功效学的	.911	.179	.242
新鲜	.912	−.175	.323
整洁	.342	.673	.528
个人	.764	−.502	.188
美学的	.845	.265	.289
传统	−.621	.670	−.124
塑料	−.584	−.269	.549
估价	.596	.437	.138
现代	.916	−.204	.296
自由	.918	−.180	.124
经典	−.507	.805	−.061
优雅	.576	.701	.348
专有	.886	.046	−.108
生活方式	.729	−.561	−.016
专业	.656	.480	−.361
积极	.856	−.294	−.349
信任	.921	.034	−.281
娱乐	.766	−.493	.264
未来主义	.844	−.487	.055
力量	.885	−.022	−.419
强壮	.881	.024	−.323
可靠	.560	.750	−.272
安全	.252	.853	.221

图 6–19 主成分分析

语义构造 **表 6–4**

因素	感性词汇	分析
用户情感	控制、工效学、新颖、私人、审美、价值、现代、自由、专有、生活方式、专业、积极、信任、娱乐、未来的、动力和强壮	当使用一台钻时，这些是与不同身份或者情绪有关的词汇。价值看起来是不归入这个因素的惟一的词。它也有因素 2 中导入的 0.437 值
实际目的	实用的、灵巧、传统、最优秀、漂亮的、可靠和安全	这个因素包含通常被用来描述这种产品把焦点集中在实际的方面的词汇
塑料	塑料	这个因素只包含一句感性词汇。塑料是通常用来描述大量生产平庸的质量和少数要求或者迷人的特性的塑料制品

然后进行语义簇分析。三维图解揭示出不同的感性词汇怎样彼此相关。一些词视觉上容易成簇，因为这是三维的矢量空间。感性词汇“灵巧的”和“漂亮的”容易聚集在一起，但并非所有的关联都可以从第一个透视图中观察到。通过旋转三维的矢量空间，可观察到 25 个感性词汇。这样将涉及电钻语义空间的感性词汇降低为 9 个簇。通过检查每簇感性词汇的坐标相似性，视觉群聚把簇降低到 8。在每簇内的感性词汇之间没有设置最大距离，因为图解显示出 8 组不同的簇（图 6–20）。

簇分析结果如表 6–5 所示，粗体字代表来自理想产品的高等级感性词汇，而斜体字则

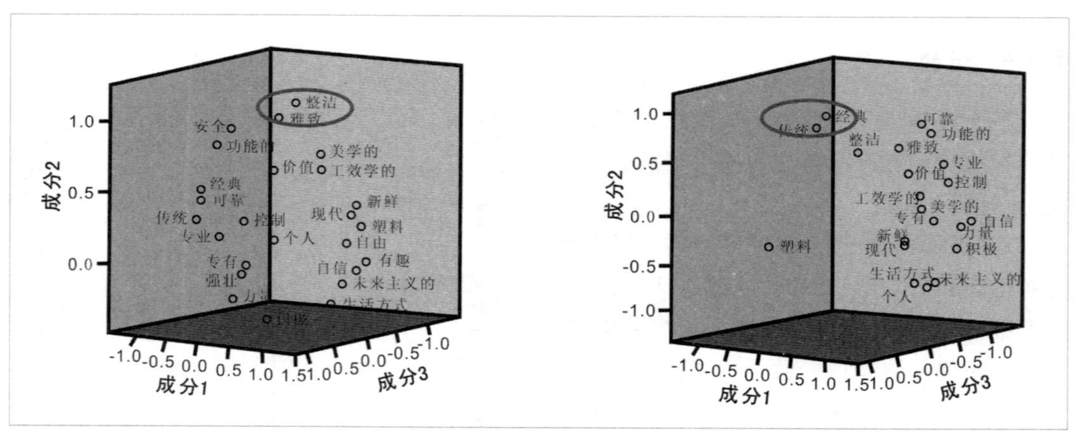

图 6–20 通过旋转分析语义簇

语义簇 **表 6–5**

簇 1	簇 2	簇 3	簇 4	簇 5	簇 6	簇 7	簇 8
经典 传统	塑料	整洁 优雅	新鲜 现代	生活方式 未来主义 娱乐 个人 自由	可靠 功能的 安全 专业 控制 估价	力量 强壮 积极 信任 专有	美学 工效学

表示较低等级。一些簇是无价值的，如簇 1。预计在两个具有相似的含义之间将有一个关联。关于产品领域的“美的”和“工效学”好像有很多共同的评论。用户可能评价那些钻机，他们发现美的钻机也是工效学的；反之亦然。这正如诺曼所言：“美丽的东西更有效！”把理想的等级与簇分析比较，揭示那些非常重要的感性词汇评价用户在 4、6、7 和 8 中发现的簇。簇 1、簇 2 和簇 5 包含的感性词汇评价最低。簇 7 包含 3 个高等级评价和 1 个低等级评价的感性词汇。类似的词汇“专有”和“信任”具有不同的含义，大多数用户都能看见之间的联系，但当在语义级别上描述他们的理想产品时，他们就不明白该怎么做。这暗示相对用户的理想产品，用户是通过另外一个不同的词汇描述产品特性。理想的产品将不仅仅是用户确定的图所表现的标准结果，而是映射在一个感性词汇之间关系的结果。这种理想产品的感性得分应该被作为判定每个簇的重要性的指导方针，即有很多高的评价的感性词汇簇是更为重要的簇。

6.3.5　综合

这一步尝试连接感性词汇和产品特性（图 6–21）。通常选择交叉列表分析，将各种产品特性与感性得分进行比较。结果显示感性词汇平均值的特性分布。每一产品特征与每一感性词汇联系起来评价，从中可以确定感性评价平均分超过 4 的那些特性对感性影响明显，评价为负得分（小于 4）的特性对相应的感性词汇只能产生负影响。如图 6–22，在发动机仓的细节上感性词汇的影响明显，而“简洁”的感性词汇对其评价则呈现出负价值。而图 6–23 中，电池仓单一的材料在感性词上有正面的影响。多样材料特征在正面的范围内有更多的数据，但不能仅仅肯定或否定其中一个。

一些产品特性对应着不同等级的感性词汇，也呈现出或正或负的不同得分。因此，关系鉴定需要辅以手工统计方法。通过观察每个簇内的特征来建立特征与感性之间的关系。交叉表格分析结果如图 6–24 所示，在感性词汇和产品特性之间建立联系，特征为 1 的正值对感性词汇有积极的影响，负值则产生消极影响。

图 6–21　连接感性和特征

		发动机仓细节设计		
		简洁	复杂	总计
感性词 A	3.8	2	0	2
	4.0	0	1	1
	4.1	0	3	3
	4.2	0	2	2
	4.3	0	1	1
	4.7	0	1	1
	4.8	0	1	1
	5.1	0	1	1
	5.3	0	1	1
总计		2	11	13

图 6–22　发动机仓的细节与感性词汇

		电池仓材料的种类		
		单一	多样	总计
感性词语	1.4	0	1	1
	3.2	0	1	1
	3.3	0	1	1
	3.8	0	1	1
	4.1	0	1	1
	4.3	2	1	3
	5.0	0	2	2
	5.1	1	1	2
	6.2	1	0	1
总计		4	9	13

图 6–23　电池仓的特性与感性分析

	发动机仓										轴				电池仓				卡盘		开关		形式		连接		
	形状		细节		材料		后部位置		后部形状		材料		细节		位置		按钮		形状		颜色		比率		细节		
感性	圆柱体	有机体	简洁	复杂	单一	多样	在轴上	平衡	圆环	直线	单一	多样	简洁	复杂	平衡	指向	对比	分离	圆柱形	锥形	对比	分离	方形	夸高	螺纹	无螺纹	手柄
控制	1			1		1						1															1
功能的	1																										
功效学的			-1			1						1															
新鲜				1					1		-1			1									1				
整洁				1				1				1															
个人												1		1													
美学的			-1								-1																
传统					1					1									1								
塑料				1				1		1						1										1	
估价				1		1						1															
现代				1								1															
自由				1					1			1															
经典					1																						
优雅				1	-1																						
专有			-1		-1																						
生活方式					-1						-1																
专业	1			1		1		1				1	1										1				
积极			-1						1														1				
信任			-1			1					-1																
娱乐			-1											1													
未来主义						1																					
力量	1			1		1		1				1							1				1				
强壮				1					1			1											1				1
可靠	1			1				1		1		1	1			1			1				1				
安全	1			1		1				1		1															

图 6–24 感性词汇与产品特性的关系

第 7 章　Usability：从可用到易用

7.1　可用性与易用性

被国际互联网杂志称为“易用性之王”的雅可布·尼尔森（Jakob Nielsen）在其著作《可用性工程》（*Usability Engineering*）中提出Usability的两层含义，一为“可用性，有用性”，一为“易于使用”，但更倾向于“ease of use”的说法。因此，本节中依国内翻译惯例将“Usability”译为“可用性”；但从工业设计的角度出发，对Usability的理解更多偏重于其在可用基础上的易用性。

7.1.1　关于可用性

1980年就有人提出“用户友好”的口号，并逐步把这个口号转换成人机界面的“可用性”概念。国际标准ISO9241－11中将Usability定义为：Usability是一个多因素概念，涉及容易学习、容易使用、系统的有效性、用户满意，以及把这些因素与实际使用环境联系在一起针对特定目标的评价。

可用性是指技术的“能力（按照人的功能特性），它很容易有效地被特定范围的用户使用，经过特定培训和用户支持，在特定的环境情景中，去完成特定范围的任务”。（Shakel，1991）[①] 沙基勒（Shakel）的定义包含了几个方面：（1）可用性不仅涉及界面设计，也涉及整个系统的技术水平。（2）可用性通过人的因素反映，通过用户操作各种任务去评价。（3）环境期间因素必须被考虑在内，在各个不同领域，评价的参数和指标不同，不存在一个普遍适用的评价标准。例如，同样一个计算机，在飞机上、在财务管理上、在儿童家里、在网络教学中，对于专家和新用户、对于数据处理和绘图，它们的可用性参数和指标各不相同。因此，可用性测试十分强调环境期间因素的重要性，往往包含用户类型、具体任务、操作环境等方面。（4）要考虑非正常操作情况。如用户疲劳、注意力比较分散、紧急任务、多任务等具体情况下的操作。一般说，可用性被表达为“对用户友好”、“直观”、“容易使用”、“不需要长期培训”、“不费脑子”等。

从用户心理的角度看，界面设计中的可用性强调：（1）软件的设计能够使用户把知觉和思维集中在自己的任务上，可以按照自己的行动过程进行操作，不必分心寻找人机界面的菜单或理解软件结构、人机界面的结构与图标含义，不必分心考虑如何把自己的任务转换成计算机的输入方式和输入过程；（2）用户不必记忆面向计算机硬件、软件知识；（3）用户不必为操作分心，操作动作简单重复；（4）在非正常环境和情景时，用户仍然能够正常进行操作；（5）用户理解和操作出错较少；（6）用户学习操作的时间较短[②]。

惠特尼交互设计（www.wqusability.com）的首席咨询师惠特尼·奎森贝里（Whitney Quesenbery）与世界各地的公司合作开发易于使用的网站和应用程序，并一直在寻找可以让

---

① http://www.uilook.com/blog/trackback.asp?tbID=29 中国欧盟可用性中心 2007.6.25。

② http://baike.baidu.com/view/1436.htm 2007.6.28.

"可用性"维度上易于记忆的方法，即 5 个 E（图 7–1）：(1) 有效的 (Effective)，即用户达到目标的完成度和准确度。如果一个用户不能完成他（她）被安排去做的事，就无所谓完成得快或慢，容易或者困难。最终，他们会在完成任务或达到目标中失败。如果我们想衡量有效性，想要进一步或者更精细的结果，我们必须知道人们怎么定义成功和有用。(2) 高效的 (Efficient)，即完成工作时的速度（和准确性）。高效可能是被定义得最细致的，比如说，在一个电话服务中心，效率就是一个操作员每天处理的电话数。如果说一项任务"太费时间"或者"需要点太多次"可能是影响效率的壁垒。(3) 吸引力 (Engaging)，即使用界面时的快乐感、满意感和有趣的程度。"吸引力"取代"满意度"是在寻找一个能让界面将用户吸引到网站或者任务指令中的点。它也同样关注于互动中的满意度，或者用户和产品的表现、组织等方面，将这些要素更好地连接在一起的。(4) 容错度 (Error Tolerant)，即产品如何更好地防止错误，并且帮助用户应对错误。要是能够"没有错误"或者"防止错误"那是最好不过了，但是错误、意外和错误理解还是会发生。你的每次点击也是可能出错的，比如你可能会读错一个链接并且需要返回，或者打错了字。真正的测试是看在错误出现的时候，交互界面能提供多少帮助。(5) 易学习的 (Easy to Learn)，即产品如何支持首次使用和支持更深入的学习。有的产品可能是被用到一次，有的产品偶尔被用到一次，有的产品每天都会用到。这个产品的操作可能是一个简单或者复杂的任务，用户在这个任务中可能是专家或者初学者。但是每次界面在被使用的时候都需要被记起或者重新学习，而且产品中的一些新的领域也会随着使用时间的增长被慢慢探索到①。

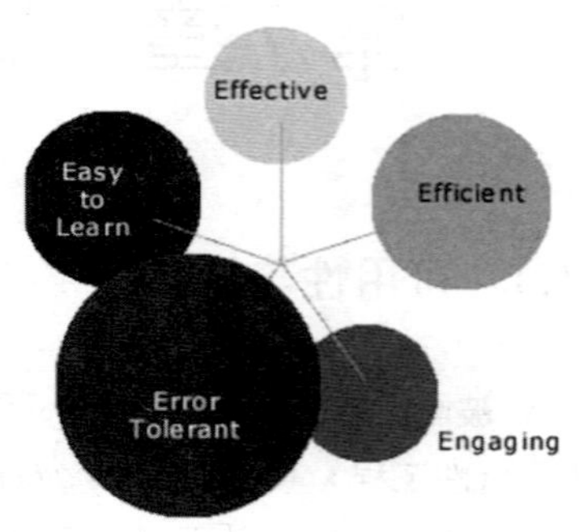

图 7–1　可用性的五个 E

7.1.2　关于易用性

20 世纪 80 年代末，唐纳德 · A · 诺曼 (Donald A.Norman) 在研究日用品设计中，把易用性和可理解性作为产品的两个并列属性，并提出具备两个属性的产品要符合两个条件：(1) 要提出一个完整的理论模式，使用户可预测行为的结果，不盲目操作；(2) 提高可见性，即每一个操作对应一个变化，使用户得知操作是否有效②。

20 世纪 90 年代初，计算机界面使用日益频繁，雅可布 · 尼尔森在《易用性 101》(2003 年) 一书中把对产品的使用分为可用和易用。而易用性的评估主要由五个方面来决定：(1) 易学性：用户在第一次使用产品时是否能很容易完成一些最基本的任务？想一下如果你能不需要读厚厚的产品说明书就可做到这些，那是一件多好的事！(2) 有效性：当用户已经了解这个产品时，他要花多长时间才能完成那些最基本的任务？当然这个时间越短越好。(3) 可记忆性：当用户过些时候重新使用这个产品时，他是否还能顺利完成那些最基本的任务？(4) 出错率：用户在使用产品的过程中遇到多少问题？这些问题对他完成任务有多重要？用户自己是否能解决这些问题？

---

①可用性的维度：定义会话，推动进程。2006–04–25 作者 Whitney Quesenbery。

② Donald A.Norman，the design of everyday things,2thed；Amerrcan:theMITpress，1999，pp.11–17.

(5) 满意率：用户在使用该产品的过程中是否满意？

国际标准 ISO9241－11 中强调 Usability 有效、高效并且满意地达成特定目标的程度。但是对那些特定的用户而言，在特定的环境中使用时，有效、高效是什么意思呢？就像所有的标准一样，这个定义对指导设计来说不够具体。然而，它是一个模板，是每个项目必须填写的起点。我们不能以一些无名的“特定的目标”，而应该是以详细描述和定义的目标来结束。对 ISO9241 定义的三个重要批评包括：(1) 它太强调定义得很好的任务和目标，忽略了用户体验中比较不切实的元素，或者强加一些简单定义的任务。比如说，将电子商务网站的任务简化成“买东西”。(2) 强调有效和效率是产品使用中的最重要的因素，而认为产品和使用场合不那么重要，这样便很难去讨论如何将“Usability”应用到产品上或者使用场合上。而关注愉悦、产品吸引力或其他等难以度量的情感方面的因素，则被认为是和易用性无关的。(3)“满意度”这个词在很多情况下不足以积极得涵盖所有的需求。它感觉上是“还可以”而不是“真棒”。它可能在一些企业或者工作相关的应用上是可以接受的。在消费者购物、寻找信息或者在线服务中，它对用户或者商务活动来说，在描述人类互动的目标时，就不够显著[①]。

无论怎样，所有对易用性属性的描述可最后可归纳到人的生理和心理的接受性上，由此可见对用户的关注和了解是实现产品易用性的保证。

7.1.3　可用性研究的常用方法

可用性研究的是过程而不是结果。很多人认为可用性研究成果应该是供一系列以形容词和名词表述为主的原则和标准，设计师只要使产品符合其标准就可成易用性设计。比如说在一个会议室里，有 5 个或者 10 个项目组的成员正要启动一个新的项目。他们的目的就是想要得到一些他们曾听说过的“可用性”，而你正是帮助他们得到“可用性”的人。项目组的人说话了：“我们想要我们的产品更好用。”你回答：“好，让我们具体谈谈你们的目标，然后我们就可以计划一下怎么达成它。”他们说：“你知道，我们想要我们的产品对人们来说更好用、直观，我们该做些什么呢？”这时所有的眼睛都看着你，你接下来说的话将会为你今后在项目中的工作设定场所。事实上，也许你也不知道该怎么样来解决问题，因为用户的目标和使用环境是不可预测的，不同的产品对可用性的要求不同，即使是同一产品，不同的用户、不同的环境要求也不一样。所以，我们研究的不是条款，而是寻找推导出这些条款相对固定的行为模式，简称可用性工程的程序。而该行为贯穿于整个产品开发中，需要反复测试才能保证产品的可用性效果。

常用的主要研究方法有以下几种：

1. 场景观察法

按照观察的场景条件，场景观察法可以分为“自然场景中的观察”与“实验室观察”。自然场景中的观察法包括自然行为的系统现象观察以及偶然现象的观察，收集到的材料较为客观真实，但对观察对象本质上的东西把握不够。实验室观察，是按照一系列严密的观察计划进行的，这种观察能捕捉到较深层次的东西，有利于探讨事物内在的因果关系。

按观察者是否直接参与被观察者所从事的活动，场景观察法又可分为“参与式观察”

---

① 可用性的维度：定义会话，推动进程。2006-04-25 作者 Whitney Quesenbery。

与“非参与式观察”。在参与式观察中，观察者参与到被观察者的工作、学习以及生活当中去，与被观察者建立比较密切的关系，在相互接触与直接体验中倾听和观察被观察者的言行，如直接参加用户的一些活动，与他们一起探讨有关问题等。这样，观察者既是研究者又是参与者。非参与式观察不要求研究者直接参与被研究者的日常活动，而是以“旁观者”的身份来了解事物发展的动态。在条件允许的条件下，观察者可以采用录像的方式对现场进行录像。非参与式观察操作起来比较容易，也易于获得较为“真实”的资料。

按观察实施的方法，场景观察法可分为结构式观察与非结构式观察。结构式观察有明确的目标、所要观察的问题以及大致范围，有较详细的观察计划、步骤，能获得翔实的材料，并能对观察资料进行定量分析和对比研究。非结构式观察则是一种开放式的观察活动，允许观察者根据当时的情境调整自己的观察视角和内容。观察者可以事先设计一个观察提纲，但这个提纲的形式比较开放，内容也比较灵活，可以根据当时的情形进行修改。

2. 问卷调查

问卷是以书面形式向被访人提出问题，并要求被访人以书面或口头形式回答问题，进行资料搜集的一种方法。它具有简明、通俗、客观、真实、反馈快、保密性好等特点，可以在较大的范围同时使用于众多的被访人，因此能在较短的时间内搜集到大量的数据。高质量的问卷设计、合理的调查对象抽样限定、严格的调查过程监督机制、科学的数据分析方法是问卷调查获得成功必不可少的四个因素。

3. 焦点小组

焦点小组是用户研究中经常采用的十分有效的方法。依据群体动力学的原理，5 ～ 7 名用户代表在一名专业主持人的引导下，以一种无结构或半结构的形式，对某一主题或观念进行深入讨论，从而获取相关问题的创造性见解。焦点小组通常用于产品功能的界定、工作流程的模拟、用户需求的发现、用户界面的结构设计和交互设计、产品原型的接受度测试、用户模型的建立等。

4. 原型制作

原型（prototype）是指一个仿制品或者工作模型。它能够体现界面交互设计的某些特点，并能够实现部分或全部功能。原型的意义在于可以很快捷方便、形象而且经济地展示设计人员的想法，便于设计开发团队成员之间、设计人员与用户，以及设计团队与项目相关管理人员的沟通。另外借助于原型，设计人员可以尽早地对设计概念进行使用性评估。正因为原型具有以上的优点，在界面设计过程中充分利用原型制作的方法可以节约产品的开发费用，缩短项目周期。原型设计制作贯穿于产品设计的整个过程。根据产品设计以及界面设计流程中的不同时期，以及不同时期中原型设计的不同特点，原型设计可以分为：低保真（lo–fi）、中保真（mi–fi）和高保真（hi–fi）三部分。纸质原型（paper prototype）是设计低保真原型经常使用的方法。

5. 启发式评估

启发式评估是雅可布 · 尼尔森提出的一种可以发现用户界面设计中存在的使用性问题的使用性工程学方法，其优点是低投入、高产出。启发性评估被称为一种“廉价”的可用性工程方法。让 3 ～ 5 名评估者独立地对界面进行检查，只有所有评估者都完成评估之后才允许他们进行交流，把他们发现的问题进行归纳总结。评估者应对系统相当了解同时又

应该具备一定的使用性知识，普通用户并不适合。要基于真实用户的使用流程分析脚本，要有观察员进行文字记录、解答系统出现的问题，因此观察员对系统要相当熟悉。如果系统很复杂，高度依赖专业背景知识，则要求两个观察员参加，一个是系统开发人员，另一个是可用性专家。启发式评估的原则包括：(1) 简单的自然对话；(2) 使用用户的语言；(3) 减轻用户的记忆负担；(4) 一致性；(5) 反馈；(6) 清楚标记退出；(7) 快捷方式；(8) 清楚的错误提示；(9) 错误的防止；(10) 帮助和文字说明。

6. 可用性测试

可用性测试是目前在测试产品原型、了解产品易用程度和用户可接受度方面最常用的检测手段。试验的参加者是产品的真正使用者，他们的反应代表了这一类消费群体对产品的意见和看法。参试者在模拟场景中根据指令进行操作，这样可以在早期阶段及时发现产品问题并加以修正，以求更好地整合产品功能。大量的个案研究证明，通过观察和沟通这些基本的心理学方法，借助于训练有素的专业人员及先进的试验设备和试验手段，对 5 ～ 7 人进行测试就可以找出产品中 75%～ 80% 需要改善的地方。辅助于实验室的录像设备及测试记录，试验人员可以对产品的使用性能进行详尽的分析和归纳。作为测试的结果，产品开发者可以得到一份详细的报告。对于企业的管理层、市场部门和发展部门来说，使用性测试提供了直接观察用户和产品互动的机会，增强了产品设计的科学性，降低了决策的风险成本。

7. 眼动测量法

眼动追踪是产品原型测试最先进的方法，其研究依托于眼动理论和精密视线追踪装置（眼动仪）。通过眼动仪，可以将使用者观察产品时的眼动轨迹记录下来。通过分析眼动仪记录的数据，可以判断产品原型设计的合理性，并对产品原型提出改进建议。目前存在多种眼动测量指标：注视时间、注视次数、视觉扫描路径长度和时间、眼跳数目和眼跳幅度、回溯性眼跳比和瞳孔尺寸的变化等。注视次数少、注视时间短、扫描路径和时间短则表明原型设计合理，用户容易使用且很少出错。其余指标如回溯性眼跳比等，有助于对界面进行深入分析。另外，瞳孔的尺寸与使用者的兴趣值有重要关系，当对观察的产品部位感兴趣时，瞳孔会变大。①

7.2　产品设计中的可用性与易用性

7.2.1　产品设计中的可用性测试

为什么要进行可用性测试？

- 人们以自己的经验为基础，相信他们理解其他人的行为。
- 这个信条从一开始就是错的。
- 经验改变了人们对世界的预计："没有人能够忘记自己的经验，并且完全相信其他没有相同经验的人。"

① http://www.isaruid.com/index.php/club/view/3，2007.9.2.

- 系统设计师认为，系统易于应用。
- 多总比没有好，这种认识是错的。

以苹果公司对键盘和鼠标的使用模式研究“Tog on Interface”(Tognazzini, 1992) 为例。参加测试的用户一直认为键盘比鼠标操作快，而秒表一致表明：鼠标比键盘快，平均快 50%。(图 7–2，图 7–3)“在这种现象的一个研究里，用户被要求使用键盘和鼠标完成相同的任务。键盘有强烈的吸引力，在许多游戏里，要求用户作许多小的决定。与之相比，鼠标的样子就不那么吸引人了，不要求任何的决定并且之需要很低的认知能力。每一个参试用户单独使用鼠标都比单独使用键盘这一情况快平均 50% 的时间。有趣的是：每个用户都认为他们是用键盘完成任务更快一些，与之形成强烈反差的是提供客观证据的秒表。这个例子告诉我们最重要的是：让人主观上去判断时间的快慢，实在是对他们太高估了。无论人们怎么去辩解，秒表才是对的。绝对不要把人主观对速度和时间的感觉当作事实。”

图 7–2　鼠标设计

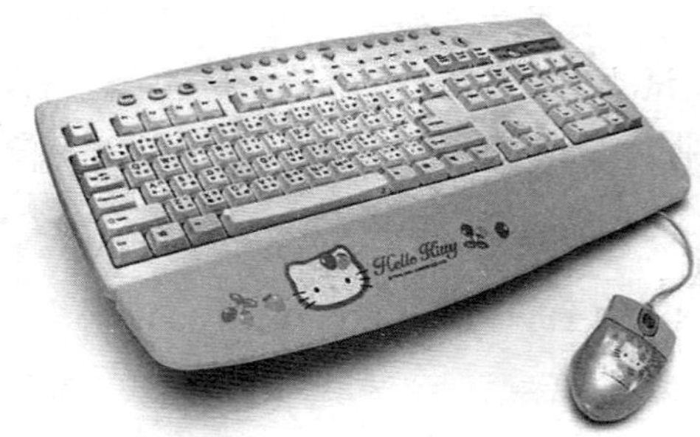

图 7–3　键盘设计

虽然有些设计者认为自己已经足够有经验，可以代替用户。但是，最优秀的设计都是以用户为中心的，我们必须保证在产品设计周期的每个环节，都秉承用户中心的思想。因此，要进行可用性测试。而对可用性测试的最佳诠释就是把一个产品放到一个试验性的市场中。在测试中，受试者代表了该产品的目标用户群，他们被放到经过精心设计的模仿一个产品或是程序在真实使用中将出现的情境（scenario）中去。比如，项目工程师使用一个新版的编程工具为化工厂调整参数，医生使用一个计算机断层扫描仪的原型来进行临床诊断等。由于这些情境和用户的现实环境十分相似，可用性测试提供了一个在项目开始的早期阶段发现产品问题以及进一步改进产品的机会。因此，通过可用性测试，项目策划人员便可以对产品的要求进行优化。

可用性测试为改善产品和进一步的创造性开发工作提供了详细的建议。实际上，在专业设计的测试环境中采用精巧的心理学观察和交流方法，就足以通过不多的使用者（比如 5 ~ 6 个人）发现需要改进部分的 75%。

对于影响用户接受度的关键因素的精细评测还可以让厂商对其产品的市场吸引力作战略性的提升。通过可用性测试报告，公司的经理们、营销顾问以及开发人员可以了解顾客对于产品的反应，从而能够更好地改进设计思想和制定产品战略。[①]

---

① Mayhew, D. J. (1999). *The usability engineering lifecycle*. Morgen Kaufmann Publisher, Inc.

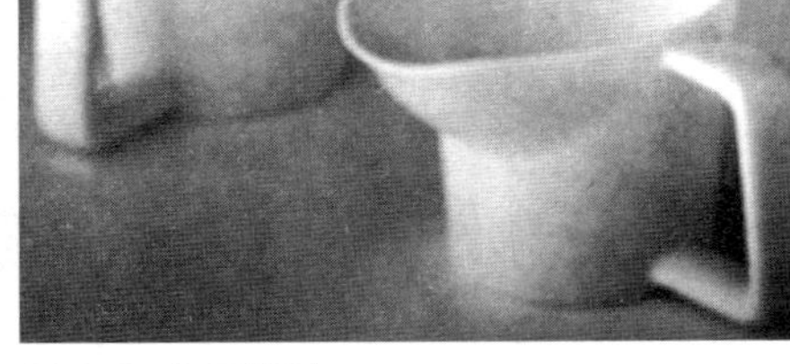

图 7–4　杯子设计

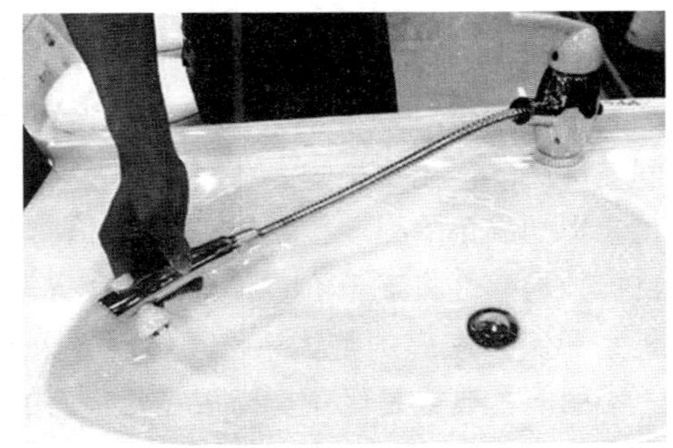

图 7–5　伸缩水龙头

7.2.2　产品设计中的易用性

1. 物的易用

从人机工程学的角度来看，易用性体现为拥有适合的尺寸、触感良好的材料、令人赏心悦目的颜色或爱不释手的形态。如儿童的餐具设计有其独特的要求，针对这一特殊群体的心理特征、行为习惯、认知能力、爱好取向，设计师依据儿童的用力习惯进行设计，使手柄更便于他们握住。如图 7–4 专供老年人及病残者卧床时的喝水用杯，在设计上注重卧床者使用的功能因素，杯口的部分边缘向外探出，成为喝水口，便于人在卧床饮用时水直接流入口中，并避免握杯的手晃动时水流溢出，水杯把手在喝水口的一侧，造型宽扁，便于紧握，色彩为象征洁净的白色。又如图 7–5 为一款伸缩水龙头，它的功能比普通龙头多出许多。这个龙头既可以调节冷热，又可以调节出水状态：花洒、水柱、水流。将龙头往上一抬它就变高了，在水盆里洗衣、洗头都很方便；将龙头一拽，会发现可以拉出一大截来，这种伸缩设置，可以让你随心所欲地为宠物洗澡。这一点与通用设计异曲同工。

从使用的角度来看，易用性则是让人易于学习、不易犯错、不会感到复杂，保证用户能够随时看出哪些是可行的操作。如胶带搁置架，是设计师为了方便安置胶带，同时简便地夹断胶带而设计的搁置架，它的出现既防止了胶带被乱放而难找到的问题，同时免去了人们为了剪断胶片而四处寻找剪刀或刀片的程序。又如图 7–6 中的电源插头设计，以用户安全为宗旨，插头的两侧安装了用酚醛树脂制作的操作柄。在操作时，用手捏住两个向上翘起的操作柄，插头下就会伸出两个支头，支头正好顶住插座板，有助于插头对准电源插孔，并可迅速插入。而图 7–7 中来自韩国的名片夹，运用不锈钢材质提升名片夹的视觉品质，中空的设计使名片夹使用更方便。

图 7–6　电源插头

图 7–7　名片夹设计

2. 环境的易用

产品的易用性在不同的环境中表现得更为明显。即使同一种产品，用户相同，解决的问题一样，不同环境也会影响易用的程度。脱离了用户的使用情景和使用目标，易用性将毫无价值和意义。放置于客厅的家具是为了突出家庭的整体风格，体现主人的品位、尊贵、华丽、古典或是优雅；而放在儿童房的家具则是为了突出温馨、可爱的感觉（图 7–8）。又如不同环境中的餐具，有手柄的杯子不像无柄的杯子那样容易叠放存储。而对有柄的杯子，底部缩小半径的设计就可使叠放成为可能，节约很多储存空间。图 7–9 则是结合现代单身青年生活方式设计的餐具。

3. 精神的易用

这里的精神是指用户的感受，包含所有美好的情感、回忆和体验。无论爱情、亲情还是友情，总之一切能联想到美好情感、回忆和体验的特质都能提高产品的易用性程度。五颜六色的沙发既像一丛鲜花又像是儿时的玩具，让人看了愉悦，用了放松。[①] 如图 7–10 中的沙发，以橘红色的绒布材料让人感到温暖无比，坐在上面就像在母亲的怀抱。

图 7–8 家具设计

图 7–9 餐具设计

图 7–10 沙发设计

7.3 界面设计中的可用性与易用性

7.3.1 网络界面设计中的易用性

网站是一个平台，网页只是一个界面。网页是替用户服务的媒介，如果成为纯粹的艺术品，那就失去了本身的意义，所以对界面最高的赞誉是“舒服”而不是“漂亮”。视觉只是一个无关紧要的标准，比如很多人会认同 K10k 网站图形上的精致，却只有少数能看懂

①迪特尔 · 齐默尔《世界室内产品设计》，杭州，中国美术学院出版社会，2000 年版，第 36 页。

Stopdesign 代码上的巧妙。如果你还认为页面只有漂亮和不漂亮两种标准，那说明你对“网页设计”还很陌生，没有理解她蕴含的深意。[①]

美国网页效果专家斯蒂夫·克鲁格（Steve krug）将网页的易用性称为效果优化原则。一个易用性良好的网页需要满足三个条件：（1）“别让我动脑”。排除让人费解的东西，尽量做到内容一目了然。如 essential.com 的网站因其新奇主张需要作大量解释，几乎主页上的每个元素都在解释或者强调站点的目标，包括突出的口号、同样突出但很简洁的公告板（单词 why、how、plus 被巧妙地组成一个公告板，因而避免了大段复杂文字）。标题 Shop by department 清楚表明，这些栏目的主要工作是购买商品，而不仅仅是获取信息。[②]（2）“只要每个点击都是明确无误，多点击也没关系。”这是强调操作的顺利。（3）“略去多余的文字”。省去那些没有意义的指导述说。斯蒂夫·克鲁格在《Don't make me think》一书中提到：“有力量的文字都很简练，句子里不应该有多余的文字，段落中不应有多余的句子。同样，画上不应有多余的线条，机器上不应该有多余的零件。”[③]

图 7—11 网页设计

尼尔森则把对网页的易用性称为“启发性原则”。因此，容易操作的网站界面应该满足以下原则：（1）系统状态的可视性。在适当的时候应提供适当的反馈，以便用户随时掌握运行状态，更加清楚自己的操作状态。（2）系统与真实世界相结合。使用用户的语言，包括用户熟悉的词汇、惯用语、概念，而不是面向系统的专业术语，以免让人感到高深而难懂。如网页图标的设计中以摄像头的图片表示视屏，以垃圾桶的形象表示回收站等，形象生动，容易理解。（3）用户的控制权及自主权。提供标记醒目的按钮，如“下一步”、“退出”、“首页”等，便于用户操作，将损失降到最低。不友好的导航是最影响用户操作的，不能让用户很方便地找到自己想到的内容，用户来到一个页面不知如何返回上一页，不知道当前页面是在哪个栏目下的……这样的网站很可能用户来了一次就不会再来了。（4）一致性和标准化。对于同一个意义的描述要尽可能用一个风格，避免用户不必要的猜测和误解。（5）帮助用户识别、诊断和修复错误。提供及时周到的帮助，使用简明的语言描述问

① http://blog.kaila.com.cn/user1/jiejie/archives/2006/105469.shtml.

② Steve Krug：《Don't make me think》，De Dream 译，机械工业出版社会，2006 年版，第 76 页。

③ Steve Krug：《Don't make me think》，De Dream 译，机械工业出版社会，2006 年版，第 32 页。

题的本质，并推出可行的办法。(6) 预防错误。使用一些准确明显的标志，尽可能预防用户操作错误。(7) 依赖识别而非记忆，使对象、动作和选项清晰可见。例如现在很多刚上网站的人还只认为有带下画线的文字才是链接。网站要有统一标准的链接表现形式，并且要和没有链接的文字有区别，要让浏览者很方便地认出哪些是链接的文字。如果是图片加的链接要在图片下标出"点击图片见大图"，"更多"要用中文写，最好不要"more"或者标点符号代替。(8) 使用的灵活性及有效性。提供一些新用户不可见地快捷键，使有经验的用户更迅速地执行任务。(9) 最小化设计。让信息最简洁化，最有用化，避免使用无关或者极少使用的信息出现。例如避免页面没有视觉差异、页面设计很"平"或缺乏"层次感"以及视觉突出的并不是网站的主体内容等错误。(10) 帮助及存档。提供易于寻找的文件存档。

以上海 ETU 可用性测试实验室对阿里巴巴中国网站 Offer List 页面进行的可用性测试为例①。阿里巴巴 (china.alibaba.com) 是全球企业间 (B2B) 电子商务的著名品牌 (图 7–12)，是全球国际贸易领域内最大、最活跃的网上交易市场和商人社区，每日向全球各地企业及商家提供几百万条商业供应信息，成为全球商人网络推广的首选 B2B 网站。阿里巴巴网站的供应信息页面设计的目的是提供给买家供应信息，让买家更方便找到自己想要的东西，让商家信息更好地吸引买家，也就是提高商家信息的点击率。通过对目标用户的测试，观察用户使用"阿里巴巴中国网站 List 页面"的情况，了解他们对网站使用的需求和期待，明确网页的现存问题，并由此提高信息条目的点击率，这就是此次可用性测试的目的。测试流程如图 7–13。

图 7–12 阿里巴巴网站

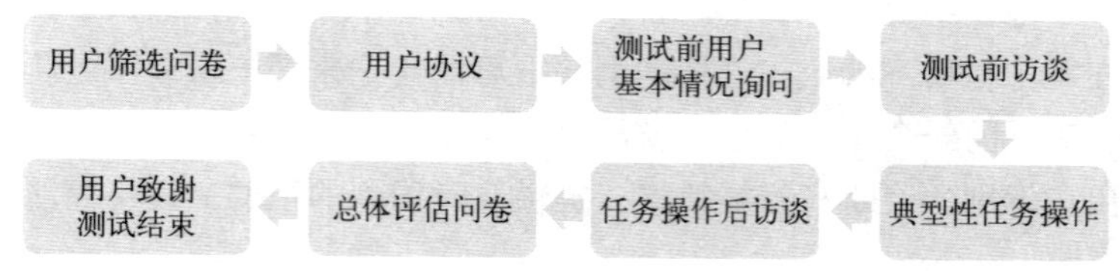

图 7–13 测试流程图

① http://www.etucn.com/al2.html.

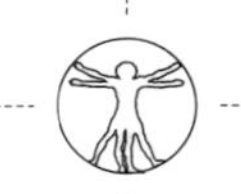

可用性测试围绕以下几个问题展开：(1) 如何结合线上数据与线下测试方法设计可用性方案？线上数据是一项很好的资源，它能够弥补线下测试的不足。其一，线上能够帮助研究人员快速地发现实际问题，在此基础上，研究人员利用线下测试和用户调查来解释问题、理解问题并给出建议；其二，线下测试和用户调查由于人数和调查内容的限制，只是一种定性的研究方法，线上数据能够对调查结果给出定量的支持；第三，线上数据的变化能够检验测试给出建议的可行性。当然，线上数据的获取与线下测试的思路并不一致，如何结合两者来设计改善网站可用性的方案，关键在于找到两类数据的结合点。(2) 选择什么样的标准判断网页的可用性？页面链接的点击率是判断网站价值的一个指标。因此，可用性测试是否有助于提高网页价值的一个重要判断标准就是：在同等条件下，根据测试结果改进后的网页的点击率是否也得到相应提升。不可否认，有时网站的商业目的与改善用户体验的测试目的并不完全一致，在项目中研究人员努力在两者之间寻找平衡点，希望在提升网站用户体验的同时，符合网站给出的判断标准。(3) 寻找用户能够理解的方式来表达信息。使用用户的语言来编写网站内容，根据用户的思路给出用户期待的信息，这是作为信息交流平台的商务网站理想的用户体验状态，要做到这些，首先要了解目标用户是哪一群人、他们有什么特点、他们想要什么、他们日常获取信息的习惯是怎样的以及有怎样的喜好等等。这些正是用户调查包括可用性测试的价值所在。(4) 让用户能够按照自己认为正确的方式操作。用户讨厌需要经过长时间学习才能够搞懂的复杂的网站，喜欢能够快速上手的高效的网站和页面。在用户有很多选择的情况下，让用户疑惑、强迫用户学习意味着用户将会放弃我们选择其他同类网站。只有在了解用户的基础上，我们才能够知道用户希望什么。用户喜欢网站，意味着网站的生存有了保障。

7.3.2　案例：界面图标设计的可用性测试[①]

图标的可用性测试可以通过两种方式来进行：(1) 图标直觉测试（icon intuitiveness test）。将不带标签的图标展示给一小部分用户（通常为 5 个用户），让他们说出图标最能代表的事物。该测试评估图标表示预期概念的程度。(2) 标准可用性测试（standard usability test）。将图标和整个用户界面一起展示给用户，要求用户使用系统完成一系列预先设定的任务，并在完成任务的时候进行评价。该测试是为了评估图标在用户界面上良好工作的程度（在界面上，图标通常以标签的形式呈现）。

研究人员使用画在纸上的简单黑白草图进行最初的研究。对于每一个图标，研究人员都会采用几个可供选择的概念进行测试，然后选择最有前途的一个概念进行进一步开发，将其着色成一个电脑上的彩色图像。研究人员对那些彩色图标进行了几轮的重复设计，图 7-14 是三个图标反复设计的实例。

这一图标代表了概念“技术和开发者”。前两个用芯片和 CD-ROM 代表的图标有点难以理解，它们看起来更像完成的产品而不是开发过程。建筑工人能够很好地代表开发但最终被否决，因为其具有强烈的负面含义，在互联网上这一图标经常表示某些网站正在建设中（这是测试用户非常憎恨的）。

---

① http://www.zhanxian.cn/sheji/UIsheji/2007/11/30/11301128384634_1.shtml.

第二排的图标使用人物图像代表开发者。第一个开发者图标最受喜爱，尽管有些用户认为其代表了硬件而不是软件开发。另外，一些用户喜欢第二个图标因为它象征“利用力量”。因此，研究人员采用第一个开发者作为首个彩色图标，仅仅是用闪电换掉了开发中手中的扳手。

尽管如此，第一个彩色图标在可用性测试中获得了较差的结果。评论包括：雷和电；电的，看起来痛苦；被技术杀死的人；跳舞的机器……显然，需要抛弃该图标中的人物形象。因此在第二个彩色图标中，设计者仅保留了闪电和齿轮。用户仍然抱怨雷电看起来像是闪电击中并摧毁了机器。研究人员最终决定放弃电流，而用一个 CD-ROM 代表开发的概念。在测试的过程中，齿轮工作良好，它被看成是工程和技术间的连接方式，尽管计算机明显没有齿轮。

图 7–14 “技术和开发者”图标设计

图 7–15 中的一组图标代表了概念“产品和方案”。设计者个人最喜欢机器从箱子里面出来的那幅图，但被否决了，因为它只代表了硬件而不是软件。显然，也不能表示帮助客户解决问题而不仅仅是卖给他们产品这一观点。有的用户喜欢人举起电脑那张，因为“它代表了力量和动力——我能够为你做这些。”但是，因为在人的背后有很多台电脑，所以这个图标非常嘈杂（尽管我们非常想卖出这些电脑，但是图标应该是简单的！）。没有人喜欢宗教智者那张，大部分喜欢发光的灯泡部分。少数用户提到一个问题：举起电脑的人是男性而不是女性，因此设计者萌生了使用混合图像的想法。但基于简洁的考虑，最终没有在图标上使用人物图像。彩色图标的所有版本基本上都是一样的：一台电脑加上一个发光的灯泡。所有用户很容易地认为其代表了电脑和一些聪明观点的结合。发光的灯泡同时代表了软件和解决方案。

图 7–15 “产品和方案”图标设计

图 7–16 中的一组图标代表了概念“网络上的 Sun”。设计者最初有两个不同的想法：一个说话的服务器（告诉你关于它自己是什么）和世界范围的沟通。大部分用户认为地图图标代表足球（经过几次失败的尝试之后，设计者最终认识到一个事实：地球必须是圆的！）。研究人员抛弃了过度的人神同形的服务器，使用一种隐喻的风格来设计第一个彩色图标。设计者使用文字的服务器在银色的盘子

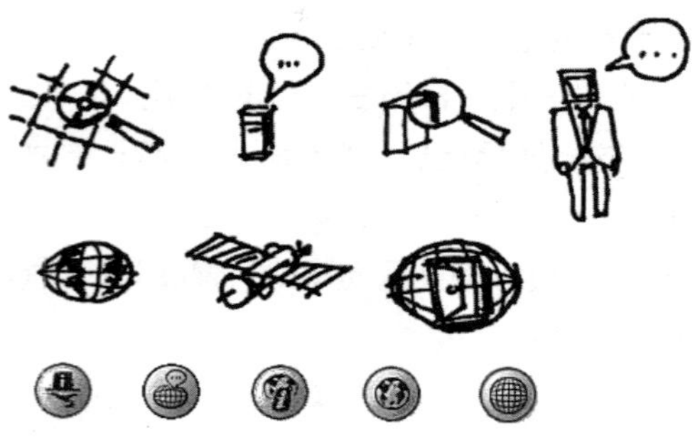

图 7–16 “网络上的 Sun”图标设计

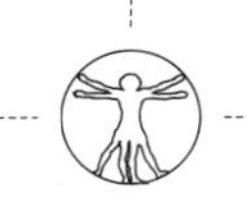

上显示信息。不幸的是，用户认为它是一个朝圣者的帽子。另外，显然，对“服务器”的文字解释会在国际化的可用性测试中失败。接着，研究人员将地球和讲话泡泡两种想法结合起来，但用户认为它是被刺穿的气球。接下来的两个图标是文字化的地球仪，但用户将其解释成穿着宇航服的太空人、橄榄叶和一个试图砍平其道路的打高尔夫球的人。最终的设计是最简单的，并且是有效的。

7.3.3　操作界面设计中的易用性

操作界面与网络界面不同，指的是家用电器、专业设备、交通工具等产品的操作界面，如电视机遥控器、空调遥控器、MP3 播放机、手机、微波炉操作面板、自动售货机、复印机等。不同的操作平台面对的用户不同，有老人、儿童、正常人或残障人士，有专业人士或非专业人士。不同的使用对象对操作平台易用性的要求和理解都不一样。

人们容易把专家的建议奉为圭臬，但更容易忽略其假设的范围和限制。如果目标是用于浏览，设计考虑的重点就是如何清楚地导航和突出重点；而如果目标只是提供工具给用户，考虑的重点是如何高效地完成工作并让用户迅速离开。

很多用户在熟悉操作后，也有一些路径依赖的习惯。或许，这时，他们要的不是多样性，也不一定是简单化，而是规范性，完成工作即可。怎么都可以，但不要让我想！因此，对于产品操作界面而言，重点是准确输入指令，即可用性，其次才是易用性的问题。具体包括：(1) 安全性。操作台、按钮设计上尽量避免尖锐、生硬、冰冷的感觉，减少对人体的伤害。避免用户执行错误操作而造成的损失，或者将错误的损失降到最低。(2) 易学性。用户不用花很多时间就可以正确使用。这就要求界面满足通用性、一致性、对应性。通用性指用户可以使用不同的方式达到某个要求。一致性指相似的操作平台在操作步骤上也基本一致。对应性指操作键和反馈元素的对应关系，这种反馈元素可能是屏幕。(3) 易记性。指当用户学会新的操作界面后，过一段时间再使用，能否迅速回想起使用方法，并能正确操作。

如图 7–17 中某品牌的音乐手机，造型时尚，色彩亮丽，成为很多年轻人购买时的首选。但它在使用上有一些不易操作的地方，如在进入下一界面后，不知道如何返回上一界面。有很大一部分用户会选择 E 键退出，或者根据自己的习惯觉得退出键应该在右键，事实上退出键为左边的 B 键。E 键为一个删除键，这样很容易因为点错而误删某些短信或者电话号码。再看右下角的 C 键，用户常常会因误点击而进入无线上网，手机界面却没有设置提示是否进入网络连接，用户因此不得不为自己无意或者错误的操作而支付上网费用。这样的按键分布虽然容易满足内部相关零件的安装便利，但不可否认地带来了使用上的不方便，而且容易犯错误。

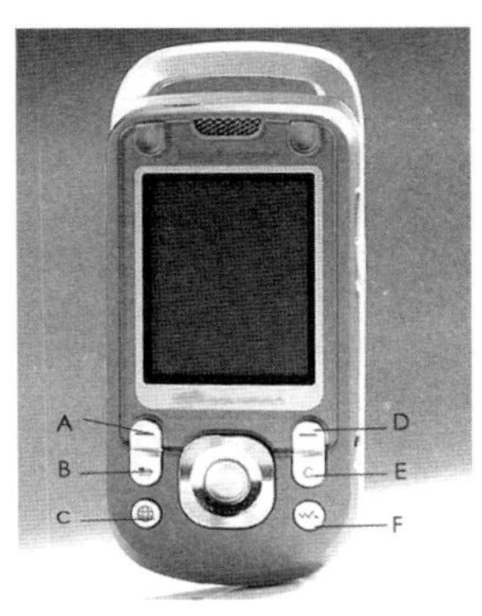

图 7–17　手机的易用性

以中国上海 ETU 可用性测试实验室的手机可用性测试项目为例[①]。用户知道该如何使用它么？用户能够很快地完成任务么？在使用的过程中，用户是否感到愉快？如果不是，那么问题出在哪里？ ETU 通过对多款指定手机的测试，获得终端用户

① http://www.etucn.com/al1.html.

对单个手机的操作过程，评测使用过程中的用户体验各项指标，并且对这些手机的用户体验进行横向比较（表 7–1）。

ETU 的手机可用性测试 **表 7–1**

序号	主题	内容	建议
1	让反馈符合用户的期待	要按开机键很长时间（多于 3 秒），才会开机，让用户怀疑是否按错键或者手机没电	缩短开机反应时间， 85% 的用户认为按开机键 2 秒开机较为合适。翻盖手机在不使用的情况下手机盖合拢，因此不容易误触开机键，反应时间设在 2 秒左右较为合适
2	哪一个按键是我要找的那个？	用户不知道按哪个键是“确认”，用户习惯按左键确认，但是在这个手机上按左右键都不对，按拨号键也没有用，五位键的上键距离屏幕提示最近，但按了也没用，独独忽视了中键	就近设置“确认”功能键，或把现有中键的标识“OK”改为“确认”
3	这些提示是什么意思？看不明白！	保存到“联系人”？联系人是电话簿的意思么？“添加新名称”？“设置号码类型”？表达模糊，和日常使用的词汇不一样。另外，为什么在信息浏览页面的菜单下保存号码的操作表达与查看页面的菜单中功能相同表达不一样？	把“联系人”改为“通讯录”，把“保存地址”改为“号码存入通讯录”，“添加新名称”改为“添加新记录”，并且相同的功能操作使用相同的表达
4	让用户感觉放心	输入资料保存完回到了短信察看界面，短信的号码仍然没有变成人名，让用户疑惑是否存储完成	存储完，屏幕显示电话簿浏览页面，光标加亮新增的条目，或者短信查看页面中显示已存人名

测试任务围绕“用户会感到惊喜还是失望？我们能从中发现什么？”而设置。在测试过程中，研究人员通过分析用户任务操作前的预测对比任务操作后的多维度评价，获得相关用户体验，并由此判断任务设置和脚本设计对用户的影响，同时也获得了用户在操作中的情绪信息。结果显示：大部分用户在测试前认为任务一应当是容易或很容易完成的，但是显然用户在操作过程中遇到了很多问题，操作成功率相当低，因此，测试后用户对任务的操作评价的各项指标都很低，用户普遍感到沮丧。

第 8 章　通用设计

8.1　关于通用设计

现代设计习惯将使用者草率设定为“年轻健康的右撇子男性”，而几乎没有设想到除此之外的使用者。然而随着全球老龄化社会的到来，对于现存的设计与产品、服务与环境感到不便和不满的人逐渐增加。难以适应的环境和难以使用的工具使越来越多的人感到苦恼，甚至有人说：“是设计师，而不是上帝，设计了我们生活中的大多数障碍。”

身为小儿麻痹症患者的设计师罗·玛斯（Ron Mace，1941 ~ 1998 年）深刻体会到了设计存在的这些弊端，于 1985 年提出了“通用设计（universal design）”的概念。1988 年他将“通用设计”解释为“诸如建筑等综合性产品能够在最大限度上满足每一个人的需要的设计”。①

8.1.1　通用设计发展概况

实际上，在 20 世纪 50 年代，“无障碍设计”（barrier-free design）作为“通用设计”的原型就已经出现。1961 年在瑞士召开的 ISRD 大会更加关注在欧洲、美国和日本等国家展开的无障碍设计尝试。但在美国，“无障碍设计”被消极地理解为针对残疾人的设计，相对而言，“易接近设计”（accessible design）则被积极使用，尤其在 20 世纪 70 年代以后。而在欧洲和日本，“无障碍设计”这个术语则被更为宽泛地用来解释“通用设计”。此外，自 1967 年以来，“为所有人的设计”（design for all）在欧洲被越来越多地使用，日本则较为接受“通用设计”这个说法。

就好像战争促进了人体工程学的发展一样，战争也促进了通用设计的发展——第二次世界大战、朝鲜战争和越南战争为世界各国带来了大量的残疾人口。如何使他们较好地融入社会生活，成为工业设计需要解决的一大课题。

在通用设计中，那些一开始没有考虑到残疾人的需要而进行修改以达到残疾人使用要求的设计，被称作“自下而上的设计”；相反，那些在设计之初就考虑到了残疾人的特殊要求，而后进行修改以适应身体能力正常的人的设计，被称作“自上而下的设计”。

通用设计是一种预先为使用者设想、追求弹性与包容的设计意识形态。PPP（Product Performance Program）是评价通用设计达成度的方法。它是以一般消费者或是小孩为对象，依据其购买产品后的使用方法的实际情况所制作的评价方法。PPP 包括七项原则和三项附则，共三十七项评价指标。这些指标不是固定不变的，而是不同企业与设计师，在原始 PPP 的基础上，针对重要的原则与项目进行适度的取舍添加后形成的独立的评价观点或指标。

8.1.2　企业视角下的通用设计

企业引入通用设计的最大价值在于获得品牌资产。所有使用者对企业的忠诚度，大都

①黄厚石、孙海燕：《设计原理》，东南大学出版社，2005 年版，第 126 页。

取决于品牌信赖感。从企业的角度来看，通用设计可以是为了更广范围地理解使用者的方法论。因此，通用设计也间接地引导使用者对企业品牌产生一种信赖感。进而言之，导入通用设计，有助于扩展使用者的层次，强化企业产品开发系统和开发新市场，对于多样化的使用者，可研究开发出让他们长期喜爱的产品，并能减少产品开发中的错误和失败。

图 8–1 是从企业品牌的着眼点来描述通用设计的意义。通用设计是综合使用者的期待和企业答复的活动。理解多样化的使用者是企业通用设计实践的最重要的观点。

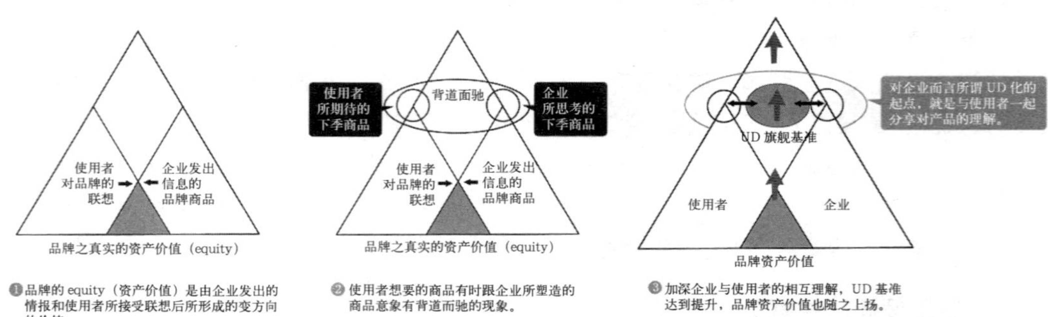

图 8–1 从企业品牌看通用设计

1. 通用设计与制造

通用设计唤起对于多样化使用者的关注以及社会只提供单一且平均产品的疑问，也促使企业全体人士互相合作。工业社会导向企业以经济效率优先，由于太过于强调大批量生产、流通系统的整顿和扩大卖场等，只想到如何快速制造产品、如何大量销售的竞争理论，常常为人们所诟病。这种单向通行式的产业社会（图 8–2），制造出以环境问题为代表的非循环性、不可持续性的社会。这个倾向已开始阻碍企业的组织活动、企业与企业外的对话或交流、甚至企业内的对话或交流。通用设计还原了企业与使用者应该互相追求的本来关系，增进了企业内部员工相互交流的意识并引导出良好的环境（图 8–3）。

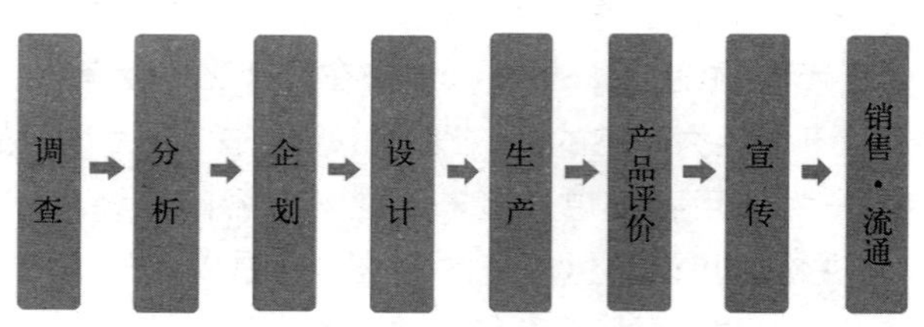

图 8–2 单向的制造流程

2. 通用设计与企划

一件适合所有的人并让大家都觉得舒适的物品是不存在的。使用者所感受的不便性千差万别。现今，使用者对于平均标准化的物品的不便性及不良印象已开始形成，希望在今后的产品企划时，可多倾听使用者的另类声音，并将之融入企划案中。

在产品企划的时候，将通用设计的想法充分应用在产品的制造过程中，这就是正确的

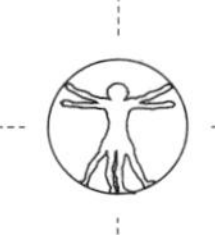

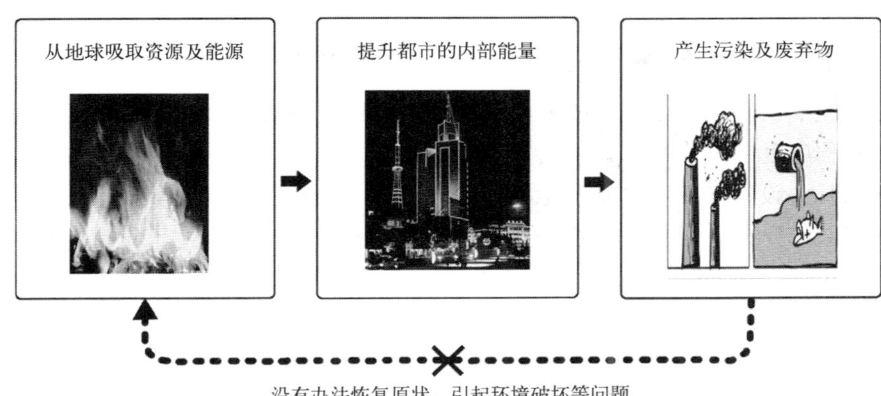

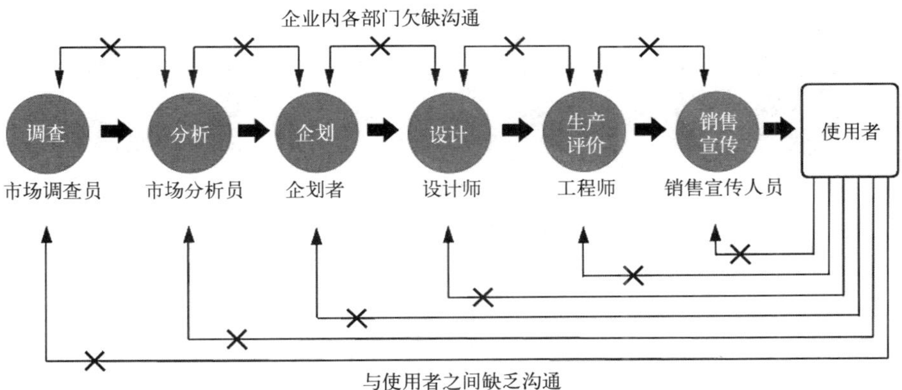

图 8–3　从企业品牌的着眼点来描述通用设计的意义

通用设计导入方法。其中，最有效的方式就是与使用者进行对话。只有与各式各样的使用者进行对话，才能理解使用者，并在产品企划时充分考虑使用者的设计思路。关键在于如何将多样化使用者的意识及要求，加以理解、体会并运用到产品企划之中。

3. 通用设计与产品设计

以大批量生产为前提的设计中，各式各样的使用者一直都是被忽略的主题。针对市场与使用者所进行的调查大多将设计的对象导向一个标准的方向。本来设计的主要目的应该建立在对使用者的深入理解之上，但企业为了能高效率地生产出平均化的标准产品，似乎拒绝了对各式各样的使用者进行深入理解。我们应该改变以制造为优先目标设计，而转向以使用为目标的设计产品开发的制造结构及流通系统。通用设计强调，应该将设计行为回归到与开发全体相关的、以使用者为主轴的、统合性的架构之中。

4. 通用设计与工程管理

工程管理的目的在于将所设计的事物具体实现，但问题的症结在于对设计目标和设计意识的诠释方法。不能将设计诠释为被动的作业，而应清楚地把握设计所瞄准的目标，以及如何让各式各样的使用者得到满足。商业发达的社会中，高深且范围广大的技术分化和进步正在发生着。不仅是设计，技术或工程管理都需要考虑如何将对使用者的顾虑和察觉引进自己的程序之中。

关于目标的设定和评价方面，技术与设计相同，应该靠使用者的多样意见和检验而发展。现在多数的先进企业也开始注意这个所谓"技术原点"的观点，在大批量生产的过程中，重新以通用设计观点审视技术或工程管理的验证和评价（图 8–4）。

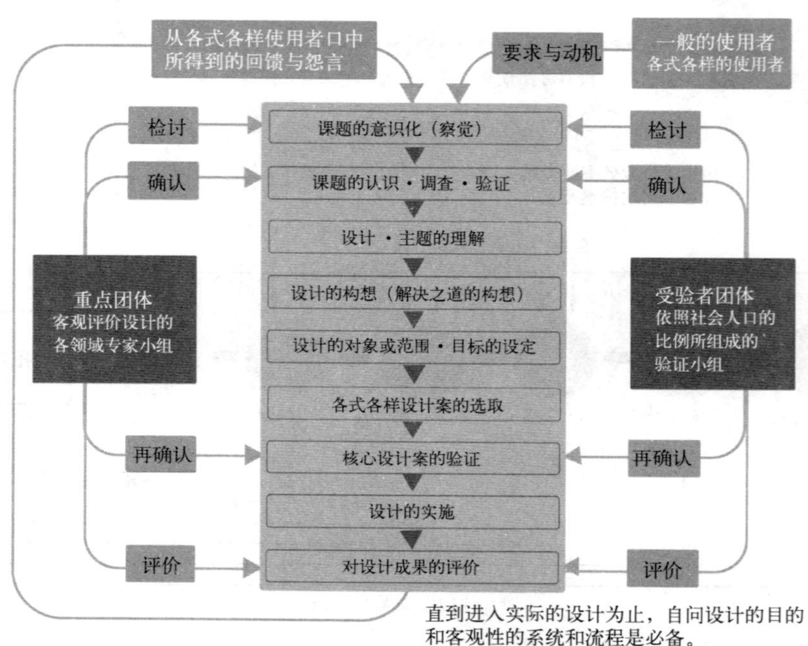

图 8–4 与用户一起设计

5. 通用设计与营销

为了将通用设计的理念广泛渗透到一般产品中，销售渠道必须从一般产品的卖场中独立出来，成立展示兼销售的专柜或网络营销。在销售通用设计产品时，从包装、目录、产品说明书到售点广告（POP），都应该使各式各样的消费者意识到产品信息的通用设计化的程度。当然，对于卖场或展台设计，也应该让各式各样的使用者感到舒适或使用方便（图 8–5）。

通用设计可得到多样化使用者的支持，同时扩大使用群体和市场。与充分考虑使用者好用或不好用的产品卖场相同，必须做出符合通用设计理念的空间，必须做到不管是什么样的人士都易

光是产品称不上是通用设计

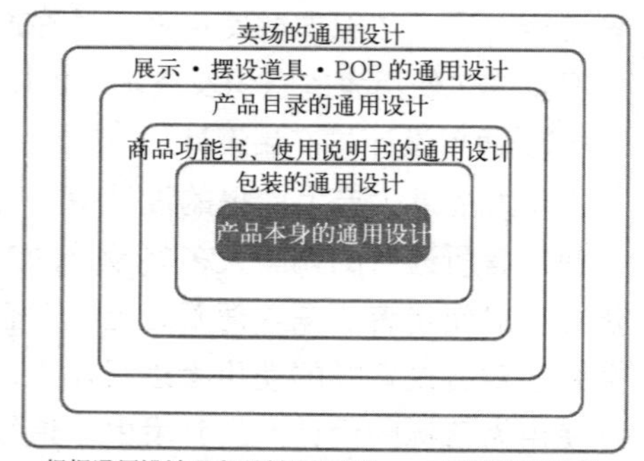

根据通用设计理念所制造的产品，一直到将通用设计商品送到使用者的手上为止，不论是卖场的摆设或者是包装，每个环节都有需要配合的地方和课题。

图 8–5 通用设计与营销

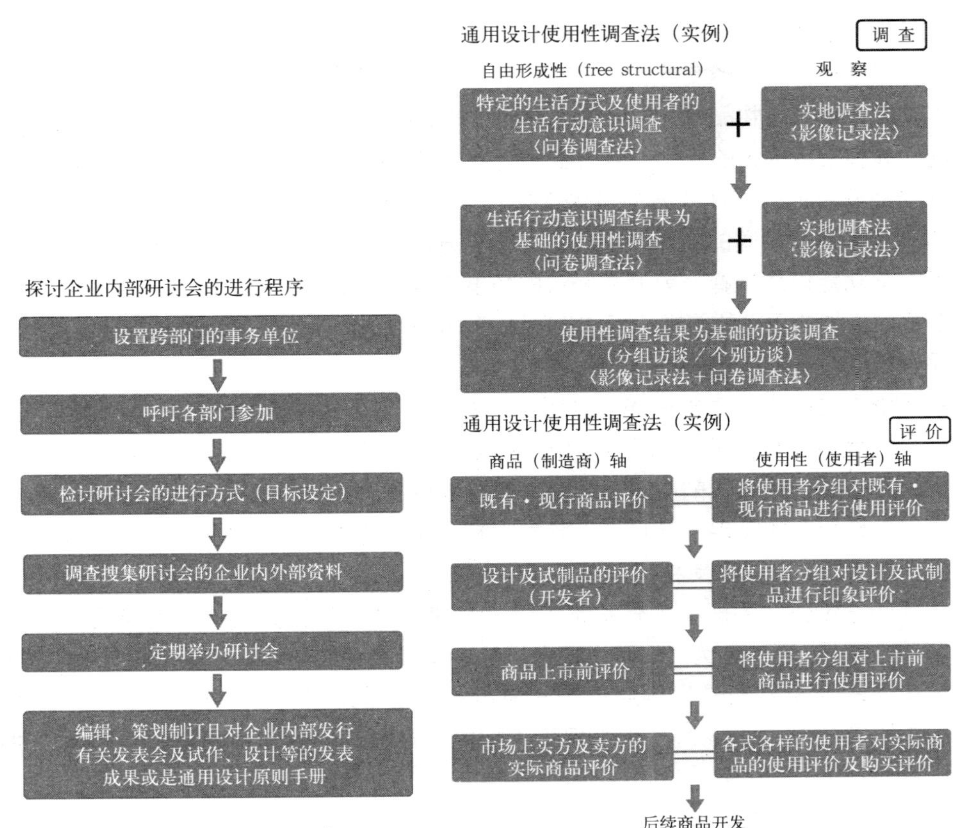

图 8–6　企业内部程序、使用调查法

于光顾，产品信息也通过各种途径易于理解。同时，无微不至的考虑、照料消费者和使用者，才可以促使一般大众更为喜爱通用设计产品（图 8–6）。

6. 通用设计与广告宣传

企划、设计或技术各个领域的负责人，有必要详细了解产品是如何根据通用设计理念制造出来的，并以简单明了的广告或宣传活动，将相关信息正确无误地传达给使用者。

从与生活环境有关联的物品到琐碎的日常生活用品，目前标榜为通用设计的产品正在大幅增加。产品什么地方符合通用设计，使用者对于产品的哪个部分觉得信服或有疑问，这些都是在产品上市之前无法衡量的。如何促使与使用者进行双向对话并继续维持交流，建立使用者对于产品的信息反馈机制才是通用设计产品宣传活动的根本。

8.2　通用设计的原则①

8.2.1　原则一　公平使用原则（Equitable Use）

设计师在设计时应尽量考虑到不同的消费者的使用能力，避免某些特殊人群不能使用

①日经设计：《通用设计的教科书》，张旭晴译，龙溪国际。

的情况发生，使任何人都可以公平的、容易地使用。

评价指标一：平等地使用

即在设计与制作物品时，减轻使用者的种种负担，同时不让个人感到遭受不公平对待。人类的肉体存在着很大的差别，自出生之始就各有特性，并在成长的阶段发生显著的变化。因此在产品开发时，有两个方向可供选择。一个方向是尽量让不同体格与体力的多数人，都能够平等地享有相同的物品与环境，另一个方向则是配合不同的体格与体力，准备数个不同尺寸与功能以供选择。前者从经济的角度而言较为有利，但是多半成效有限；后者虽然能够适应多种使用者的需求，但在开发上耗费时间，同时也存在生产成本增加等问题。

评价指标二：排出差别感

对环境与物品产生差别待遇，可以分为两种情况，一种是从一开始就感到有差别感，另一种是在使用过程中逐渐感到差别感。因此，设计者除了考虑使用者的身心条件以外，更要设想到各种使用环境的问题，并针对问题进行解决以免产生差别感。最高的境界是能做到不但去除所有的障碍，甚至令人感觉不到去除障碍这个动作的痕迹，同时让使用者能够藉由各种感觉去自由享受物品。

在设计与创作物品时，如何构筑不会产生差别感的设计方法，是通用设计的重要目标。这种差别感，可以分为"在公共场合与社会交流中，在与他人比较下所产生的差别感"与"没有比较对象，只是觉得自己无法使用的内在差别感"。不管是哪一种，对于心中培植出差别感的精神土壤，与周边相关人们的存在意识，我们必须更进一步地去进行了解与研究。

评价指标三：提供选择手段

尊重个人意愿，是社会与生活中最重要的原则。单一产品要让所有人都觉得方便使用，可说是一种难以实现的理想。在这种情况下，最好能事先准备好几种对应方法，因为每个人都在意自己是否被公平对待。例如，在同一产品群中，即使是功能相异的产品，也应当通过色彩与形状等设计要素塑造出统一的造型感。特别是在思考"重视使用性的产品"的基本造型时，更应当深入思索如何在面对多样使用者的条件下，设计造型仍不失去公平性。

在通用设计产品的开发过程中，"多样的使用者存在着多样的标准"是十分自然的观点。而站在这样的观点，让使用者可以有弹性地选择使用手段是非常重要的。多样的选择手段，不但可以让使用者的自由、平等感与社会公平性得到保障，更是产品品质保证的必要因素。

评价指标四：消除不安

举例而言，只要坐上演奏会大厅的椅子，就算是视觉上有问题的人，也可以收起白色拐杖，安心欣赏演奏。如果为残障者准备了显目的特别座位，虽然看似体贴诉求，但是实际上缺乏对使用者的充分关怀。因为残障者只想和别人做相同的事情，所以应该考虑到不让其遭受来自外界不必要的异样眼光，不让他们因为受到注目而产生不安与紧张。

诸如这种看似毫不经意地体贴与思虑，无疑可以舒缓使用者来自社会的心理压力。不管是哪一种使用者，都希望自己能够轻松自在地使用产品并融入设计中。从事产品开发创造的人，对于看不到的使用者心理变化，应当磨炼出相对应的洞悉能力。

8.2.2 原则二　弹性使用原则（Flexibility in Use）

物品的使用范围应尽量的宽泛，即考虑到不同人使用它们时的参考数据，在了解不同人群能力的基础上，设计出那些在功能上具有“弹性”的产品或空间。例如，避免出现左撇子不能使用的产品。这要求设计师掌握充分的人体测量数据及人机工程学原理。

评价指标五：使用方法的自由

对于多数使用者而言，如何从一个设计或物品中发现“自己”至关重要。当从产品中找到自己的使用方法、自己的感受与思考的共同因子时，我们也往往成为该产品的俘虏。产品设计者应当尊重使用者的自由精神，以开发出具有高度开放性的产品。

使用方法及规则尽量简单，让各种不同身心能力的人，都可以找到自己适应的操作方法至为重要。同样，让产品能接受各种使用者不同的使用方法也是重要条件。将各种使用者的多样使用的方法融入设计思考中，是通用设计的基本原则。而这类设计源自于各种观察与发掘意识。

评价指标六：对左右利者的接受度

当谈到左右利者时，如果只想到诸如手指等手部肢体的因素，很容易遭受失败。因为人类除了手部外，眼睛与脚部也都有左右使用偏好的倾向。对于左右利者，应该以更广泛的角度去对整个身体的行为进行彻底的了解。我们必须明白，所谓右利者的姿势与行动，从脸部、身体所朝的方向到脚部的姿势，其实都建构在同一个平衡感觉之上。所谓左右利者是长期生活习惯中所培养出来的个性，并不容易改变。因此当产生突发性反射时，毫无疑问也会以惯用的肢体来进行反应。

设计师与创造制作物品的人，应当在平时就从这些观点出发，对各种使用者的行动进行观察。也许因此就会注意到，在行动中具有同相同左右习惯的用户群，在使用方法上存在着意想不到的同一性。当然更必须了解到，包括自己在内，其实也在无意之间依循相同的韵律、平衡感与行为模式。

评价指标七：紧急状况下的正确使用性

即使是平时能毫无问题地完成的事，因心情慌张或是身体状况不佳，也可能无法完全顺着自己的脚步进行。有时更因为意识到他人的眼光，或是被迫尽快完成，人们不易完全发挥自己的能力选择适合的速度，达到最好效果。使用者若能以自己的能力及心情选择使用道具，则不仅可避免危险及事故的发生，同时也可减轻精神上的压力。

有时候，大多数的使用者并不会察觉到自己身心的变化。“我肯定没问题”先入为主的观念将可能导致使用者陷入混乱的后果。为什么使用者不能找到适合自己使用的产品？除了过度自信外，对于产品及环境的误解也是很重要的原因。当人类与机器及事物间达到良好互动时，使用者才能将事物及环境融入自己的行为当中。在进行设计之时，我们需意识到必须从事物及人类两方面考虑适当的速度及效率，也就是说，我们需要培养一眼看穿使用者作业效率的能力。

评价指标八：环境变化下的使用性

进入 20 世纪，人类的生活区域大幅扩展，同时因为交通的发达，生活行动的范围也随之扩大。与此同时，都市生活的环境也产生极大变化，诸如高楼大厦与地下街之类的新生活空间如同雨后春笋般出现。结果，伴随着我们生活行为的改变，许多产品被要求具备相匹配的功能。换言之，物品在超过原来设计时预期的自然环境与人工环境中被使用的可能性增加了。这种情况下，很可能存在意想不到的使用难度与危险性。尽量设想产品在各种意外环境下被使用的情况，可说与通用设计产品的品质息息相关。

产品的对应性与适应能力达到何种程度，尽管透过试验可以在某种程度上进行预测，但是这毕竟只限于物品本身单独被使用时的结果。既然是针对产品的试验，就应当在使用者实际使用的环境中去实际进行验证。追求产品对各种使用环境的容许程度，有助于提升产品开发时的设计能力与技术能力。

8.2.3 原则三　简单使用原则（Simple and Intuitive Use）

设计品必须易于理解，普通人依靠最基本的生活经验、知识和语言基础就可以操作它们，这就要求设计师在设计中抛弃那些复杂或华而不实的实际倾向，突出重要的产品或空间信息。

评价指标九：排除复杂

本来，工具与物品的基础使用性在于具备“达到目标的手段上所需要的最低限功能”。然而，随着各种技术的发展，作为工业产品的工具与物品，逐渐多功能化而且日趋复杂，没有经过特别教导就难以使用的生活用品正在不断增加。考虑到使用者的行动与心理及其极限，在硬体面的设计上让使用者能够正确地完成任务至为重要，同时在软体面上也应该节制过剩的多样性与复杂性。

排除产品的复杂性，并非否定所有的装饰性，要求所有线条造型必须单纯化，而是应当在不妨害产品原来使用目的的范围内来进行设计。依照使用者的不同，对复杂性的认知标准也有所不同，专注于功能性的物品也会让有些人感到无趣。但是，我们也不能将产品的多功能化与使用便利性进行单纯直接的联想。因此充分了解不同使用者对于复杂性的适应能力是很重要的。

评价指标十：与直觉一致

当我们看到或是摸到物品时，发现与原本的想像存在着较大差距，往往会感到惊讶，陷入不知所措的恐慌中。误认或误解所产生的意外，其实有些时候是来自于直觉判断的差错。想要正确地引导使用者的行动以达成目的，就必须在预测使用者反应方面多作计划、多下工夫。对于各种使用者如何去理解物品，又可能会采取什么样的反应与行动等方面必须进行彻底的检验。

针对某种产品的使用者行动与心理变化的过程进行检试，能够学习到各种使用者的使用方法的可能性以及扩张性。在设计图与试用作品的阶段，让各种人无条件地对产品进行预测与试用，往往能发现设计上意想不到的问题点。在预设的使用环境中实际进行这类试验，会比单靠制作者与设计师的猜想更客观。

评价指标十一：使用方法简单，容易理解

不管操作部分是否复杂多样，与重要的操作步骤有关的部分与结构，应该让人能够马上察觉。借由显眼的配色与对比、标记与形状等方法，明确区分出具有类似特征与功能的部分，将会使得物品更加容易理解操作。特别要注意，与安全与紧急状况有关对应的重要

操作部分，应该赋予更明确的特征以便辨认。

如果拥有诱导多元使用者进行操作的设计知识与技术，对于今后从事物品开发创作将大有助益。要让使用者感到简单好用，绝对不是在单纯的构造上安装一个启动功能的按钮，直接诉求硬体面的导引。更重要的是，通过构筑简单的步骤与顺序等手段，从软件去明确告诉使用者如何发觉自己最能适应的操作方法。

评价指标十二：操作提示与反应

当我们操作某产品时，经常会发生突然间忘掉自己操作到哪一步骤的现象。如果在操作途中，也能够明确地确认自己操作到哪里、刚刚做了什么，将会大幅度提高使用的便利性，特别是对那些重要的操作步骤或是伴随危险性的操作而言。对于操作的明示与线索，则可以通过声音或是荧幕上的视觉效果，亦或操作面板上的光色变化等手段进行表达。

许多使用者对于进行操作后没有任何反应的产品敬而远之。这不仅仅是欠缺操作反应所造成的使用性问题，另外还存在着人们期待通过操作时的产品反应获得使用乐趣与满足感等心理层面的因素。使用者与被使用的物品，通过操作行为而产生沟通与互动。我们可以透过各种使用者调查发现，使用这些产品时，在操作的哪个阶段中得到反应较便利。通过这些方法能够逐渐判断出应当采取何种手段进行提示及其反应的范围与强度。

评价指标十三：功能信息容易理解

为了让各式各样的人都能使用，在使用有关的信息提供方面，必须要能达到公平性与适当性。使用家电或 AV 产品时，在适当的位置上却没有操作的零件，会让人感觉到不便。在使用途中，辅助用途的零件不设在手可马上操作的地方，也会感到不方便。因此，在操作上必要性的零件及信息必须经过适当的整理，让使用者明白其所在。相同地，包装上标示出的重要事项也要符合以上要求。

对使用者来说，即使设定的信息传达手段经过多重考量，但若没有依据实际的使用顺序进一步进行整理，使用者则可能无法得到正确的信息。从上述的意义上来说，传达到使用者手上的信息应适量。总而言之，提供给使用者的信息，应为依据明确的使用顺序考量并以易懂的方式进行整理过的情报。

8.2.4　原则四　感性使用原则（Perceptible Information）

考虑到许多设计作品要被一些儿童及其他弱势群体使用，产品的设计应符合人们的生活习惯和情绪特征，最好靠直觉就可以操作。运用产品语义学的一些方法，可为使用者提供有效而明确的反馈信息。

评价指标十四：认知手段的选择与可能性

除了以眼睛看之外，用手脚、用脸以及身体所有部位的皮肤以及各种触觉都可获取信息。综合利用声音、发光、颜色、震动等多种方式，可将信息传达给使用者。使用者判断透过视觉或听觉传达的辅助性信息是否必要后，系统便能依据该使用者的喜爱，设定对他来说最好用的状态的系统设计。

当我们使用视觉信息为最重要的传达手段时，万一视觉信息无法顺利取得，靠其他的感觉是否也能安心地使用全部的功能呢？在这样的状况下，至少也该做到即使缺乏视觉信息，也能确保最低的安全性，或自己可停止使用等的设计。另外，有时使用者可能在心理上会觉得上述的认知信息是不必要的。我们应该充分考虑到这些需求，准备可对应的选择方法以供使用者选择。

评价指标十五：信息容易理解

为了让各式各样的人能方便使用，产品的各部位所代表的功能应该明确表示出来。产品的各个部分若能以配置、色彩、形状等因素，将其使用构造上的定位作些调整，将有助于掌握产品的使用方法。

单纯追求多功能或者产品的小型化，最终可能会使产品成为将操作系统浓缩后的物体，而迷失产品原应具有的目标。仅仅让使用者简单掌握使用上的构造，还不足以满足原本的使用方便性的目的。掌握产品各个部分的功能是很重要的，但是，设计时更应该根据用途及功能塑造不同于一般的个性。

8.2.5 原则五　容错使用原则（Tolerance for Error）

一些老人和儿童在使用产品及阅读公共场所的提示信息时，很容易犯错误，因此应该将设计中的错误影响降到最低——即使在产品操作中发生错误也不会带来严重的后果。同时，尽量使产品的错误操作能够让使用者自己纠正。

评价指标十六：防止事故发生的基本构造与组成

以产品而言，必须明确表示出可保证安全的装置及部分。若碰触到产品构成上的主要部分而可能造成误触或导致失败时，设计师应该强调该要点，并且设法让使用者注意以免出问题。若产品中有具备同样形态、色彩、大小的条件但功能却完全不同的操作部分，则应以强调对比等手法处理。

为了防止事故发生，监视过去使用者使用同类产品时曾发生过的失败经验等资料非常必要。另外，事故造成的原因跟产品的构造及零件有无关系、产品本身的使用及保管方法上是否出了问题等条件，都必须进行详细调查。

评价指标十七：考虑如何防止事故

如果在各式各样的人使用时，有极容易产生误触的部分和按钮，我们应预先将这些操作部分隐藏至手不易碰到的地方。此外，在正常使用下，对操作环境来说属于不需要的零件也应寻求方法将其收纳。

为了让使用者不会轻易碰触到会导致误触的部分，除了在标示方面，在构造上考虑配置的适当性也是极有帮助的。应让构造上的配置达到分离不易误触的状态。

此外，针对安全保障而通过设计或是技术进行分离的部分，我们也应将这一事实确切传达给使用者。即使被隔离的部分变得不易觉察，我们也应该做好指南及注意标示。

评价指标十八：即使方法错误也能确保安全

使用者所引起的产品事故的原因，可分为人为因素及被使用产品本身因素两种。设计产品时，通过各式各样的案例，检查验证为何会发生事故极为重要。充分注意跟自己的产品没有直接联系性的领域，或许能发现预防产品事故的好方法。为了设计出更安全的产品，我们可以预先做好能推演各种事故的检查表，我们应将各种使用者可能会引起的所有事故的内容都放入检查表中，并试着按照该检查表进行草模及样本产品的事故检查试验。此外，依需要模拟实际的事故状况进行试验，则可把握事故对于使用者及周围的

危害及其影响的程度。

评价指标十九：即使操作失败也能恢复原状

在使用产品的过程中，发生小失败是常有的。在发生小失败后，产品若能迅速恢复到平常的状态，对于使用者来说感觉是非常体贴的。产品从失败状态成功恢复到原始状态后，设计师必须考虑适合的机制让使用者了解状况。恢复手段若过于困难，则有可能引起第二次操作失误。恢复方法应当尽量单一、迅速且自动恢复原本功能。但是，有些产品并不易靠使用者恢复其原状，此时，除了需告知恢复的困难性外，还须标示出处理恢复业务的关系及方式等信息。

8.2.6　原则六　低负荷使用原则（Low Physical Effort）

在公共场所安排那些可以让人休息或依靠的装置，并将一些产品所需要的力气降到最低，让人们在生活和工作中更加舒服和高效。

评价指标二十：用自然的姿势使用

在设计时应考虑到不同身材的使用者，做出能对应各种体格的产品，或是让产品持有多种尺寸。同时，我们也应该预先考虑使用者的姿势以及身体能力或产品的使用方法。

产品若能持有较灵活的对应性，便可减轻使用者在身体及心理上的负担。能够改变形状对应使用者的需求，或是具有多重使用方法的产品，比起仅以平均值对象为使用者的产品而言，在使用方法上具有不同的多样性。以使用者为主题所发展创造的具有灵活对应性的功能，定能发展成为具有多样化适应能力的新平台。

评价指标二十一：不需进行无谓的动作即可完成

使用产品时，所谓无意义的动作是指与使用行为没有关系或没有用处的动作。使用者使用产品时付诸现实的行为中，大多数是有意义的动作，因为在使用的同时，使用者也在学习产品各个部分以及操作方法的意义。设计产品时，我们应认清什么是没有意义的动作，什么是有用的动作。使用者有时是在与产品玩耍过程中，逐渐习惯其使用方法的。但是，我们必须避免因为技术问题或设计问题，让使用者浪费不必要的时间及体力。发生违背原本购买产品目的的无意义动作，会对使用便利性造成极大的障碍。每个动作的意义都可获得使用者的认同感，这才是我们今后设计开发时的目标。

评价指标二十二：身体无负担

所有人的身体构造都是共同的，也就是说，我们的骨骼和肌肉的基本构成都是一样的。因此，我们采取的任何动作都能包含在人体的容许范围之内。但是，在姿势及动作上我们都各有个性。骨骼及肌肉的使用方式事实上是多样的。为了不让各式各样的使用者在使用时运动预期之外的肌肉而导致产生不快的经验，我们必须多加考虑布局问题以设计出可顺利达到目的的动作。若为需要持续使用的物品，我们必须考虑如何能以尽量较少的力量持续动作。通过不会造成身体负担的设计，使用者的范围也会跟着扩大。

评价指标二十三：长时间使用也不疲惫

当需要连续维持不自然的姿势、保持同样的姿势、多次重复动作、需要强大力量的作业、或是须受限制以及进行纤细且要求精度高的动作等的时候，都会造成身体负担。可均衡地使用身体各部位、以轻微的力量、不需过于复杂也不要求高精度的动作便可使用的产品，即能被更多使用者接受。假设需要进行对身体产生过度负担的动作，我们须考虑并计划该如何尽量在短时间内完成。

集中精神运用指尖及身体的一部分操作产品时，也会为使用者带来另一种负担。像这样具有持续性或集中性的身体负担，是造成失误或过度疲劳的负面因素。产品开发之时，我们应注意到产品须适合人类的身体特征，以适度的力道便可轻松使用。

8.2.7 原则七 充足使用原则（Size and Space for Approach and Use）

在设计中考虑到所有使用者的尺度和他们的身体状态，让他们不论站着还是坐在轮椅里，都能容易地活动和操作。例如，柜台的高度就应该考虑到儿童的尺度，在高和低之间寻找到一种平衡。一个冰箱的把柄也应考虑到不同年龄的人的手的尺度。

评价指标二十四：方便使用的宽敞度及大小

对于使用者来说，想使用却无法使用是很令人难受的。大多数的使用者都是在自动自发的状况下开始进行使用，当使用者想使用的情绪越来越强烈时，为了使用会勉强自己，同时也抱有期待。如果产品的摆设方式及状态成为拒绝使用者的心理及行动的因素，这就是一个大问题。不论产品本身多么优良，被放在难以使用的位置，或是放在无法使用的环境中，便失去了存在的意义。对于无法使用的人来说，优良的产品也不过是无法使用的废物，所感受到的仅是失望及对结果的抗拒。使用者的身体特征及动作的习惯如此多样，我们必须充分考虑以上问题点，创造出不论是谁都能使用的物品及使用环境。

评价指标二十五：适合各式各样体格人士使用

人类主要是依靠骨骼的成长方式以及肌肉的附着方向来决定支撑身体的骨架。有一部分是来自先天遗传，一部分是后天造成的。当研究什么样的日常用品或用具适合人类使用的时候，无论在尺寸、样式和构造上，都必须尽所能追求符合各式各样的人士的需求。无论构造或功能上是多么优良的产品，如果尺寸与形状不适合使用者的话，都会落得不被使用的下场。

制造能够迎合各式各样使用者的产品，只有两个方法。一是针对一件产品融入能广为各式各样的人士所接受的结构、创意以及功能；二是多准备几种大小不同的尺寸。哪一个方法能更容易地达到迎合各式各样用户的要求，需视产品整体的性质而异。

评价指标二十六：可与他人一起使用

在我们的现实生活当中，有的人不得不借助辅具设备或依赖他人的帮助，才得以渡日。设计师在设计产品时，要充分考虑这些人的需求，设计出他们能够随意使用的产品和环境。在开发的过程中，设计师应该接受“设身处地”的训练，扮演身心障碍者、儿童、身怀六甲的孕妇或高龄者等，切身体会使用者的不快、不方便及无奈感觉。将亲身体验所得的资料，做成重要的确认表，将有助于判断。

评价指标二十七：方便搬运，容易收藏

在现实生活中，空间的狭小会使一些物品不能随意使用和方便地收藏。在设计时要力求达到尺寸、形态都适应的标准。但是，追求产品性能的多样化、顾及与其他生活用品的互动性、注重外在以及技术层面因素等情况，将导致产品的尺寸变大，且形状亦趋于复杂。每一类产品都有其最基本尺寸的限制，并不是一味轻巧就好。

8.2.8　附则一　经济耐用

不管多么好用的产品，如果不能让人安心使用的话，也称不上是优良的产品，因此要尽量做到降低产品的故障率，提高产品的使用寿命。

评价指标二十八：考虑使用耐久性

即使使用者已习惯于在各种不同条件下使用产品，但任何一个小零件或造成动作的机构都需要考虑，不能轻易出现故障。在难以控制的环境之下，故障有可能会引发危险。不容易出现故障的物品，才能让使用者安心。

为制造出耐久性强的产品，应该避免产品机构不必要的复杂化。在可能会牵动其他环节的部分，设计上更要力求简单。另外，产品材质部分也尽可能挑选经得起时间考验的材质。

评价指标二十九：适当的价格

提到价格问题，首先要了解品质问题会反应价值。制造厂商或设计师应比较、研究和学习如何左右使用者心理和经济观念的价值观、印象以及判断基准等。即使在低价格趋向、经济竞争持续激烈的市场，也需追根究底研究是何种原因促使消费者认同产品技能及美观的相对价值，以作为考虑合理的价值及价格的参考。

评价指标三十：持续使用时的经济性

对于企业而言，降低产品生产成本的目的有两个。一是为了追求企业本身的盈利，二是尽可能将便宜的产品送到市面上。所谓追求成本降低，并不是要将产品的品质、功能或安全性、耐用性等重要因素置之度外。设计时要考虑到产品在使用时有关消耗品的费用不要过高。以改装住宅的电力设备为例，如果改建住宅的费用跟盖新房子一样，那么对使用者而言经济负担就太大了。

评价指标三十一：容易保养维修

若想长久使用产品，适时的检查以及维修是绝对需要的。视情况而定，必要时有可能要修理或更换零件。因此要让使用者可简单地自己做保养或保持产品不容易出现故障。产品达到这种境界，对使用者而言，才可以说是安心、好用并且可长期使用的产品。

8.2.9　附则二　品质优良且美观

品质优良包括良好的使用功能、材料和功能的完美结合、简便的操作和易于维修。

评价指标三十二：使用舒适且美观

不管多么方便、实用性多么高的产品，如果产品的外观不能引起让人想用的心情，或产品的印象会诱发让人不想用的心理，使用者都会认为产品不好用。一般所谓的美感，是指多数人在使用该产品时，不会产生自卑感或觉得不如别人，而是觉得能使用这项产品是一件光荣的事情。在使用或者佩戴在身上时，不会觉得不安或者受到不必要的注目，这点也很重要。

评价指标三十三：令人满意的品质

激烈的市场竞争使得产品的开发周期越来越短。在较短的开发周期内，制造商很难有充分的时间来接受检验或改良设计来达到适合多数使用者的要求。但产品设计不是为了少数特定人士，也不是一味追求流行的样式，而要一步一个脚印，慢慢地扎根深入设计。唯有如此，设计才不会只偏向部分的使用者，才会被长期爱戴。将功能和造型以设计的精神统合为一个整体，这样的产品才是众望所归。

评价指标三十四：活用材料

充分发挥材质与生俱来的质感和特性，才能让使用者确实体会到产品的优点，这对制造来说尤为重要。如果在加工或制造的时候没有好好发挥材质的质感及特性的话，煞费苦心的设计及创意将化为乌有。所以在使用新材质的时候，要以非常谨慎的态度，充分将材质本身的特性淋漓尽致地发挥出来。太过于强调设计创意，而无法制造出能充分发挥材质特性或美感的例子也不罕见。

8.2.10　附则三　对人体及环境无害

在使用时和废弃后不会释放出对人体有害的物质、安全健康是对产品最基本的要求。节约能源、可回收利用、降低对环境的压力、绿色和可持续发展是产品设计所要努力追求的。

评价指标三十五：对人体无害

在制造一样产品的时候，所用的各种材质和材料，应该保证从使用到丢弃的整个过程里，不会掺杂对人体有害的东西。在选择产品材质的时候，最应优先考虑的是材质是否具有安全的特性，还有各项材质在组成的时候是否稳定，因为对人体有害的物质，大都容易受到各种环境的影响，或容易产生变质。

评价指标三十六：对自然环境无害

今天，珍惜资源和能源的社会意识高扬，如果产品没有顾虑到资源和能源的话，有可能导致产品不被接受。多数的制造开发者或者设计师被赋予的课题，并不是以狭小的视野来考虑资源以及能源的问题，而是被要求养成能以更宽广的视野，包括从地球规模甚至是世纪水平的标准来正视这个问题。同时，制造者和设计师被赋予的课题还有不可造成公害，制造一个不会破坏地球环境生态系统的纯净能源和开发资源产业等。

评价指标三十七：促进再生和再利用

现在，地球上的资源由于人类单方向地使用和丢弃废物，已日趋枯竭。即使已经成为产品的物品，也应该设计成经过废弃和回收处理后，大部分还可以成为某些产业的资源，或者是可以再利用、再生的材质。

现代社会里，很多产品没被用过即被丢弃，或者只是稍微使用即被丢弃，产品并不是寿终正寝，而是产品寿命被强迫中断，这是对资源的很大浪费。

产品在再利用的同时，材质也获得再资源化，毋庸置疑，以这样的观点来设计是今后开发产品的基本。

8.3　通用设计实务

8.3.1　PPP 编组

开发 PPP 的目的是通过设计成果和设计最终判断者的感性与体验，并透过检验设计者的意识，客观评价一个设计作品的通用设计达成度。PPP 可将评价结果以数值表示，或使用

雷达图直观表示（表 8–1，图 8–7）。

1．PPP 编组的意义

为了顺利地将通用设计的概念融入到自己的设计或开发过程中，有必要进行 PPP 编组。PPP 是为能让使用者弹性地应用，同时能对应设计及开发全体过程的评价方法。可改良其基本的 37 项评价观点，使其符合自我的设计手法以及开发过程，成为更具有客观性的有效评价观点。透过这样的 PPP 编组制作自家版本的作业，可以更方便且迅速地改良自我的设计以及开发过程。同时，通过编组的过程，自己也可以确实地学习到通月设计的概念以及意识。

PPP 数值评价表　　表 8–1

原则	数值
原则一　公平使用原则	20
原则二　弹性使用原则	30
原则三　简单使用原则	40
原则四　感性使用原则	30
原则五　容错使用原则	20
原则六　低负荷使用原则	30
原则七　充足使用原则	40
附则一　经济耐用	30
附则二　品质优良且美观	20
附则三　对人体及环境无害	40
合计	300

PPP 编组的一大目的在于创造出自家版本的评价轴，以作为对使用者的设计保证。通常品质管理是指导入所设计和开发的概念是否能成功地产品化。相对于此，导入以适应各种使用者的设计为目标的通用设计概念，可构筑出与开发阶段有关的评价观点，这就是 PPP 评价法。另一目的则在于，从使用者调查到产品投入市场，PPP 可帮助构筑出横跨各过程进行设计及开发管理的综合性评价系统。

PPP 编组的基本规则是尽量活用原始版的内容，因为站在通用设计的立场，只是做出自己方便的评价轴，则无法公平地进行评价。PPP 编组的要

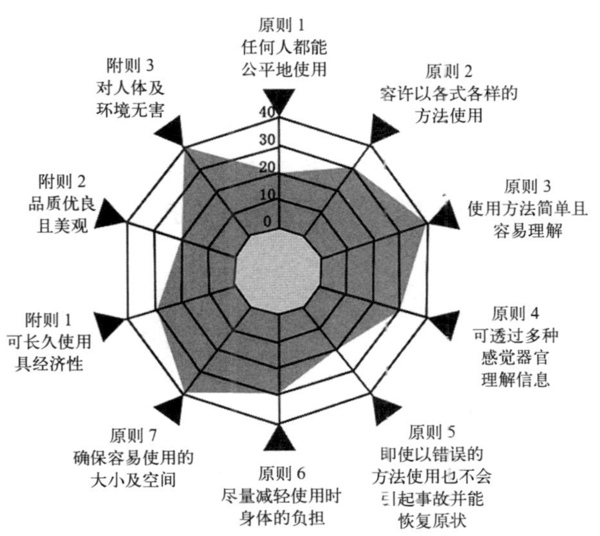

图 8–7　雷达图

诀在于，先将自己拿来检验设计及开发过程的评价法，依循通用设计的想法重新验证一遍。探讨使用者的使用便利性，只是 PPP 评价法及评价轴的目的之一。

在编组 PPP 之前，先重新审视自己从前使用的评价法，如此才能客观地检查自己的设计管理以及开发的架构是否妥当。另外，冷静地追查评价市面上的产品，对于 PPP 编组的资料收集作业来说，也是非常重要的。

2．PPP 编组的方法

PPP 编组方法中很重要的一点是组成通用设计专案小组，不局限于设计范围，而应尽量多地容纳与开发相关的所有领域的人员一同参加编组作业。这样可以将各种不同角度和立场的管理设计以及产品开发方法汇集一堂。设计及开发的过程需要随时以综合性的观点进行管理，如果只从设计的观点进行验证同时又进行 PPP 编组，则有可能会因为与目前的品质管理或生产管理不吻合而造成新的混乱。

PPP 编组的指针在于：(1) 以创造可综观设计与开发全体业务同时具有独自性的评价法为目标。(2) 使用即使是一般使用者也可轻松理解的表现方式。(3) 架构不是一成不变的，而是具有应变性且容易进行修改。(4) 避免拘泥于解说细部的技术型表现方式，依据开发者的意识以及认识，能确认其对通用设计的概念的理解以及达成量化的评价法是编组的目标。

PPP 编组的核心观念在于，设计及开发须以使用者的立场为出发点，多方考虑各种使用者，同时想定实际使用的场景，再进行编组，避免偏重于一部分成员，必须让身为开发者的每一个人都能简单使用。同时，为了避免产生做好就没事了的心理，PPP 必须是在开发现场并能充分活用的系统(图 8–8)。

实际进行 PPP 编组时，与以往使用的评价系统之间的相抵触之处，可能会成为实行上的障碍，因为大多数的公司与开发者对于品质管理及品质保证的看法皆属于开发者的立场。因此，整合先进的品质管理思想并多方考虑，是导入 PPP 的关键。必须记住，PPP 是以广义角度追求设计意识的存在，同时以意识的定量化作为其评价角度。在编组 PPP 的运用以及活用上，没有固定模式的束缚。进而言之，能自由活用，以过去的评价法为基础同时增加附加价值，创造独自的运用方法，更令人期待。

3．企业导入 PPP 编组

以某精密器械生产厂商为例。自从创业以来，该企业针对人体工学技术作了极为详细的研究。同时，此公司面临典型的 OEM 企业的转型期，品牌资产面临可能流失的问题。为了提升企业的开发品质管理系统，该企业决定导入 PPP，针对使用行为积极进行通用设计研究。除了整理自我持有的大量品质管理资

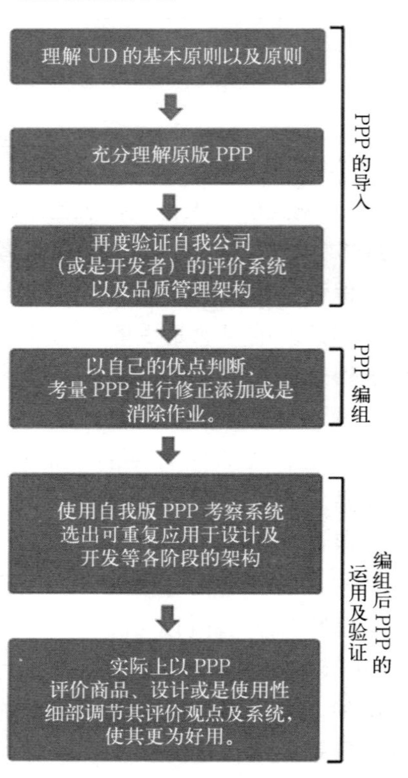

图 8–8　PPP 编组

料外，同时也考虑如何让 PPP 成为整个企业都能运用同时简单易懂的评价轴，并使其成功地吸收到企业内部系统中。因此，制作了以公司内部人员为对象的通用设计手册及自家版 PPP。另外，以解决从设计到开发的各个阶段使用者未受重视的问题为目标，进行 PPP 编组（图 8–9）。

同样以某家电生产厂商为例。设立了横跨公司内的营销、企划、设计、技术等领域的通用设计委员会，以横跨不同事业部门的综合性专案的方式推动通用设计事业。有关 PPP 的导入方面，为了建立可运用于多种事业部门的技术达成基准，因此也要注重其与品质管理的联动关系。有鉴于此，公司实施了以目前主力产品的使用者为对象的使用实态调查，制作自家版 PPP 的草稿，同时以其验证了以自家版 PPP 草稿为评价系统的可用性。

在检讨与实际现场使用 PPP 编组时，在实务细节方面，如何能促进各事业部门的产品开发负责人进行 PPP 的进一步修改的机制是 PPP 整体的关键所在。

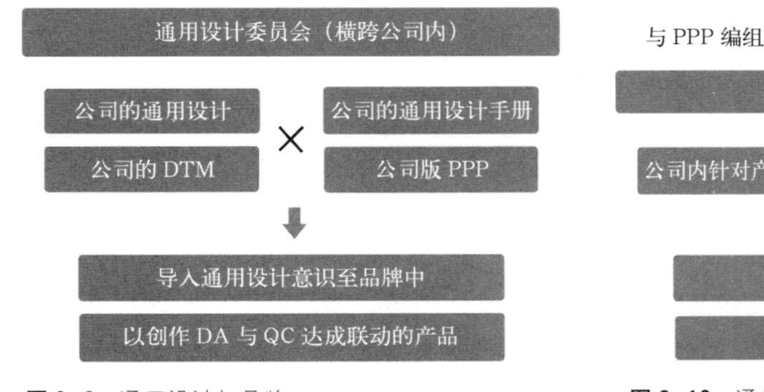

图 8–9　通用设计与品牌

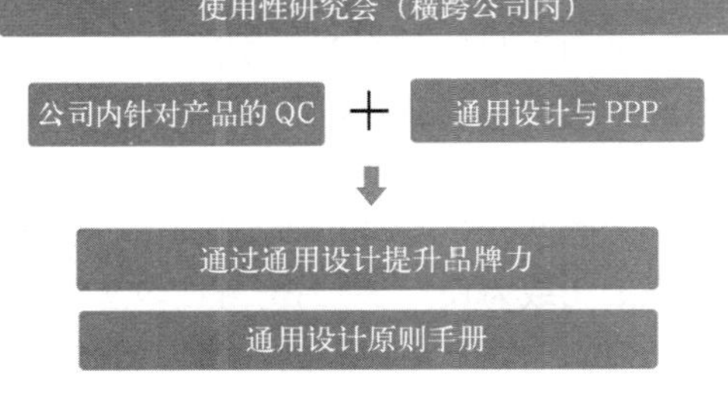

图 8–10　通用设计的导入

4. 检验 PPP 编组

使用自己编组、改良过的 PPP 进行评价作业，同时也可检查 PPP 的内容是否适合。通过实际使用，除了可以确认自家版 PPP 是否有效外，若能加以系统化运用则更有效。

以群体的方式进行产品评价的群体评价法，是 PPP 编组后的代表性使用方法。通过团体内共同讨论编组后 PPP 的适用性，可导出更具实践性的系统架构以及顺利运用的切入点。以各种产品为对象进行评价试用实验，可以提升 PPP 编组的检验效果及适合性。

试着以编组的 PPP 整理评价内容，或许可以找出应该修改的地方。另外，为了能巧妙运用，也要检讨该采用何种形态以及适合的成果整理方式等。每位参加者对于 PPP 评价的不同处以及该如何导出其内容，都是极为重要的讨论核心。

8.3.2　通用设计调研九步骤

步骤一：尝试身为使用者

不论是针对产品及设计作调查还是评价，必须要站在所有使用者的立场上。光靠制造开发者的理论无法充分了解使用者。不如自己亲自成为使用者，亲身体验。调查时需站在制造开发者的立场，评价时需站在使用者的立场，这是通用设计的两大原则，且两者必须一致。

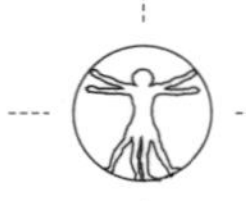

使用者调查受到理论假设的强烈诱导，在实践通用设计时反而非常危险。最好是能自己亲自思考，找寻可以自由发挥而且留有发展空间的使用者调查方法。产品评价有两种，一种是针对产品本身完成度的评价；另一种则是针对好用、便利等使用性方面的评价。通用设计实践，产品本身的评价及使用性的评价具有重要的意义和价值。

步骤二：洞察使用性

要找到如何观察或调查使用性的方法，日常生活中就需养成仔细观察使用者的习惯。有时模仿使用者也是个很有效的方法。在观察产品是否具有使用性的时候，需要具备丰富的经验和知识。利用笔记或录影等手法，详细记录调查或观察的场面，并养成储存亲身体会所得信息的习惯。

为了更进一步理解通用设计的理念，需要培养自己异想天开的想像力。对于自己所设计的物品，千奇百样的使用者常常创造出令人意想不到的使用方法（图 8–11，图 8–12）。唯独考虑到使用者的极限，才有办法理解使用者的心情。

步骤三：灵活运用现场调查

现场调查时最重要的就是记录方法。近年来，由于体积小、性能高的摄像机和数码相机的普及，夜间或室内的影像已经非常易于获取。至于没有实体产品的调查和产品的评价调查，其方法论也随着科技的进步而有所改变。不管如何改变，仔细观察使用者反应的技术都是必须的。

现场调查的最终确认工作，就是自己也亲身挑战，成为一个使用者试试看。观察的结果，如果有与想像相同的部分，那一定也有出乎意料的部分，由此意义衍生出来。自己一边亲身经历成为使用者，另一方面也应该继续追踪观察使用者。通过持续不断的观察、实验、预测和追踪，培养更锐利的观察现场的眼光。

步骤四：问卷与访谈

在实施问卷调查的时候，重要的是对多数人进行广泛的调查。从问卷调查的结果里，精选浓缩问题点到一定程度，决定访谈的内容之后，再对广泛的使用者实施细致严谨的访

说到使用汤匙，我们通常是如何拿汤匙呢？光是如何将汤匙从桌上拿起来的角度来观察，就可以发现每个人都各有其特色。

重量轻盈吗？拿在手中的触感呢？会不会滑手？平衡感如何？大小粗细呢？使用状况又如何呢？

有没有试着用两手的拳头夹起汤匙过呢？先不要妄下定论。先试试看，切记不要有刻板观念。

将汤匙放入嘴巴里试试看，舌尖的感觉怎样？金属部分的厚度如何？汤匙在一进一出嘴巴之间，会不会有不舒服的感觉？对所有过程抱持疑问的态度努力观察。

图 8–11　勺子的使用性

血压计的使用流程

拿取血压计，打开外盒。

试着使用。

阅读使用说明书，准备使用。

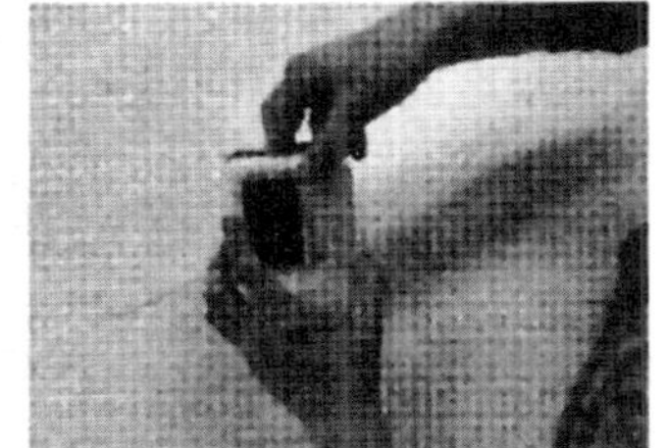

确认状态后继续使用。

图 8–12　血压计使用过程

谈调查。

团体访谈的优点在于，每个测试者能在较轻松的气氛中接受访谈，说出自己的心得，容易激发互相影响的相乘效果。而单独访谈的优点，则在于受访者容易明确表达自己的真心或个别的要求。

在调查产品的使用性时，究竟采用问卷式还是访谈式，往往需要经过一番深思熟虑。如果情况允许，巧妙地将两者组合在一起，互相搭配，将是获得较客观调查结果的捷径。如果要以此方法来实施有关通用设计的调查以及评价的时候，尽可能在现实生活中与使用环境较接近的条件下，实施问卷以及访谈的调查。

优良设计本应在通用设计方面拥有更好的表现

图 8–13　通用设计的评价

在实施调查的时候，须对回答者的身心能力非常谨慎小心。以尊重对方的运动、语言能力、听力以及视力的方式，针对每个人采取适合的调查方法。

步骤五：通用设计评价

对于通用设计的评价可从两个方向进行：(1) 由使用者来进行的“使用者评价”；(2) 由制造开发者来进行的“产品评价”，有时候为产品企划评价或流程评价（图 8–13）。

关于使用者的评价，采用实际使用者直率的意见，是再好不过的方法。不过，在实施使用者的评价之时，对于使用者的定义有两种。一是选择代表性的使用者组群，一是对于使用小组的全部成员或一般消费者全体实施大范围的调查。选定使用小组的条件，就是需要组员能够很好地理解通用设计的意义，同时符合现实社会的实际状态。也就是说，若要架构一个整体均衡的评价小组，就必须考虑到各种身心状态和各种年龄层的分布。

产品的制造开发者必须随时倾听使用小组的评价，因为来自广大范围使用者的评价是之后努力的根基。在没有使用者的直接评价时，PPP 就派上了用场。在解析设计或产品内涵的通用设计理念与评价时，PPP 是一种非常有效的工具。包括：(1) 直接评价。针对已完成的环境或产品，将各式各样的使用者搁在心上，想像各自的使用状况，这就是所谓假想型评价法。(2) 由制造开发者所实施的使用者评价。所谓使用者评价不是使用者自己评估，而是由制造开发者通过观察或访谈来评价使用者的使用方法，这是实际状态评价法。将上述评价法更为仔细地投影到现实生活的行动场景中，不只是调查使用性，还包含跟产品有关的信息、包装、购买方法和服务等时间与空间条件。

步骤六：DA 与 QA

QA (quality assurance，品质保证) 及 QC (quality control，品质管理) 是产品制造的保证及检验，而 DA (design assurance) 及 DC(design control) 则是站在评价使用的角度来从事新产品制造的一种想法。

在开始设计及制造产品之初，像设计灵感的来源、销售产品的动机等疑问并没有得到很明确的说明及解释，"好像有使用者及市场的存在"、"好像使用者需要"之类的依据都是制造开发者及企业的预估及推测，单方面勉强赋予产品制造的一个理由。

DA 的作业就是在此初期阶段，客观评价设计及产品制造意识的根据来源，它为设计行为负责并提供保证。形成 DA 的常用方法有 PPP、观察法、实验法等 (图 8–14)。

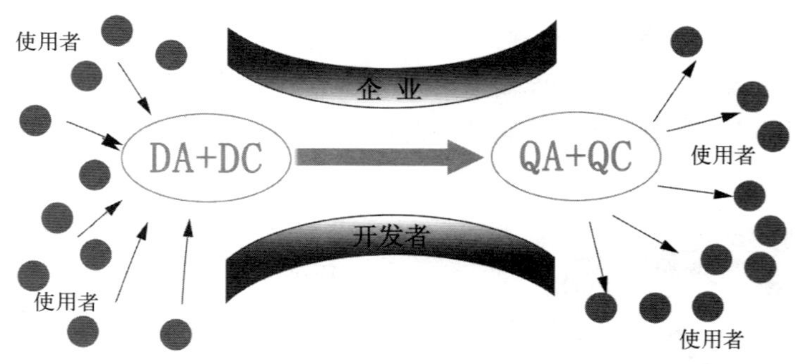

图 8–14 DA 与 QA

步骤七：利用 PPP 评价产品

一开始的时候以 2 ~ 3 人的规模进行评价练习。PPP 以个人的主观为基本，提升客观的观察能力；二人或三人等逐渐增加成员，可自然地学习到评价的能力。

在以自己的看法进行重编计划前，建议应先从原版尝试制作精简版 PPP。从原则及附则中各摘取 2 ~ 3 个项目作出共 20 个项目左右的精简版，通过多次练习来习惯本评价法。在渐渐习惯如何评价实际所见产品后，亦可尝试以模型或概念图等产品化前的对象进行评价 (图 8–15)。

PPP 评价确认用纸（简易版）　　评价实施日期　　年　　月　　日

产品名称

价格

制造公司

评价体制

评价者姓名

公司名或所属单位

原则 1　任何人都说公平地使用			
平等的使用	不论体格或身体能力的不同，是否考虑到尽量让所有人都可以用同样的方式使用？		
普遍获得好感	外观是否会令人产生排拒感？会令人产生想买，想使用看看的欲望吗？		
		总计　　分／平均分数　　分	

原则 2　容许以各式各样的方法使用			
使用方法自由	容许各种使用方法（握法、拿法、操作方法）。同时转让使用者自由地选择吗？		
对使用环境的考虑周到	在各种生活环境中（温度、漏水、明度及暗度、安静度及吵杂度等）使用不会引起不便吗？		
		总计　　分／平均分数　　分	

原则 3　使用方法简单且容易理解			
不过于复杂	使用方法，外观及构造方面，是否不会因太复杂造成使用者混乱或是引起误解		
提供操作提示及回馈反应	操作时是否提供有提示及回馈反应？操作途中是否会引起混乱？		
		总计　　分／平均分数　　分	

原则 4　靠爱情数传达的适宜手段			
提供复数种传达认知地选择手段	即使视觉或是听觉之一无法发挥功能，是否也能将必要的情报确实地传给使用者		
情绪的整理	使用者必要的情报是否已经过欲望，同时顾虑到能让任何使用者都能容易了解？		
		总计　　分／平均分数　　分	

原则 5　即使使用方法错误也不会引起事故并不可恢复原状			
可防止事故的构造	产品构造中、操作上必要的零件及按钮的配置是否考虑到如何使其不会引起事故？		
即使失败也能恢复原状	操作中即使失败也能简单的恢复原状吗？是否考虑到能解决已发生的问题？		
		总计　　分／平均分数　　分	

原则 6　心理减轻使用时的身体及知觉的负担			
可以自然舒适的姿势使用	各式各样体格及身体能力的人是否可用适合其个人的自然姿势使用本商品？		
排除无意义的反复性动作			
		总计　　分／平均分数　　分	

图 8–15　PPP 评价

原则 7　确保容易使用的大小及空间			
容易认识重要的构成因素	不论何种姿势都能清楚的认识（看得到、听得到、摸得到）商品的重要构成要素吗？		
考量到辑具及介护者的立场	不论使用者是否使用辑具，或是身旁有介护者陪同，都能保有适合使用的大小或空间吗？		
		总计	分 / 平均分数　　分

附则 1　可长久使用其经济性			
考虑使用耐久性	在各种环境下长久使用也可保证尽量不会发生故障或是问题，能安心使用吗？		
容易保养维修	包含修理推移，交换零件消耗品等、在持续使用性上，其检验维修系统是否简单容易利用？		
		总计	分 / 平均分数　　分

附则 2　品质优良且美观			
美观且容易被接受	商品的颜色及形状或印象不令人产生抵抗感，绝大多数的使用者都能轻易地接受吗？		
加工及制造方式可充分利用材料	材料的质感及魅力是否充分或用到商品上？加工及制造法是否充分利用了材料的特征？		
		总计	分 / 平均分数　　分

附则 3　对人体及环境无害			
维持使用时的情节性	从使用产品到丢弃为止，使用上是否没有卫生或清洁上的疑虑？		
促进再生再利用	产品本身及零件消耗品等，是否尽量采用可再生再利用的材料？		
		总计	分 / 平均分数　　分

评价统计

原则 1　任何人都说公平地使用	
原则 2　容许以各式各样的方法使用	
原则 3　使用方法简单且容易理解	
原则 4　靠爱情数传达的适宜手段	
原则 5　即使使用方法错误也不会引起事故并不可恢复原状	
原则 6　心理减轻使用时的身体及知觉的负担	
原则 7　确保容易使用的大小及空间	
附则 1　可长久使用其经济性	
附则 2　品质优良且美观	
附则 3　对人体及环境无害	
总计分数	

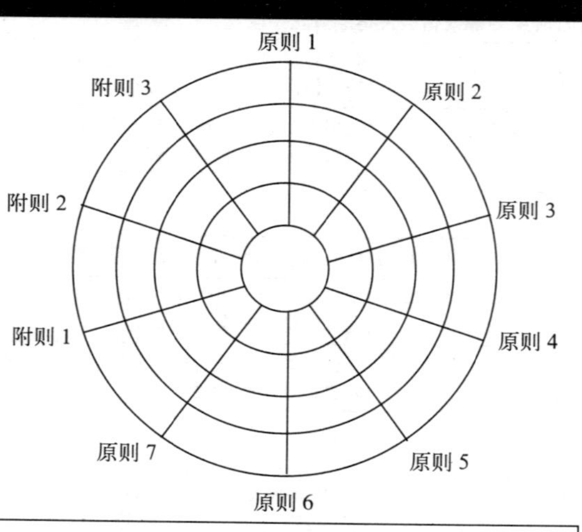

总评

图 8–15　PPP 评价（续）

步骤八：以 PPP 为基准的使用性评价

以使用者为测试对象，运用 PPP 的使用性评价，可引导出接近实际生活场景的具有现实感的评价（图 8–16）。

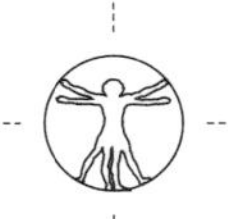

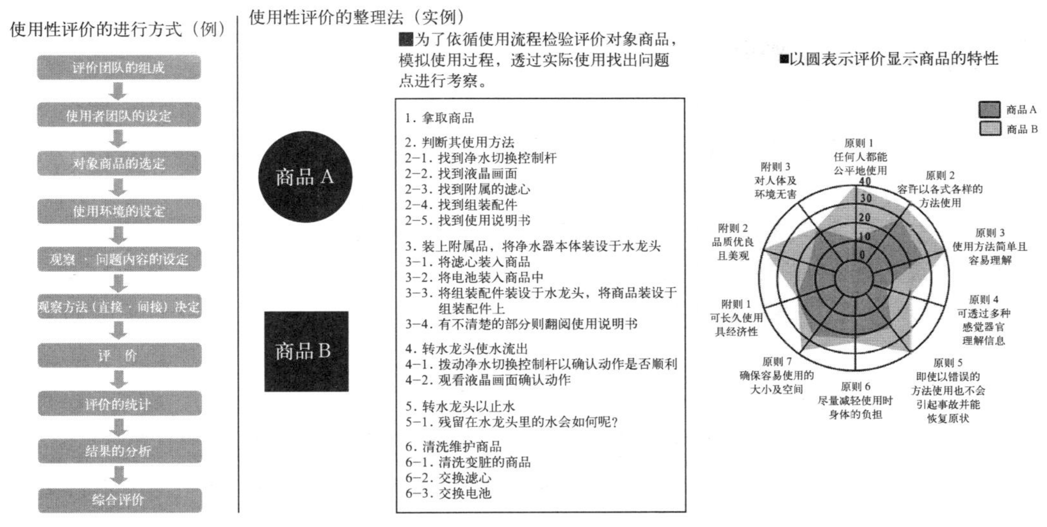

图 8–16　使用性评价

应用 PPP 的使用性评价可分为两种思路：（1）预先提供使用者充分的产品及设计信息后，再进行使用评价；（2）忽略事前的信息，直接让使用者使用产品。不论使用哪一种，其使用性评价仅限于客观评价好用或不好用；必须强调的是，经由累积评价者本身的经验才能创造出最具信赖的评价法。

为了有效引用 PPP，导引出对于设计的意识及认识的抽象性评价观点，影像纪录和实际状态的观察尤为重要。例如，一边实施访谈，请受测者同时进行评价，或评价完成后将感想回应到问卷上等，尽量将对于观察实际状态的印象及注意到的细节留下记录作为以后的资料。另外，在受测者所留下的使用记录中，评价者本身所注意到的事以及评价都应尽量记录下来。进行 PPP 评价法前，应先做好如图 8–15 的专用评价表。不论是以树枝状图表现或是以雷达图表现，要养成记下评价理由的习惯。

步骤九：以 PPP 为基准的流程评价

应用 PPP 评价法，尽量将流程设定为接近实际的状况，观察使用者的行动，这也是可行的。使用者依循实际使用时动作的流程，进行观察评价的作业，便可渐渐发觉隐藏于设计内部的问题点。

使用者使用产品时容易引起问题的场面，事实上并不多见。使用时试着推测出可视为重点的场面，同时加强认知，可带动依循流程所进行的 PPP 评价的正确性。

8.3.3　通用设计五步骤

步骤一：向使用者公开开发流程

通用设计产品制造开发流程的根本就是对各式各样的使用者采取开放的态度（open stance）。这不是要求企业放弃技术创新和经营上的机密事项，而是建议让使用者参与产品设计及企划的流程。

理解各式各样的使用者，人际网络是一个关键。虽可委托调查公司，但应该先亲自接触各式各样使用者的生活及思考模式。情况允许的话，以通用设计的流程设计为前提，自己组织一个使用者小组，也是一个好方法，即使人数非常少也没关系。亲自拜访使用自家产品的使用者，与其建立良好的关系也是件非常重要的事情。

虽然每个企业在产品制造流程观点上各不相同，但在流程设计上灵活运用与使用者的对话，却是实现通用设计的一个必要且共通的步骤。

步骤二：加深与使用者对话的内容

图 8–17 是在 2001 年实施的关于“生活用品的使用便利性”调查结果的一部分。在问卷调查中，有“感受到特定的设计及产品等使用不便时会采取何种行动？”这一问题；从结果来看，很明显企业或制造开发者应该加深与使用者对话的内容。

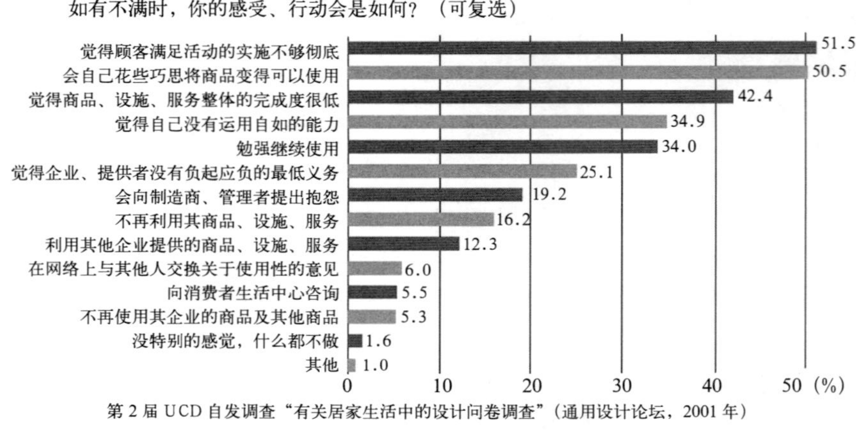

图 8–17 与使用者的对话

实践三次的对话性开发流程可区分为下列阶段。第一是“调查小组”的对话，第二是与“测试小组”的对话，最后是与“使用者小组”的对话。每一个小组的作业目的是为“事前调查”、“使用评价”及“事后评价”。当然，三个小组的成员皆为使用者。要判断三个小组是否由相同成员或不同成员组成是较有难度的问题。如果想要结果的绝对数值尽可能的多时，三个小组的成员就应该选择不同的使用者组群，如果想要保持一贯性，就应该固定一个小组。这个选择会根据欲导入通用设计的产品的种类及制造开发的构造而受到影响。

步骤三：假想对象使用者

要考虑以何种范围的使用者为对象进行制造开发及设计，惟一的方法就是参考与各式各样使用者的对话，且按部就班地验证。

在制造通用设计产品的时候，典型用户的意义只不过是一个用来理解使用者的指标并用来找出未来可能发展方向的属性。但是，在各种不同身心状态的人们中，还是有一些具代表性的使用者，即典型用户有必要挑出作为研究对象。例如，怀孕的人会使用，则小孩也有可能使用，因此，孕妇及小孩就是使用者的代表之一。

当前企业持有的普遍意识多半具有偏见，惯以自以为正确的角度建构使用者，如误以为身高 180 厘米、年轻、健康且右撇子的男性是使用者的代表，这就是问题所在。制造开发产品时并不是以平均值为基础，而是依据使用者多元化的生活，这才是通用设计的基本精神。

步骤四：将 PPP 导入开发流程

产品制造的流程中（图 8–18），PPP 可被灵活地应用到各种不同目的：（1）现有产品评价。比较且评价自己企业的产品与其他企业产品的异同点。（2）使用者调查分析与解析。利用 PPP 解析调查结果。（3）设计及企划提案。在产品企划及设计时将 PPP 作为灵感的来源。（4）使用性评价。实际自我评价此产品对使用者而言是否使用方便。

步骤五：将 PPP 应用于企业的开发流程中

DA 密切关注企业对使用者的意识，QC 或 QA 则密切注意产品的完成度。由此可知，PPP 平时可评价、检视企业的 DA，也是站在使用者的角度监视企业 QC 的一项基准检查表。换言之，活用 DA 的理念，活月 PPP，可整合缺乏一贯性的企业产品制造流程。

图 8–19 是引进 PPP 的流程图。企业品牌原本就建立在通用设计根本理念的创业精神上。如何结合创业精神衍生出的品牌战略进而导入通用设计，是一个关键。

在企业以往的开发系统中，为了更顺利引进通用设计，必须预先设想一连串的流程，例如将原始版 PPP 改造成企业自家版的 PPP 以作为通用设计原则，创造出与实际的产品开发及事业部的实际业务联动的事业型 PPP 等。

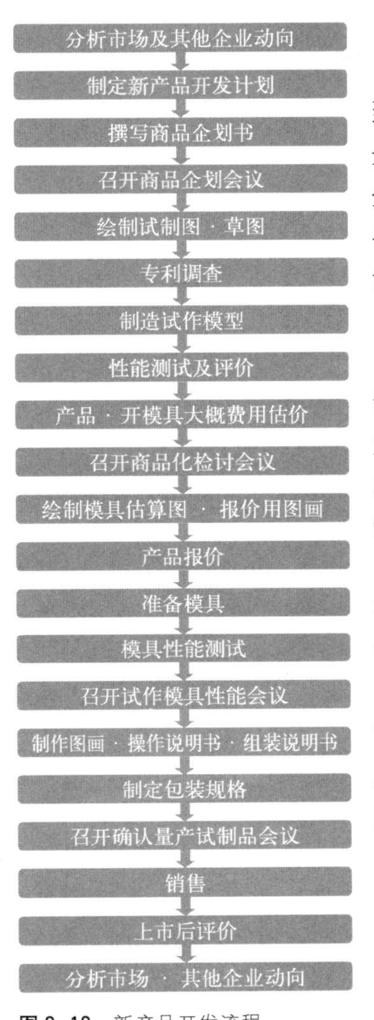

图 8–18 新产品开发流程

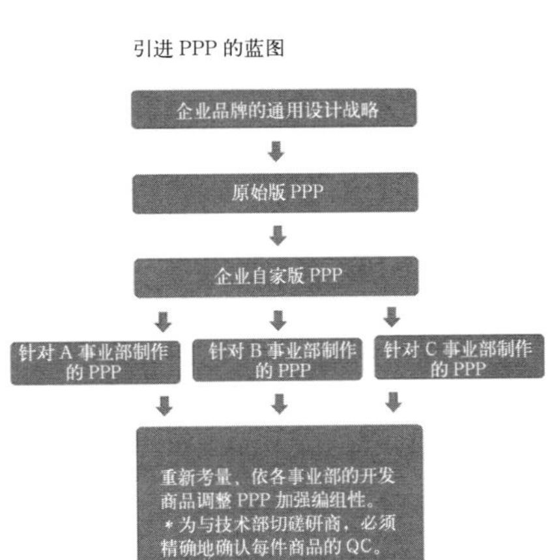

图 8–19 引进 PPP 开发流程

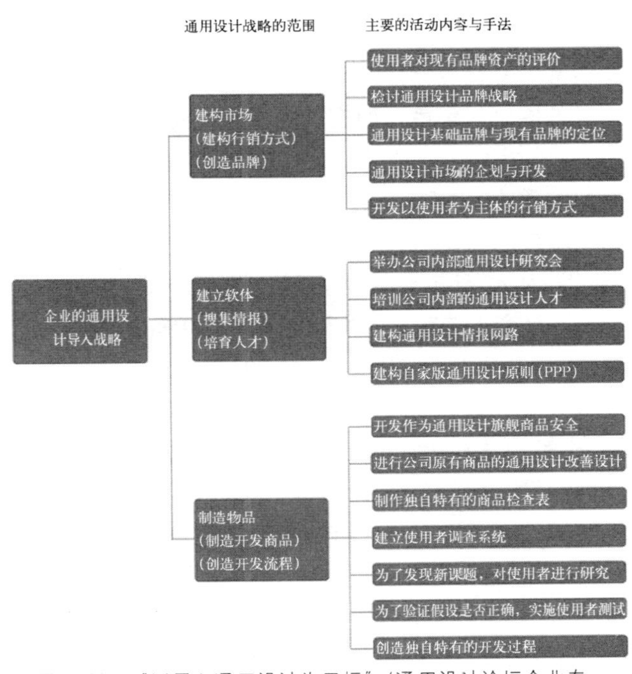

图 8–20 “以导入通用设计为目标”（通用设计论坛企业专案小组，2001 年）

第 9 章 生活型态

9.1 关于生活型态

生活型态（Lifestyle，也译生活形态或生活方式）涵盖着人的生活样式与生活过程的每个阶段。研究生活型态，可衡量各式各样生活领域内的差异情形，进而发掘出它对人们生活作息的影响因素。生活型态的形成条件为“群体”，通过对群体的性别、地理环境、年龄大小、偏好与流行品位等的了解，可解释“人”的生活行为在群体中的特殊象征含义，同时在追求新生活趋势的诉求下，可适时掌握总体生活型态的面貌以及消费趋向。

9.1.1 生活型态的定义

“生活”泛指一切饮食起居行为。“态度”是指对于一切事物、观念或任何一个人的态度，在认知、感情、行为等三方面对于该人、事、物或观念的一种持久取向，影响个人对其行为选择的内在心理状态。态度牵涉到行为倾向，态度的行为成分并非总是与感情及认知一致。外显行为可以控制态度的认知及评估成分，人们可能因某种行为方式而使自己的态度也落在同一方向上。

1927 年心理学家阿德勒（Adler）最早提出“生活型态”的基本概念与理论。他认为生活型态是指个人为其本身所建构的目标及用来实现这些目标的方式，亦即生活型态是人们在一个中心目标下建构的方式。达顿和雷诺兹（Dardon & Reynolds）（1974）在凯利（Kelly）（1955）“个人认知架构”心理学基础上探讨生活型态。认知架构理论主要解释一个人如何建构其内心世界，以及环境改变时，个人如何随之改变其内心世界。换言之，人们为了预测及掌握生活环境，而在其内心组织建立认知架构，并且根据其认知架构来诠释及预测他们周围的事件并采取行动。认知架构并非一成不变的，它会随着环境变化而不断地加以修正。凯利的理论之所以和生活型态的概念产生关联，主要是因为她认为生活型态是个人认知架构的表现，而每个人却有其特殊的认知架构，因此均会产生特殊的生活型态。肖特和威廉斯（Short & Williams）（1976）提出了“社会系统（social systems）”的概念，认为“生活型态”是个人在其社会生活空间中的所有互动行为。哈维赫斯特，纽葛登，托宾（Havighurst，Neugarten，Ttobin，1968）则提出一个与生活型态相近的“成熟的型态”（patterns of aging）概念，这个概念是“社会生活空间（social life space）”、“生活满足感（life satisfaction）”、“人格类型（personality type）”三者的综合。舒泰斯（Schutz，1991）认为在探讨生活型态时，应将“社会系统”、“结构性属性（社会地位、互动的取向、社会关系类型）”及“功能性属性（脱序程度、疏离感、孤立及竞争）”均纳入之中；并以社会生活空间为基础，以结构性变项为经，功能性变项为纬，显现的生活型态是个人在社会生活空间中的一种表现。将其与凯利的认知架构理论相配合，则生活型态是个人内在认知架构因应社会生活空间所显现于外的特殊生活型态。此外，安德瑞森（Andreason，1967）从群体的层次研究生活型态模式，以田野的观察法来研究美国文化环境中各年龄层的生活型态。

生活型态的观念源于心理学与社会学，20 世纪 60 年代以后雷泽（Lazer，1963）将其引用到营销领域，并试图与消费者行为接轨。营销学者们一致认为，生活型态变数比人口统计变数更能预测和了解顾客行为与喜好。雷泽定义生活型态为："某一群体在生活上所具有的特征，此特征足以显示并解释该群体与其他群体的差异。所以生活型态是文化、价值观、资源、法律等力量所造成的结果。"雷泽认为，生活型态是一系统的概念，它代表着某一社会或其中某一群体生活中所具有的特征，这些特征足以显示出此社会或群体的不同，而具体表现于动态的生活模式中，进而衍生出与他人不同的生活型态。普卢默（Plummer，1974）认为："生活型态是消费者的价值观、意见、活动、兴趣的综合表现……生活型态研究的基本前提在于：你越了解顾客，则越能和顾客作有效的沟通，如此则卖给他们东西的机会越大。"因此，如何对消费者的价值观、态度、意见、活动、兴趣等，在生活上各方面行为作一完整的描述，就成为生活型态研究的主要课题。

人们利用生活型态来建构环绕在日常生活中所发生的事件，来解释、观念化、预测并与其价值作相互调整。凯利（1975）指出，这种建构系统不仅是个人化因应个人的需求，同时是持续性的改变，来反映个人从外界环境中撷取线索，以使自己的价值观和人格一致。生活型态同时也是广泛的经济、文化及社会力量加诸于一个人或群体、形成人格特性的结果。由于每个国家都拥有不同的历史、文化、社会习惯、气候及地形等，因为各国在消费需求和产品品位上有所差异。安德瑞森和布雷克（Andreasen & Belk，1980）则认为，生活型态是一种社会科学的观念，它是一个人或者一个群体独特行为的统合。生活型态可以视为一个时间分配的问题，即在固定的时间资源下，不同的个人或群体，如何分配时间去从事各种活动，这种分析有助于了解人们消费形态与购买行为。

综上所述，生活型态是反映个人或群体的生活态度及价值观的模式，它包含了个人内在心智的图像及外在行为的特质，它可能是一个人的态度，也可能是个人所选择的生活方式。人的态度到"对象体"所产生的行为之间，是经过认知与感情成分的刺激后，产生的各式各样的活动形式，而这些种类和特性各不相同的活动形式，则构成了人们每天不同的生活形式。人由态度到行为之间的活动历程，如图 9–1 所示。

态度 ————————	对人、事、物观念的持久取向
认知 ————————	对事物体的事实、知识、信念
情感 ————————	对事物体的感情、情绪、评价
行为 ————————	对事物体的反应、行动

图 9–1　态度到行为的活动历程

一个人的行为→态度或态度→行为中间，会受到个人内心的感情及认知影响，态度将影响着行为；而行为使消费者的使用情境受到影响，进而影响消费者的生活型态（Azjen & Fishbein，1980），如图 9–2。生活型态反映出人与环境之间相互依存的关系，同时对不同消费行为有着不同的诠释和影响。它是文化、价值、态度、意见、兴趣等的整体表现，更是文化、生活与消费三者的生命共同体。研究生活型态有助于了解消费类型，并能实质掌握用户的真正需求，由此所设计开发的产品将使生活更具价值。

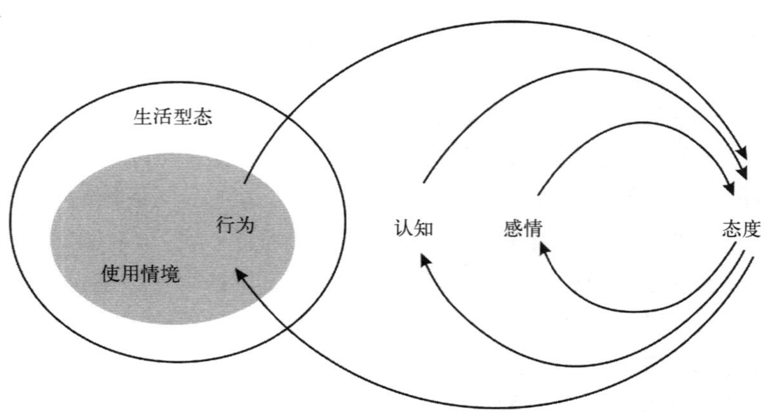

图 9–2 Azjen & Fishbein 的行为模式构成生活型态样图

9.1.2 AIO 与 VALS

温迪和格林（Wind & Green，1974）将个人生活型态的描述和衡量方法分成五种不同衡量基准：(1) 衡量一个人所消费的产品及服务：当消费者购买一项商品或服务时，其消费行为及使用产品所传达的产品语意，代表着不同模式的生活型态。所以，设计师的产品设计可以通过消费者的活动与行为及产品使用经验，来推测消费者的产品真正需求。(2) 衡量一个人的活动（activity）、兴趣（interest）及意见（opinion）：针对活动的主动或被动性，兴趣产生的过程和目的，以及态度的情感认知和意见，也就是 AIO 变数。(3) 衡量消费者的价值观系统：当消费者的价值观及期望与需求不同时，消费者的行动将产生不同的消费行为，同时影响着生活的型态。(4) 衡量消费者的人格特质及自我概念：当消费者的人格特质或自我的价值观不同时，其行为模式的表达亦有所不同。(5) 衡量一个人对于不同产品与品牌的态度及其所追求的利益：个人在各类产品的态度及看法，可以通过消费者的消费活动情形或使用产品时的方式与心态表现出来。

而生活型态的衡量方法中，较为常用的方法是 AIO 架构和 VALS 架构。

当前最常使用的生活型态衡量方法为 1974 年普卢默提出的 AIO（Activities，Interest，Opinion）变数量表，并加上人口统计变数，每个方面各包含 9 个要素，如表 9–1。其中：

AIO 量表 **表 9–1**

活动	兴趣	意见	人口统计变数
工作	家庭	自我	年龄
嗜好	家事	社会	教育
社交	工作	政治	所得
度假	社区	商业	职业
娱乐	消遣	经济	家庭人数
社团	时尚	教育	住所
社区	食物	产品	地理环境
购物	媒体	未来	城市大小
运动	成就	文化	家庭生命周期

(1) 活动 (activities) 是一项具体的行动，如媒体的观赏、逛街购物等，虽然这些行动都是平常易见的，但构成这些行动的原因却很少能直接衡量。(2) 兴趣 (interest)：是对某事物或主题感到兴奋的程度，而且持续并特别注意它。(3) 意见 (opinion)：是个人对于一个刺激情况，在口头上或书面上的反应，是一个人对事情的解释、期望和评估。可见，生活型态是消费者的价值观、意见、兴趣的综合表现。

如今，研究者普遍认为单纯考虑原始的 AIO 量表太过狭隘，霍金斯 (Hawkins，1995) 等认为现在的生活型态研究一般应包括以下要素：(1) 态度：评估他人对通路、意念与产品等的认知想法。(2) 价值观：关于"什么是能够被接受的"以及 "什么是可被期望的"的信念。(3) 活动与兴趣：针对消费者将时间与精力花费于非职业的一种行为，如嗜好、运动、公共服务与宗教活动。(4) 人口统计变数：指年龄、教育、收入、职业、家庭结构、种族背景、性别以及地理区位。(5) 媒体型态：了解消费者使用的特定媒体方式。(6) 使用率：衡量消费者对于特定产品种类的选择，消费者一般被归类为大量、中等、轻度及非使用者。

雷斯尔和休斯 (Lesser & Hughes，1986) 的研究发现，生活型态区隔适用于不同的地理区位；而丘吉尔和吉尔伯特 (ChurChill & Gilbert，1995) 的研究则指出，在心理统计方面与人口统计变数之间存在明显的关联性。换言之，通过调查不同年龄、性别、教育程度、收入所得、家庭生命周期及地理区位的生活型态，才能对真正影响消费者行为的因素有更深入的了解与掌握。威尔斯和泰格特 (Wells & Tigert，1971) 发展出了一套 300 个 AIO 问句的量表，这份量表也成为生活型态研究者的一般化问卷量表。德拜 (Demby，1974) 则认为可以从以下三个方面设计 AIO 量表的问卷：(1) 研究者本身的想像力与创造力；(2) 团体讨论 (group discussion) 及深度访谈 (depth interview)；(3) 心理学、社会学与人类学的相关文献。

VALS 是 SRI 国际公司的米切尔 (Mitchell) 于 1993 年发展出来的一个架构，主要理论基础是马斯洛 (Maslow，1954) 的需求层次理论 (need heirarchy) 和雷斯曼 (Reisman) 等人 (1990) 提出的社会特征观念 (the concept of social character)，其衡量工具为 SRI 提供的付费使用问卷。也有利用洛基奇 (Rokeach) 的洛基奇价值量表 (Rokeach Value Scale)，即"目的价值"与"工具价值"作为 VALS 架构的问卷。一般认为 VALS 架构是生活型态与价值观的综合评量方法。

生活型态研究根据以上两种不同衡量方法而运用调查量表将生活群体加以分类，以了解个别群体不同的生活价值观与需求。温迪和格林 (1974) 将生活型态特征予以分类，如图 9–3 所示。

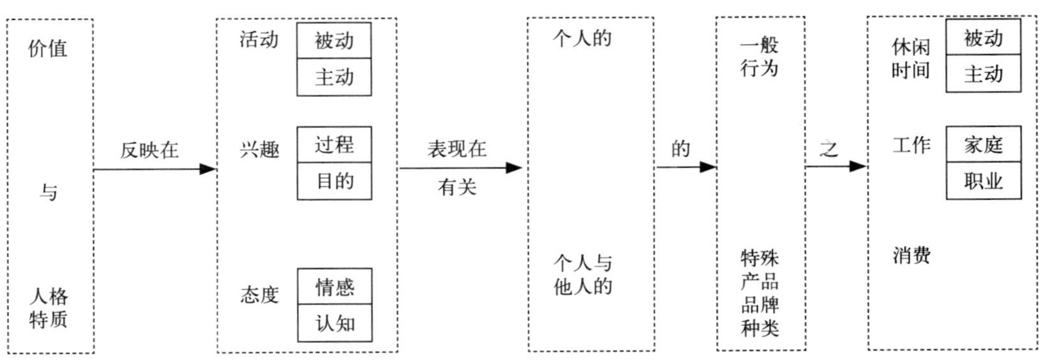

图 9–3 生活型态特征的分类

生活型态的特征分类说明了人与生活之间的意义和行为，个人的价值与人格特质直接会反应在活动、兴趣与态度上，即生活型态的综合表达，进而表现在个人的一般行为，如休闲或工作上，或者表现在个人与他人的不同需求之产品种类消费上。显而易见，彼此间的特征分类所呈现出的是循环的结构与循序渐进的生活样式，这就是生活型态特征所要表达的意义。

生活型态研究主要了解用户不同的生活价值观与需求。一项产品是否受欢迎，必须看它与目标消费群的标准及价值观（特别是美学或象征的标准）之间的关系如何。而美学标准是以不同的社会文化因素为基础，设计者的任务就是将这些标准完整地呈现出来。因此，现今的设计定位是比较倾向文化导向而非技术层面影响，期望通过对消费者生活型态的观察与了解，设计出差异化的产品，以符合不同目标用户群的消费价值观和期待。

当进行生活型态的调查之后，这些调查分析可能会有许多不同的诠释。因此，如何解读目标群体的生活型态，将这些在生活型态上的现象转换成一种可以和用户沟通的设计策略或设计方案，并且具有独到的创意及想像空间，并将其转换成对生活具有实质的、有创造性的、具吸引力的产品设计，才是生活型态研究的最终目的。

9.1.3 生活型态的应用①

目前设计领域的生活型态仍属启蒙阶段，常见的研究方法大致分为两类：(1) 依据产品扩散原理将消费者区分为创新采用者、早期采用者、早期大众、晚期大众和落后者五种。消费者区分后，再探讨各群体的消费行为或生活型态的特征。(2) 运用 AIO 量表进行集群分析，分群的数量则视样本情况定，主要用来探讨产品使用情境、生活型态与市场区隔的关系，或者探讨生活型态与消费者购买行为或产品偏好的关系。

如简仁杰（1985 年）在《男士保养化妆品的消费者生活型态研究》中将消费者群体的生活型态归纳为“果断自主型”、“内向害羞型”、“不甘平凡型”、“户外活动型”、“流行取向型”等，而消费行为则按使用程度不同分为三个群体：“非保养化妆群”、“轻度保养群”、“重度保养化妆群”。其研究中针对两者进行了关联性的分析，结果发现消费群体生活型态不同，其使用男士保养品的程度也有所差异（图 9–4）。而黄士铭（1989 年）以 19 ~ 20 岁台北市女性为对象，分析生活型态与化妆品消费行为的关联性，研究受访者的生活型态分为四群：“时髦开放型”、“传统孤独型”、“独立外向型”、“内向保守型”。研究发现，“时髦开放型”的消费行为以广告为主要影响来源，大多喜好使用少女专用品牌，并喜欢测试新品牌；而“独立外向型”和“内向保守型”大都使用市面的一般品牌产品；至于“传统孤独型”的女性，则以母亲、长辈为行为的主要影响来源。使用程度明显不同，以“时髦开放型”为化妆品消费最大的使用者，但多数偏向保养品的消费，唯“独立外向型”偏向彩色化妆品的消费与使用。

卢怡安（2002 年）针对世代特性与品牌认知个性作比较研究后发现，婴儿潮（B 世代）、X 世代、Y 世代因生活背景不同造成了生活经验的差异，进而影响了三个世代的价值观与个性。经 E–ICP 次级资料库的资料分析证实，B 世代群体的生活型态倾向传统思维及具有传统宗教行为，并且因家庭团聚或帮助别人而感到满足的比例远胜于其他两个世代；显然该群

① 杜瑞泽：《生活型态设计——文化、生活、消费与产品设计》，台北：亚太图书出版社，2004 年版。

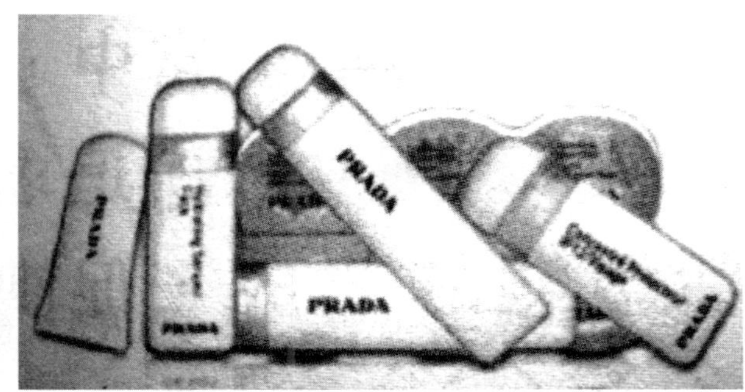

图 9–4　男、女性化妆品

体与过去中国传统思想中重视家庭伦理、助人为乐等观念比较符合，其个性也较稳定不易波动，比较服从常规与保守传统，也较不开放，不太跟随流行。Y 世代则具有追求流行的倾向，虽然家庭团聚感到满足的人数比例不及 B 世代，但却喜欢购物且喜爱与朋友相聚，并且想要追求知识与技能，在个性上则较其他两世代具挑战与权威，喜欢开放和时髦。而 X 世代的生活型态、价值观及个性则介于两者之间。从该研究中可看出不同世代的群体因不同个性而对品牌认知有不同的态度、反应与接受度。

图 9–5　品牌的认知选择

阿瓦赫和沃特卡瑞斯（Awh & Watcrs，1974）则应用区别分析（discriminant analysis）探讨生活中活跃与否的群体及其特性（如收入、年龄、教育、社会经济层次）与信用卡持有、对信用卡的态度与行为的差异。研究结果发现，活跃群的持卡者比不活跃群的持卡者（active or inactive cardholder）平均收入较高，且持有较多的信用卡，对于信用卡使用及银行信用卡的态度也较持正面看法。贝尔恩吉尔（Bellenger，1977）等人研究发现："信用导向型"的女性喜欢外出、社会性倾向较高、强调唯物主义及富于冒险精神。可见，以生活型态探讨消费行为和消费产品，不仅能够明确大众的特质，更能精准掌握产品的市场区隔。

上述各种生活型态应用研究主要是在掌握用户的生活和文化特征之后，通过调查收集消费者内心深处可能的消费市场信息并进行分析，所得结果作为生产者与消费者之间的互动桥梁。必须强调的是，运用任何一种分析判断方法都会有一些特殊因素无法完全加以解释，生活型态探讨的是一种感性因素，因此也无法直接形容和解释，需要借助科学量化的理性方式，方可解析人们不同的生活样式、行为和想法。

9.2 基于事理学的生活型态模型

9.2.1 关于事理学①

清华大学美术学院柳冠中教授在赫伯特.A.西蒙（Hebert.A.Simon）"人工科学"（The Science of The Artificial）的理论基础上，结合中国传统思维方式，汲取中国传统造物智慧，建构出设计"事理学"理论框架。事理学以"事"作为思考和研究的起点，从生活中观察、发现问题，进而分析、归纳、判断事物的本性，从而提出系统解决问题的概念、方案、方法、机制。事理学通过研究不同的人（或同一人）在不同环境、条件、时间等因素下的需求，从人的使用状态、使用过程中确立目标系统，然后选择造"物"的原理、材料、工艺、设备、型态、色彩等内因研究，是运用已知的自然科学成果，在不断地、限定性地解决人类生存型态的同时发现新问题、创造"新方式"和"新物种"。确切地说，事理学并非具体的设计方法，而是"重组资源、知识结构创新的系统设计方法论"，是知识经济社会的设计方法论，其理论特点在于：（1）超以物象之外，得其事中之理；（2）关注各要素之间的关系而非要素本身；（3）强调行事的过程而非事物的状态；（4）偏向理解行为与意义系统而非解释其因果逻辑；（5）提倡设计者与用户之间的主体间性而非设计者的主体性。在这种动态的、关系主义的、多元的设计方法论的指导下，针对具体的问题情境选择、设计、运用具体的方法，如用户日记、短信法、现场访问、参与法、焦点团体法等都是具体的途径。

"实事求是"是事理学的理论核心。设计事理学对于"实事求是"一词进行了设计学的解释。在设计事理学中，"实事"是搜寻不同人群在不同时间、不同环境中的需求以确定设计的目标；"求是"是根据设定的目标选择造"物"的原理、材料、工艺、设备、型态、色彩等内部因素进行产品的构建，"求是"阶段是概念设计阶段，也是创造"新物种"的阶段。设计事理学与系统方法有着深刻的渊源，"实事"与"求是"两个阶段是一个完整的整体，不可以割裂开来讲。"实事求是"是告诉人们要役物，而不要役于物，作设计首先要明确设计目标。在设计过程中，不要仅仅从"物"的角度来考虑问题，以至于陷于细节而不自知。

目标系统是设计事理学的核心理论工具，目标系统的构建有利于使复杂的问题条理化和层次化。就设计而言，用户需求是不明确的，外部因素是零散的，通过目标系统可以把看似没有联系的外部因素联系起来形成"实事"，有利于构建相对清晰的设计目标。目标系统同时也是一个进行评价的平台，可以在此基础上，对"求是"的过程与结果进行评价。内部因素是与外部因素相对的概念。内部因素往往是指材料、造型、色彩、工艺、技术、结构等等。外部因素设定了设计的目标，并不意味着在重组内部因素（构建新的物品）时，就没有创造力发挥的空间。外部因素不仅仅提供限制，还为内部因素的组合提供了条件。外部因素是"事"的具体化，内部因素是"物"的具体化。

事理学不仅重视构成系统的元素，更加重视构成元素之间的关系。事理学对于人与人、

①柳冠中：《事理学论纲》，长沙：中南大学出版社，2006年版。

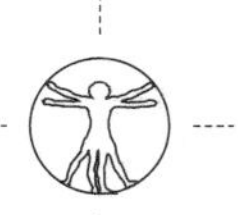

人与物以及物与物之间的“交互”也给予了足够的重视：人与人之间的交往塑造着人们的价值观，进而影响了人们的行为方式；人与物之间的交互涉及人的姿势、仪态以及心理感受等；物与物之间关系则决定着一个物能不能融入原有的物系统之中、发挥其功用。这些复杂的人与人、人与物以及物与物之间的交互就构成了整个“事”的主要部分。

9.2.2　生活型态模型

一件件具体的事有机地组合在一起时，生活方式的型态就得以显现。生活方式是“类型化”了的人群惯常经历的特殊的“事系统”与“意义丛”。一个处于特定的社会、文化位置中的人总会有特定的行为方式与价值系统，这样的人就构成了“类型化”的人群——都市白领与进城的民工，暴发户与城市贫民，波波族、丁克族、雅皮士、空巢老人等。劳动者蹲在街边吃卤煮火烧，老板与政府官员在香港美食城社交；老年人聚在公园里唱京戏，知识分子在音乐厅里欣赏严肃音乐。不同的人群每天、每周、每月、每年经历不同的事，这些事有机地组织在一起，就构成了他们的生活方式。类型化的人群、一件件微观的事被有结构地组织在一起，就成为宏观的“生活方式”。反过来，如果要确定一个人在社会、文化中的具体位置，他所归属的群体类型，最好的方式是看他周围的“物”，他经常经历的“事”，也就是看他的“生活方式”。

因此，事理研究可以粗略地分为微观和宏观两个层次。微观研究即在“具体”的情境内去把握“事”的各元素之间关系，去理解人是如何感知外部世界、如何与外部世界互动，又是如何被外部世界所影响的，从中发现问题，为细节设计提供依据。微观层面的事理研究有助于我们对设计“细节”的把握。仔细的分析习以为常的行为、每天都发生的小事，并从中发现问题、提出改进，提出更合理的方式，这首先是一个设计师的责任。好的设计师首先是一个生活琐碎细节的“仔细”观察者。宏观层次的事理研究即在整体的“事系统”——生活型态——中去确定目标人群、了解他们是怎样生活的，什么是可以接受的，他们的希望与梦想是什么，从中发现新的市场机会，创造全新的经济提供物以满足其需求。

生活型态是运用事理学观念在产品设计前期进行用户研究和设计定位的方法。生活型态就是将特定分类人群的某种生活本质需求在特定事态所处的特定的时间、环境、条件下的信息研究分析后进行整合，系统地、形象化地显现出该特定人群的潜在但又具体的需求目标系统，并将其作为概念设计方案的评价体系（图 9–6）。

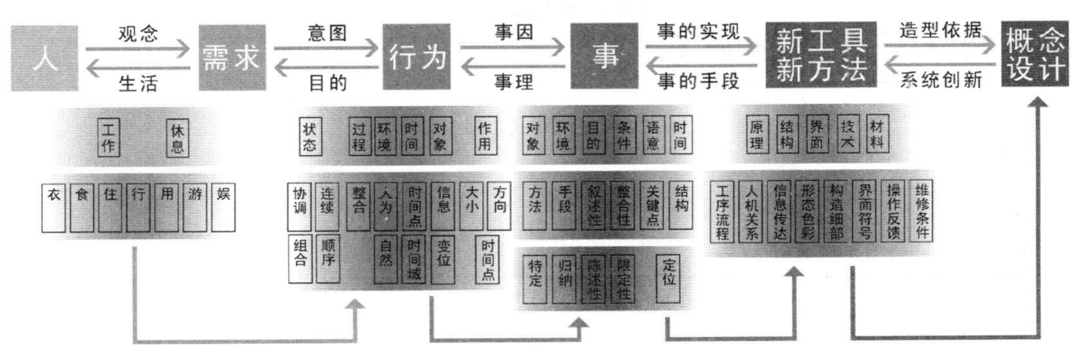

图 9–6　生活型态研究模型

9.3 案例："雅筑家居"目标用户生活型态研究①

"雅筑家居"是立足广东市场的家具与家居用品经销商，目标是成为中国本土的 IKEA。他们首先立足于广州市场，目标消费者为年龄 30 ~ 40 岁之间、家庭月收入约 1 万元人民币的中产阶级。但他们并不了解这些消费者的需求与偏好是什么，也就不知道该生产、经销什么样的家居用品。受"雅筑家居"的委托，在柳冠中教授带领下，清华大学美术学院系统设计工作室展开了对目标消费人群的研究。

整体研究思路即"事理学"的方法论。要了解用户在家居方面的需求，就要到更广泛的一个"关系场域"内去探求，超以象外，得其圜中。衣、食、住、行、用、娱乐共同构成了一个家庭的"生活方式"，家居用品对应了居住空间中的"物"，这些"物"实现着他们具体的家庭生活方式。因此，要了解这些"物"应该是什么样的，就要先了解他们的生活方式。"生活方式"是由类型化的人群、一件件微观的事被有结构地组织在一起构成的。因此，研究路径首先是确立类型化的人群，然后了解他们的日常事件，最后，在他们的生活方式的总体关系内判断他们的消费倾向以及对家居用品的偏好。

此外，广东有着独特的地理、气候、经济、社会与文化特点，这些因素都可能会影响到居民对家具家居用品的选用。比如在北京流行的布艺沙发是否会被广东人接受呢？西式鲜艳色彩的家具与中式古朴稳重的家具哪种更容易被广东文化接受呢？这些因素是更为广泛的"外部因素"，但这些关于家具与家居的文脉或说"地方性知识"也是需要研究人员去探求。

9.3.1 类型化人群定位与形象测评

研究人员选择了 81 名被试者，男 36 名、女 45 名。首先通过问卷了解他们的个人背景信息、居住情况以及生活型态的基本信息，然后对被试者进行视觉形象测评。给出手机、汽车、服装、家具共四类 80 种图片（图 9–7）让被试者在每一类中挑选一幅最偏爱的图片，将图片标号写在测评问卷上。接下来让被试者对自己选中的图片进行语言描述（图 9–8）。研究人员事先给定了一些矛盾的词汇，如传统—现代、男性化—女性化等等，并将这些描述语量化，被试者根据自己的感觉将图片的描述词汇及其感觉"程度"定位（表 9–2）。

视觉化测评记录表 **表 9–2**

	图片编号（									）	
现代	5	4	3	2	1	0	1	2	3	4	5	传统
男性化	5	4	3	2	1	0	1	2	3	4	5	女性化
简洁	5	4	3	2	1	0	1	2	3	4	5	豪华
时尚	5	4	3	2	1	0	1	2	3	4	5	保守

①唐林涛：《工业设计方法》，北京：中国建筑工业出版社，2005 年版。

续表

	图片编号（ ）										
前卫	5	4	3	2	1	0	1	2	3	4	5	古朴
细腻	5	4	3	2	1	0	1	2	3	4	5	粗犷
实惠（耐用）	5	4	3	2	1	0	1	2	3	4	5	高贵
温馨	5	4	3	2	1	0	1	2	3	4	5	卡通
动感	5	4	3	2	1	0	1	2	3	4	5	宁静
个性	5	4	3	2	1	0	1	2	3	4	5	大众
酷	5	4	3	2	1	0	1	2	3	4	5	可爱
高科技	5	4	3	2	1	0	1	2	3	4	5	亲切
流行	5	4	3	2	1	0	1	2	3	4	5	怀旧
西方（欧化）	5	4	3	2	1	0	1	2	3	4	5	东方（中国）
神秘	5	4	3	2	1	0	1	2	3	4	5	朴实
	色彩描述评价语											
淡雅	5	4	3	2	1	0	1	2	3	4	5	鲜艳
绚丽	5	4	3	2	1	0	1	2	3	4	5	清纯
活泼	5	4	3	2	1	0	1	2	3	4	5	明快
高贵	5	4	3	2	1	0	1	2	3	4	5	典雅
青春	5	4	3	2	1	0	1	2	3	4	5	浪漫
温馨	5	4	3	2	1	0	1	2	3	4	5	稳重
和谐	5	4	3	2	1	0	1	2	3	4	5	柔和
	5	4	3	2	1	0	1	2	3	4	5	
	5	4	3	2	1	0	1	2	3	4	5	
	5	4	3	2	1	0	1	2	3	4	5	

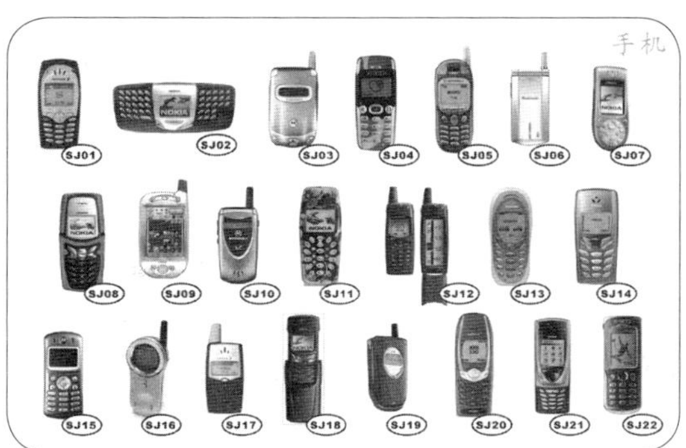

图 9–7 生活型态测试图片

图 9–7 生活型态测试图片（续）

图 9–8 视觉测评现场

将收集回来的问卷进行分析，将数据导入 EXCEL 进行统计，找出每一类图片中被选次数最多的，用"量表"表示。然后根据被试者选择图片以及评价指数的相似性，粗略地把被试者进行人群分类，再返回到个人基本信息部分看其职业、教育、生活方式等主要因素，在这类人群与他们的偏好、生活方式之间建立联系。

根据目标消费人群调研获得的调研资料，研究人员进行了如下几方面的分析：(1) 目标人群背景信息总体统计分析，分析方法为求和及百分比，所用工具为 EXCEL 软件。(2) 形象测评统计分析，包括：①统计出每张图片被用户选择次数；②根据用户选择次数将每类图片排序，择优选出 12 张（每类 3 张）用户喜欢的图片；③统计每张入选图片的图片描述词的评分之和，并根据该评分和，将描述词排序，然后优选出高分的描述词。(3) 目标人群的生活型态分类，分析的逻辑过程如下：①从问卷中选出 11 种影响人生活型态的基本要素。②用这些基本要素描绘每个人的生活型态。③将相同或相似的生活型态归类。④描

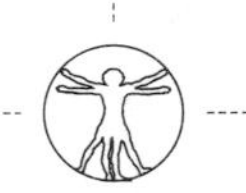

述各类人群的生活型态。

此外，在目标人群生活型态的分类过程中，研究人员也探索了 3 和不同的分类方法：(1) 分类方法 1：①从选出的 12 张图片入手，找出喜欢每张图片的人群，得出 12 组人群；②分析描述每组人群生活型态的基本要素，并在组间进行比较；③将具有相同或相似基本要素的人群合并为一组；④分析没有选择上述 12 张图片人群的生活型态特征（基本要素的特征）。(2) 分类方法 2：①将描述人群生活型态的基本要素转化成相应的数字；②比较代表每一个人生活型态的基本要素的数字；③将具有相同或相似基本要素的人划为一类。(3) 分类方法 3：①据在形象测评中入选的高分描述词，依次找出使用过这些描述词（如"高贵"）的人群；②分析每组人群生活型态的基本要素；③将具有相同或相似基本要素的人群进行合并，从而得出具有不同生活型态的人群组别。

方法 1 以人群的审美特征为切入点，将人群首先分成小组，然后再以生活型态的基本要素进行比较分类。这种方法抓住了分类的主要矛盾，紧扣人群分类的目标，方法简单，重点突出，因而被采纳。方法 2 要进行 11×（81+80+……+2+1）次比较，工作量非常大，没有相应的软件可供使用，因此被放弃。方法 3 也是从审美特征切入对人群进行分类，但是由于入选的高分词汇在意义上差别不明显，导致所求出的人群的基本要素差别很微弱，使分类无法进行下去。另外，由于这里是用词汇来表达人群的审美特征，不如用形象表达人群审美特征的分类方法 1 准确，因此该分类方法也未被采用。

通过应用上述的人群生活型态分类的逻辑过程和分类方法 1，研究人员最后将目标市场人群的生活型态分成 4 类，即：经典类、唯理类、小康类、创意类。在人群类型化后，研究人员通过这类人所选图片以及他们的背景信息，对他们的生活型态进行了视觉化的描述。除了问卷和形象测评以外，研究人员还辅助以座谈、深度访谈等手段，在此不一一赘述。这样，通过形象化的生活型态描述，研究人员就对不同人群的消费趋向与偏好有了比较明确的认知。

9.3.2　多元分类

多元分类任务（multi-dimensional sort task）是从心理学、行为科学的研究成果总结出来的，最大的优点是可以在对人的行为测试中，避免"预设观念"的干扰，保持被试者所作出的判断不被调查者的提问所污染。此外，语言具有不确定性与多意义性，尤其是描述抽象感觉的语汇如时尚、酷、现代等概念时。多元分类任务可以避免语言进行调查时所产生的意义误差。

研究人员选择差异性较大的 24 幅家居图片（图 9-9），让被试者根据自己的标准把图片进行分类，然后在问卷中记录下他的分类依据，最后写出被试者更喜欢哪类。对被试者的行为进行动机分析，便可得出结论，即他们"更关注什么"与"更喜欢什么"，为进一步了解用户提供依据。此方法可以达到下列目的：(1) 确定目标消费人群对待家具家居用品的主要关注点，即什么东西更能引起他们的注意。(2) 明确消费者依据不同分类标准是如何进行分类的，是什么因素使得两种物品或物品组合更多地发生相互关联性而被归为一组。(3) 消费者更喜欢哪些风格、色彩、感觉等。总计收回调查问卷 81 份，分类次数为 133 次，统计结果如表 9-3。

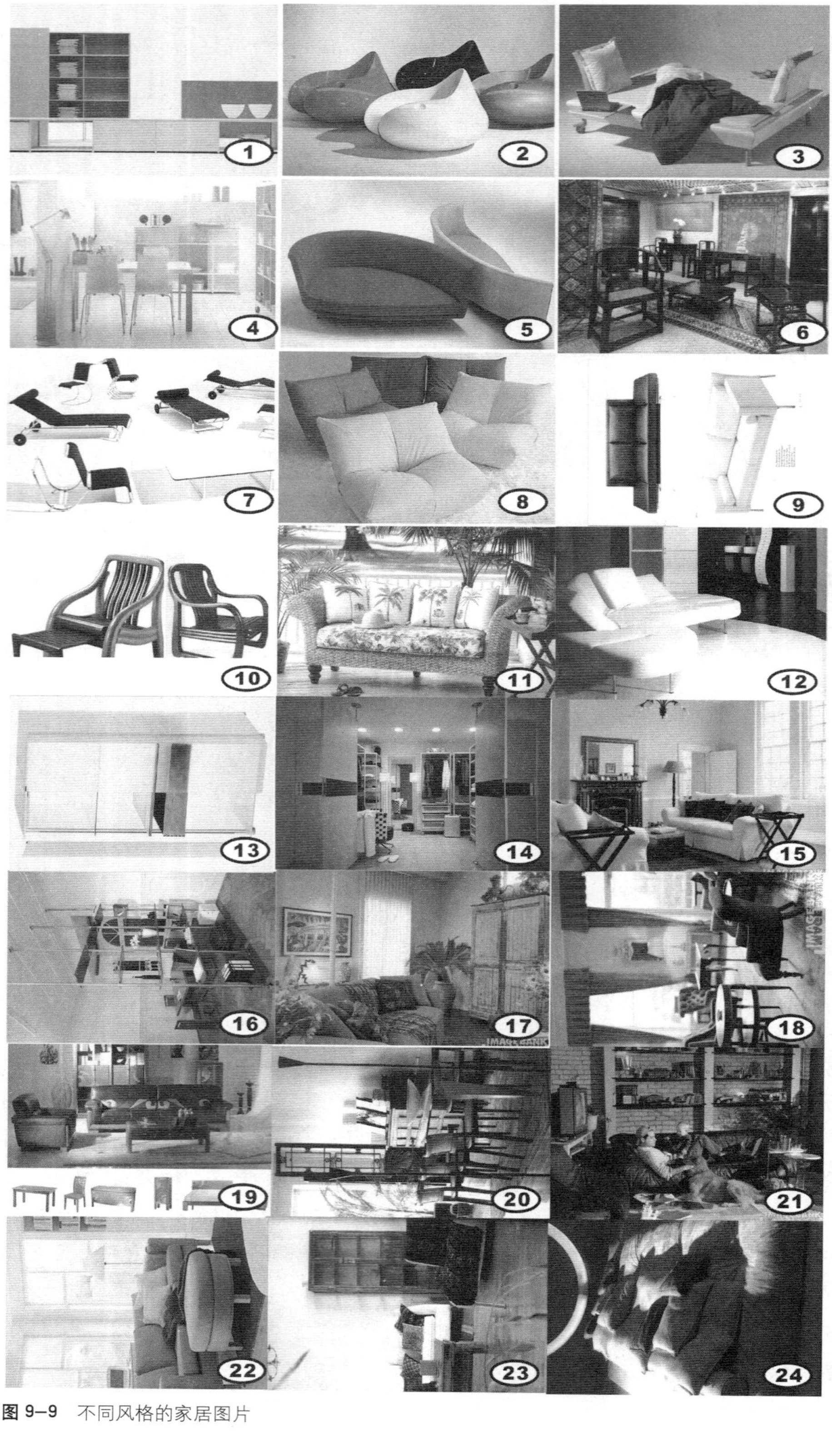

图 9–9 不同风格的家居图片

形象测评的统计结果　　　　**表 9–3**

关注点	统计结果	比例
风格	42 次	31.6%
感觉	32 次	24%
色彩	27 次	20.3%
功能	20 次	15%
整体氛围	4 次	3%
材质	2 次	1.5%
造型	1 次	0.8%
装修	1 次	0.8%
无意义分类	4 次	3%

在上述分类标准中，色彩、功能、材质、造型、有无装修是比较细节方面的关注点，关注的是某一方面的特性，同时也是比较客观的分类标准，占 38.4%。风格、感觉与整体氛围相对更全面，关注的是更总体的印象，相对主观因素多一点，占 58.6%。下面是对各个分类标准的进一步分析。

1. 风格

风格是对物的整体性感觉，包括色彩、造型、材质、功能等综合在一起所表现出的明确的特点。当这些视觉因素以一贯的组合方式表达时，便表现出某种“风格”特征。风格概念很含混、多样，在被试者对于风格的表述中，直接使用风格一词 29 次，此外，被试者用于描述风格的词汇还包括：简单、简洁、传统、前卫、古典、时尚、中式、西式、格调、款式、生活味重、休闲、现代、明快、舒适、宁静、大方、年轻化、个性强、布艺、中庸、特别、复杂、温馨。研究人员很难根据文本表面意义确定被试者的真实想法。只有返回问卷，看其“类型化”的具体图片进行推断。在对图片的分类中，经常出现在一组里的组合如表 9–4。

风格分析　　　　**表 9–4**

图例	图样	风格描述
6、10、20	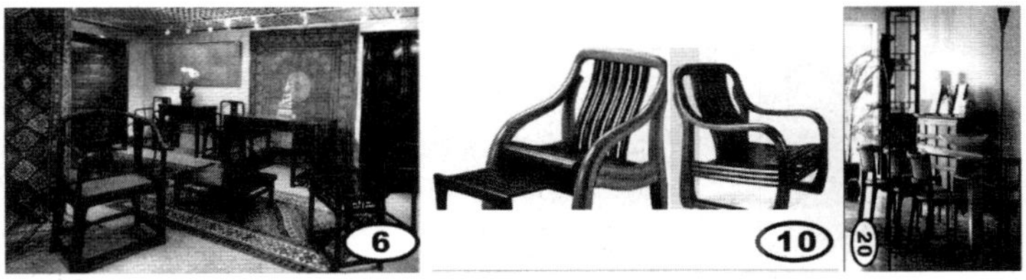 6 10 20	中式风格
1、2、5、8	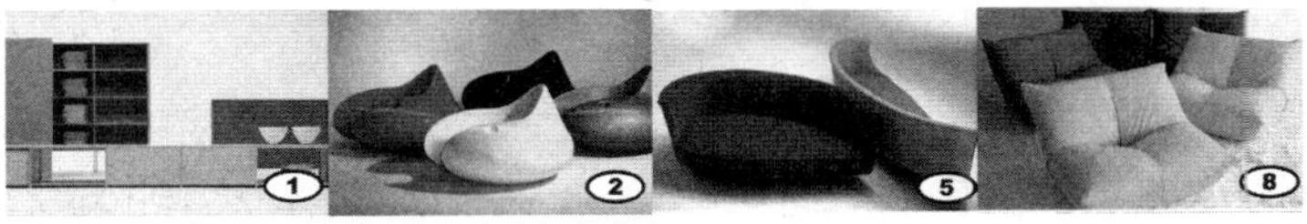 1 2 5 8	现代、西式、年轻化、时尚

续表

图例	图样	风格描述
3、24、22、12		现代、舒适、温馨、明快
4、9、13	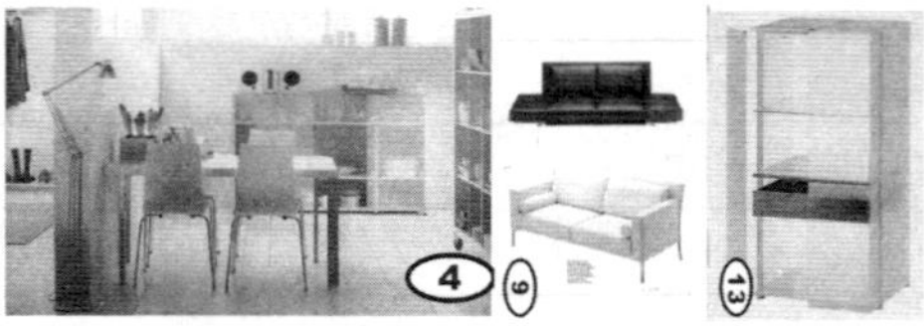	简单、个性强、特色、明快
14、16		西式、个性强
15、17		
12、13、9、7	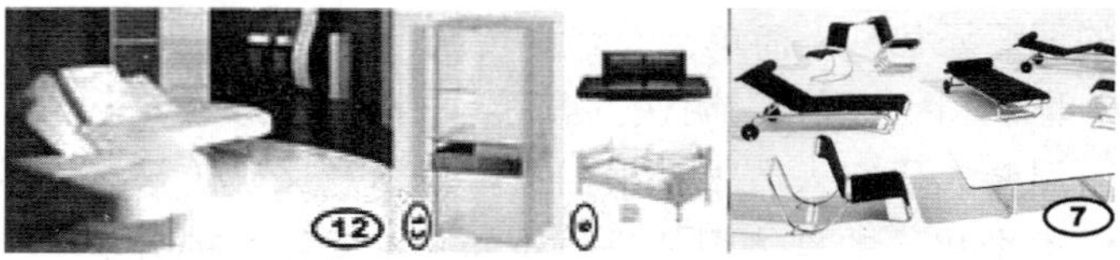	
21、23		
18、19		

上述图片组合表现出很强的“关联性”，表示大多被试者按风格将其类型化为一组，比如图例 3、图例 22、图例 24、图例 12 的组合在大多按风格分类中被归为一组。

必须明确语言在表述感觉方面的贫乏性，比如图例 3、图例 22、图例 24 所代表的类别

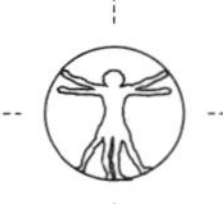

很难找到精确的词汇表达其类别特色。在一对对互相矛盾的词语如传统／现代、中式／西式、简洁／复杂等之中，可以发现风格所指向的图片，在这些图片中，对喜爱程度的统计结果如表 9–5。

图片喜爱程度的统计　　　　**表 9–5**

图号	被选次数	图号	被选次数	图号	被选次数
12	22 次	8	21 次	5	19 次
22	18 次	3	17 次	2、24	15 次
9、14、21	14 次	13、20	13 次	1、4、7、11、15	12 次
23	11 次	16、17	9 次	6、10	8 次
19	6 次	18	5 次		

由此可以得出关于风格的结论，即被试者更喜欢西式、现代、时尚、简洁类；喜欢西式古典的人数最少，其次是中式古典。

2．感觉

关于感觉的分类共 32 次，而且所使用的语言差异很大。本来“感觉”就是不可描述的，更多的是一种主观的感受。描述感觉的词语包括：喜爱程度、个人喜好、简单明快、休闲感、稳重点的感觉、有植物比较生活化、时尚方便、功能清晰、温暖和谐、感觉好、舒服、清新明快、温和协调、温馨时尚、颜色与家具协调、个性类别、有美感的生活、亲切温馨等。

关于感觉的关联性分组　　　　**表 9–6**

图例	图样
1、2、3、5、7、8	1　2　3　5　7　8
6、18、20、21、23	6　18　20　21　23
4、12、14、15、22	4　12　14　15　22

对感觉喜爱程度的统计结果如下：

感觉喜爱程度的统计 **表 9–7**

图号	被选次数	图号	被选次数	图号	被选次数
12	21 次	15	18 次	22	15 次
4、11	14 次	14	12 次	9、17	11 次
20、23	10 次	8、24	9 次	21	8 次
1、3、18	7 次	6、13、16	6 次	5、7	5 次
2、19	4 次				

感觉与风格很难区分清楚，可能前者更多是主体的感觉，后者来自于客体的属性。风格与感觉的分类占总数的 55.6%，可见人们更多的是根据“整体性”，而非某一侧面、局部的属性作出判断。

3. 色彩

色彩是最易被人感知的。被试者以色彩为分类依据的共 27 次。相关的描述词包括：冷、暖和、轻快、稳重、柔和、单纯、复杂、双色、协调、简约等。在色彩相关性上，统计表明规律如表 9–8。

关于色彩的关联性分组 **表 9–8**

图例	图片	色彩描述
1、2、5、8	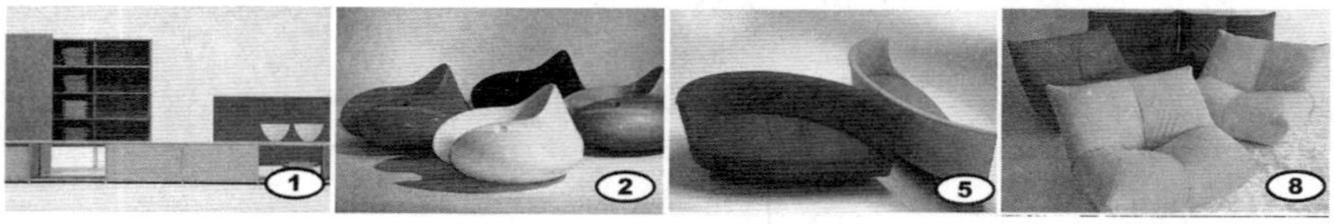	单纯、鲜艳
6、17、18、19、21、23		暖色、稳重
3、4、12、22、24	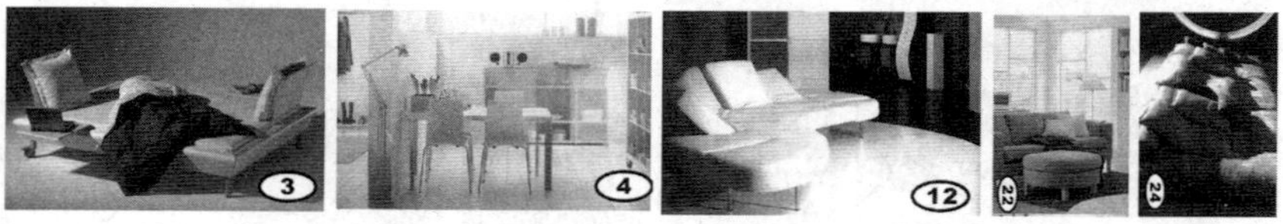	柔和、轻快
4、9、12、13	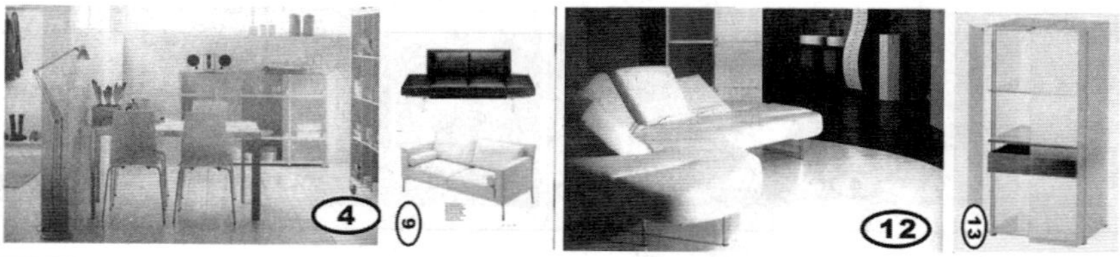	轻快、单纯、简约

在最喜欢的色彩统计中，数据如下：

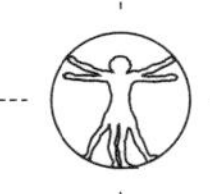

感觉喜爱程度的统计　　表 9–9

图号	被选次数	图号	被选次数	图号	被选次数
4	17 次	11	14 次	22	12 次
12、15、23	10 次	14、20	9 次	1、2、24	8 次
13、18	7 次	7、9、16、17	6 次	3、6、9、19	5 次
5、8、10	2 次				

图例 4 的色彩最被大多数被试者所喜爱，代表着清新、柔和、单纯、轻快等，可能与广东炎热的气候有关，人们更希望冷点、素点的色彩。图例 11 的色彩更接近于自然、清新的色彩，也较适合热带。

4. 功能

功能方面的分类共出现 20 次，可见他们对于功能还是很关注的。被试者对于功能方面的具体描述词包括：摆放不同、艺术／实用、品种及摆放的位置、客厅／餐厅／厨房、摆设（主打产品、有装修的产品）、组合摆设等。

在喜爱程度方面，功能类型基本呈正态分布。其中图例 15、图例 18、图例 17、图例 11 最受青睐，其次是图例 22、图例 21、图例 4、图例 6，而图例 2、图例 5、图例 8 为不被喜爱的功能，也就是说功能性较差。

关于功能的关联性分组　　表 9–10

图例	图片	功能描述
1、3、14、16	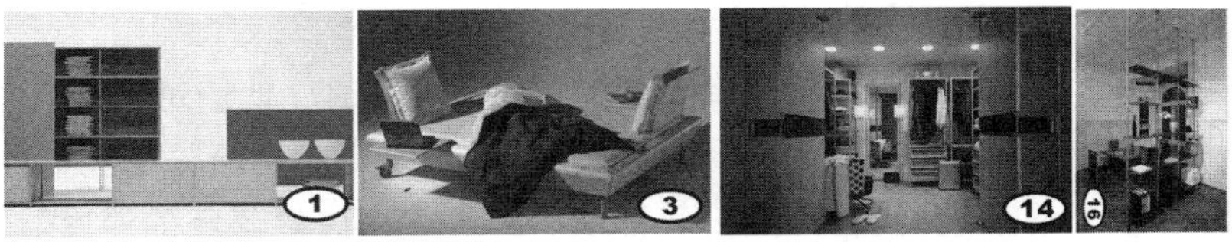	功能性很强
2、5、8		沙发类
6、15、18、21、23		起居、会客空间

关注功能的人更多地注意起居室的组合功能，对于带有休闲特色的图例 11、图例 15 比较青睐，对于如图例 2、图例 5、图例 8 等较艺术化的不太感兴趣。

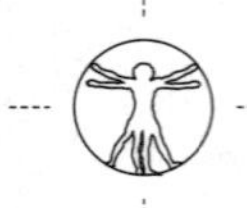

5. 造型、材质、整体氛围、装修

在分类依据中，整体氛围 4 次，占总数的 3%；材质 2 次，占总数的 1.5%；造型 1 次，占总数的 0.8%；装修 1 次，占总数的 0.8%。

整体氛围强调整体感觉的协调，如图例 15、图例 6、图例 18 等，整体感强。

关注造型的只有一个人，用的语言为“硬朗 / 软性”，而且他更喜欢软性的，因为看起来舒适，如图例 8、图例 3、图例 22、图例 24 等。

按材质分的两个人共同喜欢的是图例 3、图例 8、图例 24、图例 22、图例 23、图例 11、图例 15、图例 17，可以看出他们共同的特点是较喜欢自然材质如图例 11、图例 23 与图例 17，以及布艺类的沙发。

按是否有装修的分类只有一人，他更喜欢简单装修的风格。

6. 结论

（1）人们更多的是根据“整体性”如氛围、风格、感觉进行分类，少数人会看到局部的性质如造型、材质等。

（2）功能与色彩是中间层次的因素，被关注的次数少于整体性、大于细节。

（3）从各个角度的分类中，图例 2、图例 5、图例 8 更多地被分为一组；图例 22、图例 24、图例 12、图例 9、图例 4、图例 13 等也经常发生关联。此外，图例 16 与图 14，图例 15 与图例 18，图例 11 与图例 17，图例 6 与图例 20、图例 10 等也是经常出现的组合。

（4）更多的人喜欢图例 4、图例 12、图例 22、图例 24 所代表的一种感觉，表示为冷静的、简洁的、柔和的、舒适的、西式现代的。其次是如图例 11 与图例 17 所代表的自然的，清新明快的、热带的、自然的。图例 1、图例 2、图例 5、图例 8 类代表了简约的、色彩鲜艳的、欧式的感觉也较受青睐。不被喜欢的是欧式古典的如图例 19，稍带有浪漫色彩的欧式古典如图例 15 与图例 18 要稍好。中式如图例 6、图例 10、图例 20 也不被大多数所欣赏。

不管在分类实验中，还是未来的消费者购买家居用品时，他们对事物所作的判断往往更多来自于主观而非客观，更多的作出价值判断而不是事实判断。在他们的脑海中呈现的不是“这件沙发是蓝色的”，而是“我喜欢（不喜欢）这件蓝色的沙发”。此外，在他们购买的时候还存在着一种“心理预期”或叫作“场景构想”的过程。在明确他喜欢蓝色的沙发后，他还会设想这蓝色沙发放在家中是否合适，放在什么位置合适等。这样的构想我们可以更多地在根据“整体氛围”分类的被试者脑海中发现，因为他们更关注整体，而非局部。

9.3.3 人群分类

通过上述两种方法的研究，研究人员基本摸清了用户的家居需求、偏好等原本模糊不清的信息，进而将目标用户群分为经典类、唯理类、小康类、创意类四种生活型态。

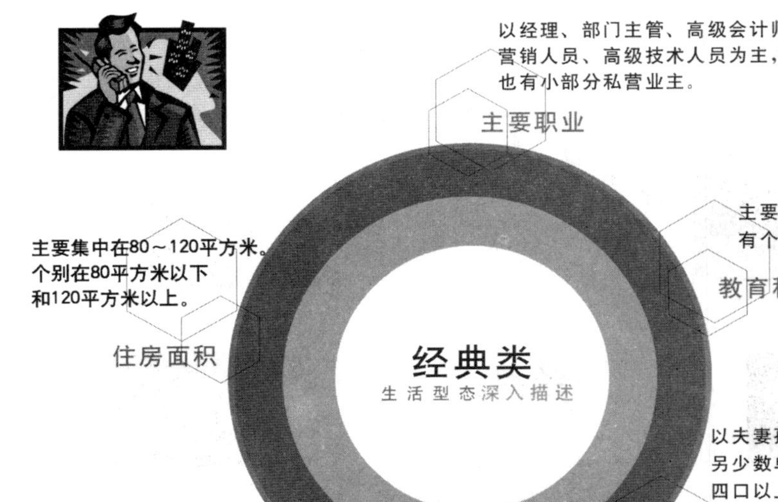

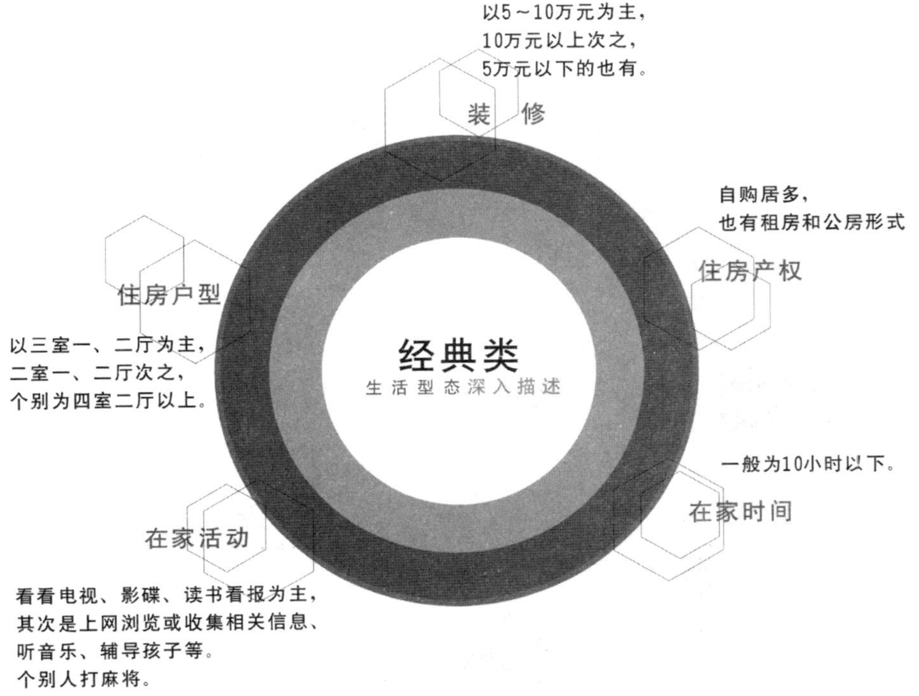

图 9–10　经典类的生活型态 1

购物场所

比较注重实际，会去友谊商店、时代广场等名牌专卖店。
但同时也会去诸如天河城、王府井、老鼠街等地。

经典类
生活型态深入描述

消费场所

讲究实惠，但基于工作或交际需要会去南海渔村、唐苑等海鲜酒楼；
也会去普通粤菜馆及大排档；
一些人也会去绿茵阁、麦当劳品尝西餐、快餐；
偶尔也会品味各地不同风味美食（如湘菜、东北菜、川菜等）。

图 9-11 经典类的生活型态 2

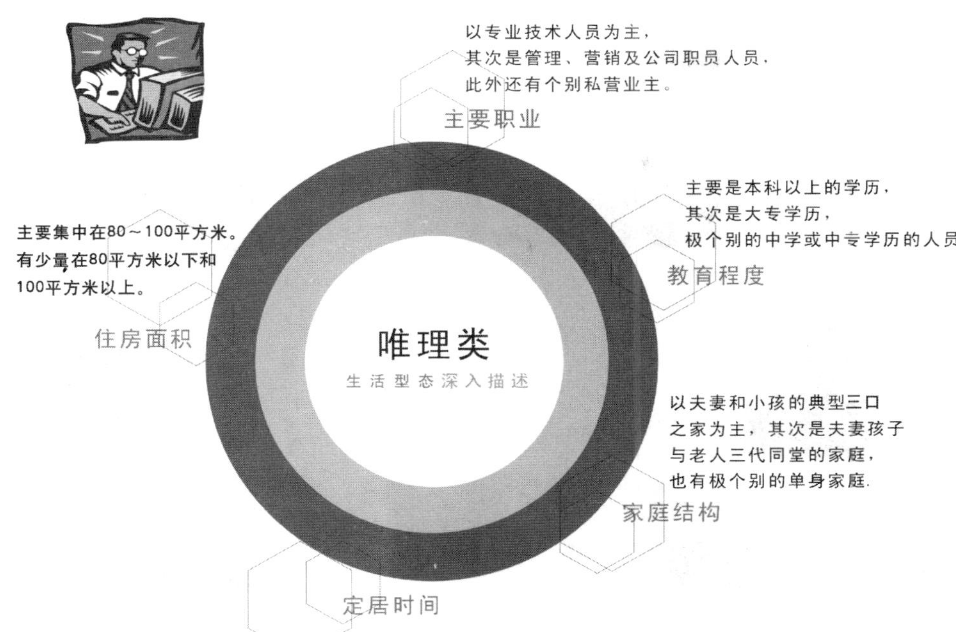

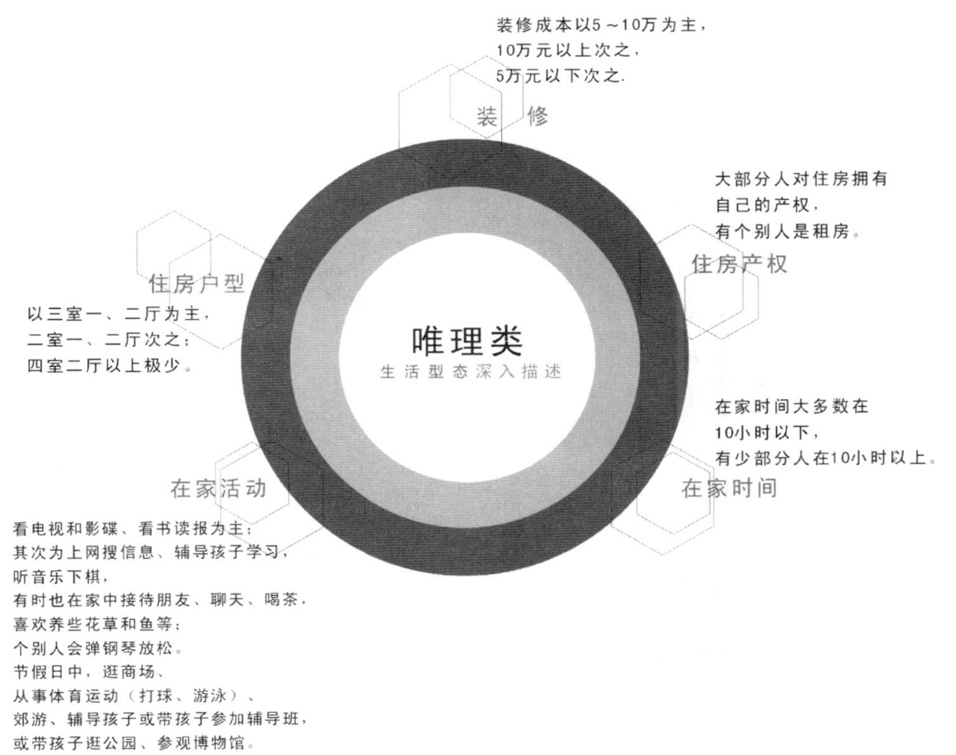

图 9–12　唯理类的生活型态 1

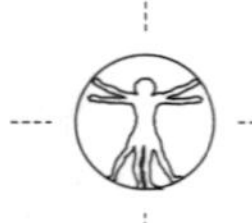

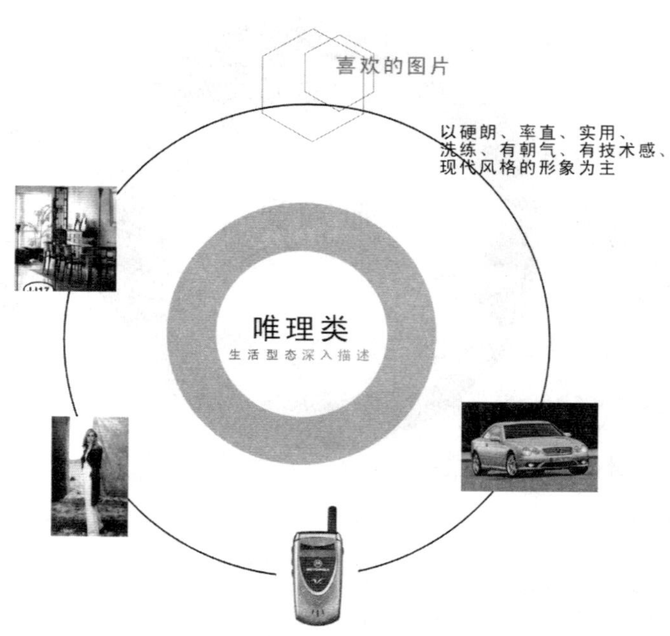

图 9–13 唯理类的生活型态 2

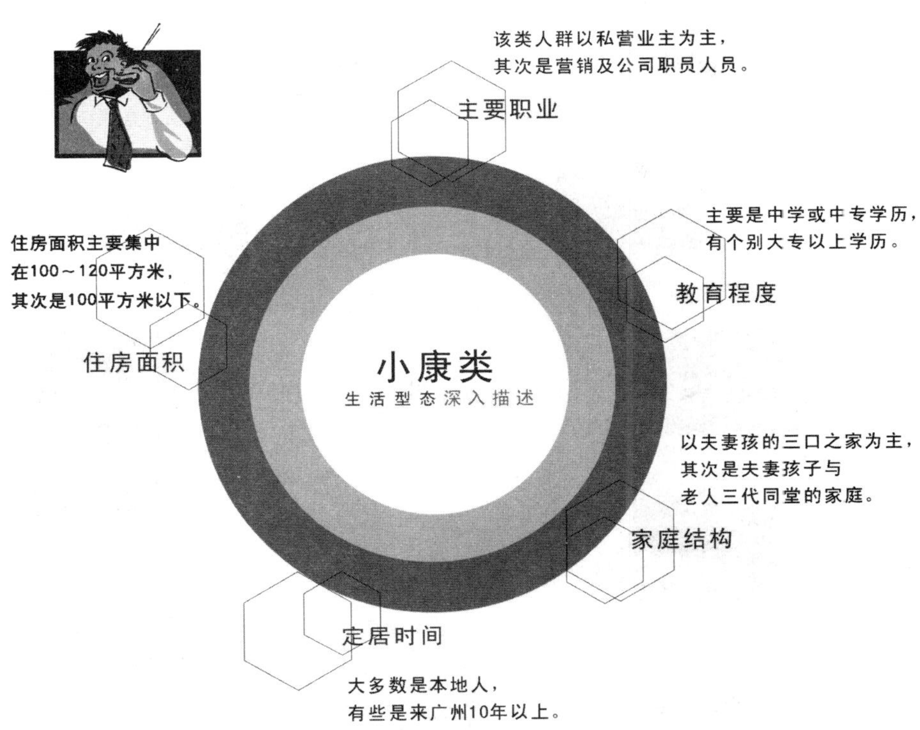

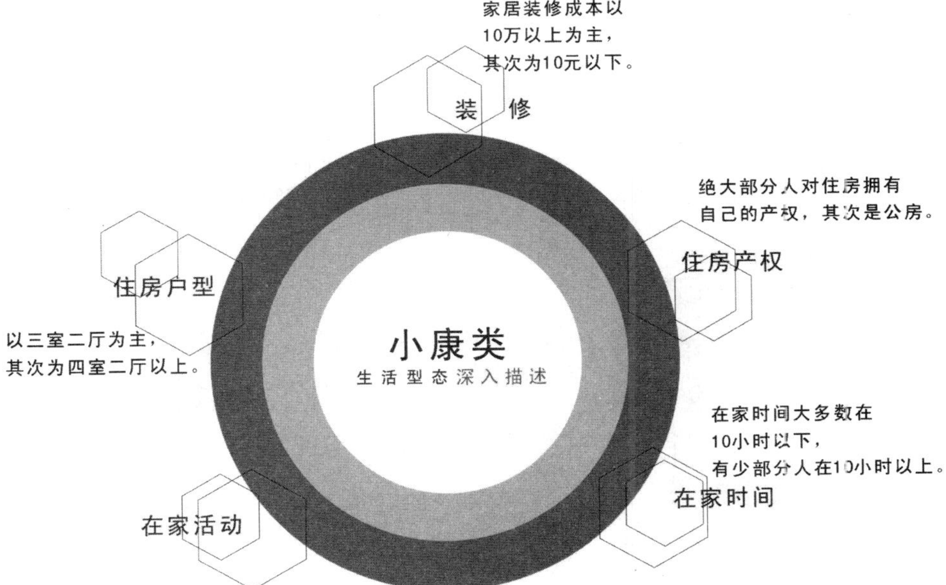

图 9–14　小康类的生活型态 1

图 9–15 小康类的生活型态 2

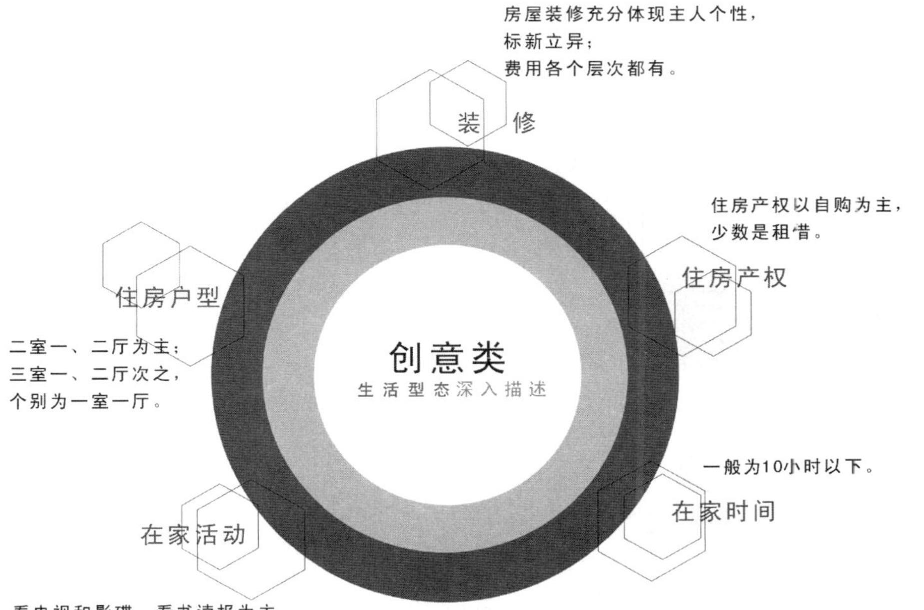

图 9–16　创意类的生活型态 1

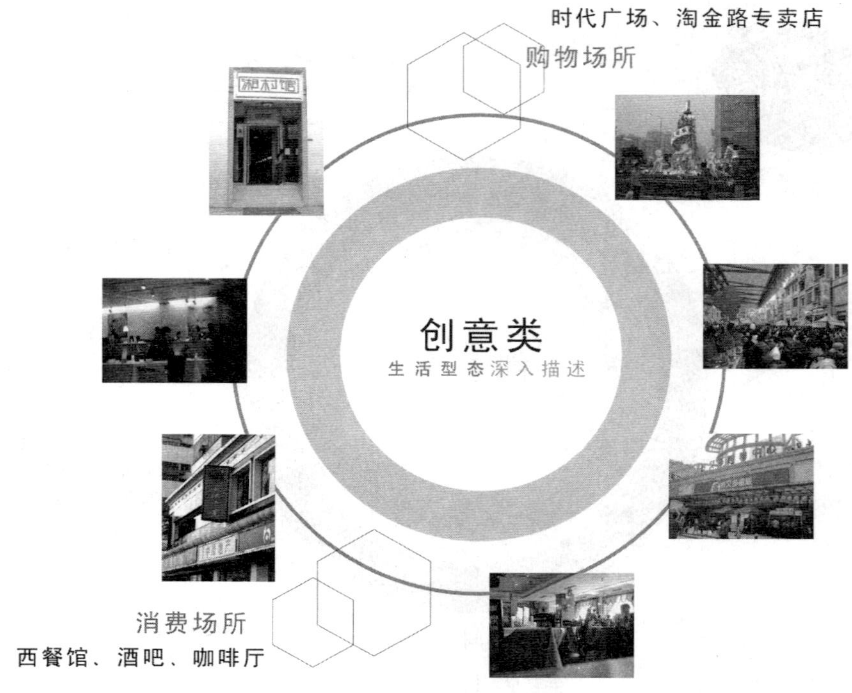

图 9–17 创意类的生活型态 2

在上述案例的方法之中都可以发现事理学思想的应用。研究人员要确定家居用品的方向，却先去了解人们对汽车、服装、手机的偏好，将看似毫无关联的物统一在衣、食、住、行、用、娱乐所共同构成的“生活方式”内。物是人的精神投射，所以研究人员通过这些“物”来定义了“人”。研究人员通过认识整体来理解局部，通过形象的而非语言的方式与用户交流。这些都是事理学方法论的核心所在。

9.3.4　产品风格手册

此后，研究人员还为客户制定了针对不同人群的产品风格手册，通过视觉化的表述，客户更明确了该在自己的商场里摆放什么样的商品，营造什么样的氛围，这些都来自于对目标用户的深层次理解。图形图像的组合与所处的环境氛围是人们对“物”的识别、理解、想像和认同的定性条件；这些图形图像不仅仅是孤立的、静止的“物”，而是与使用者、使用者的生活型态、心理诉求等“事”的性质因素相呼应，从而使图形图像在相应分类人群心中产生积极反馈，引起共鸣。

四类人群的产品符号分析　　**表 9-11**

符号分析	经典类	创意类	唯理类	小康类
符号特征	经典	创意	理性	务实
图像隐喻	轻松、典雅、品位	动感、游戏、试探	严谨、硬朗、自负	舒适、炫耀、实用
线	横向直线 小弧线 & 饱满弧线	斜线、 自由曲线（面）	纵向直线、圆弧	圆弧 & 圆润弧线（面）
形	几何形体小圆角	三角形 + 自由曲线	方、圆	几何形体 + 曲线
色	黑、白、灰 木本色、饱和色	粉色、 明度较高的纯色	黑、白、灰	木本色、粉色、灰色
质	原木、藤、麻布、石材	金属、玻璃、 塑料	金属、玻璃、 硬质材料	金属、玻璃、木、软质材料

柳冠中先生研究的“事理学”，强调的是“物中之事，事中之理”。也就是说，我们绝不能孤立、静止的“就物论物”，而应该把此“物”与他“物”、“物”与“人”、“物”与“环境”等事质因素综合考虑，这就是研究人员在做完 2700 张图片的产品分类之后，投入更多的精力进行“小景组合”、“样板间组合”的原因所在。

就产品本身而言，产品的性格是在产品组合、环境组合的相互影响、相互促动中形成的；就型态研究而言，只有产品与产品组合、产品与环境组合，才能更准确的把握目标群体的“大同”与“小异”；就卖场布置而言，单件产品是“死”的，而“小景组合”、“样板间组合”则是“活”的，根据“小景组合”、“样板间组合”可以灵活、准确、有效对产品进行组合、更换、调整，从而为雅筑今后的产品选样、定制、组合、布置、调整、更换等一系列动态过程提供科学的依据。

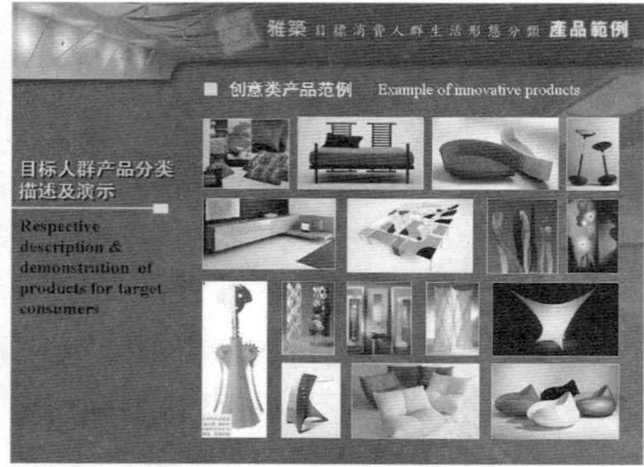

图 9–18　产品范例

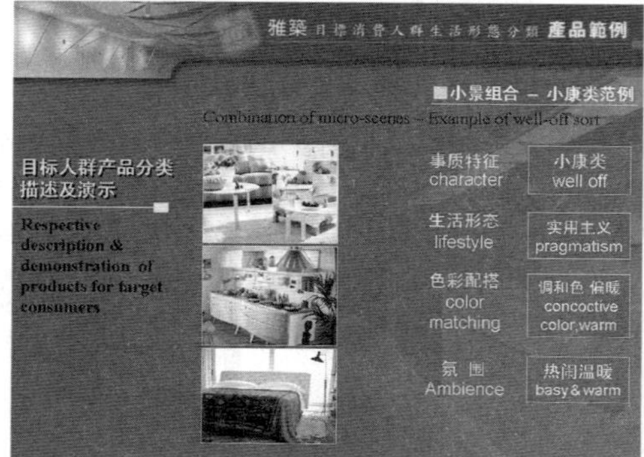

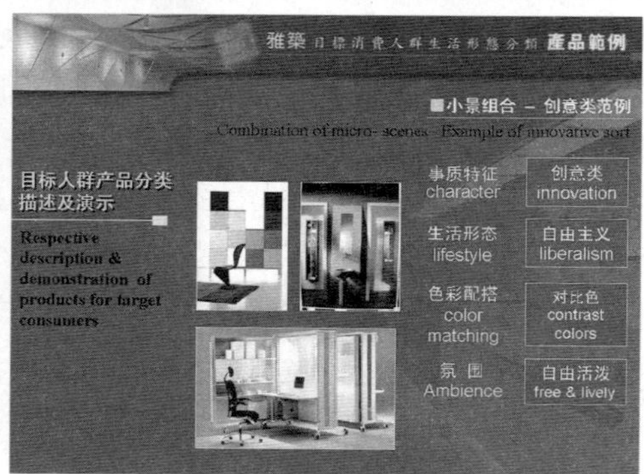

图 9–19　小景组合

第 10 章　“筷子”——亚洲食文化研究

“筷子——亚洲食文化研究”是一项跨文化研究项目[①]，目的是通过对被挑选的几个亚洲地区（中国北京／中国香港／日本／韩国）的若干户中产阶级家庭进行用户研究，理解不同文化环境中消费者在食物准备与消费方面的日常生活习惯与行为，从而研究“人—目标—环境”之间的关系，在人们日常“食”的行为方式中找到问题与不便，寻求隐藏在购买、备餐、进食、清洁事务中的需求与设计机会。

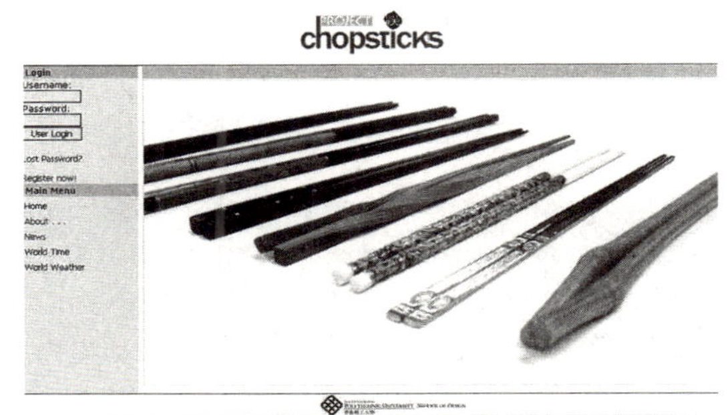

图 10–1　“筷子”网站主页

整个研究分为用户研究和概念设计两大部分。在用户研究部分，首先进行二手资料研究，然后进行用户调查。通过对二手资料和用户调查的结果进行综合分析，明确设计定位，发现设计机会，进而从中选择一些子课题进行概念设计。

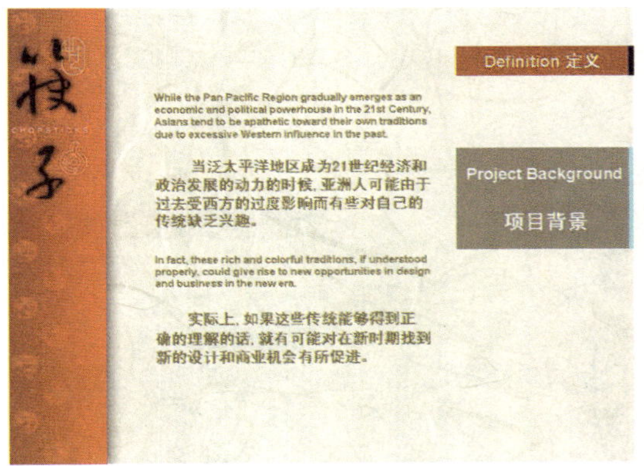

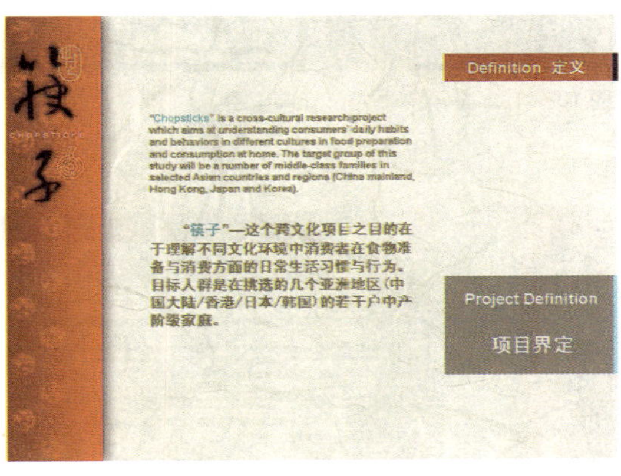

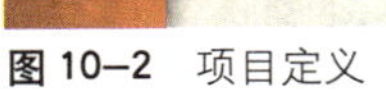
图 10–2　项目定义

①本案由香港理工大学（The Hong Kong Polytechnic University）和香港设计中心（Hong Kong Design Centre, HKSAR）联合发起，香港设计中心和金山公司（GoldPeak Ltd.）资助。北京地区由清华大学（Tsinghua University）美术学院柳冠中教授主持完成，香港地区由香港理工大学林衍堂教授主持完成，韩国地区由 KAIST 大学（Korea Advanced Institute of Science and Technology）K.P.Lee 教授主持完成，日本地区由筑波大学（Tsukuba University）Toshimasa Yamanaka 教授主持完成。研究时间从 2004 年 4 月至 2004 年 11 月。其研究成果在 2004 年香港设计营商周发布。相关信息请登录 http://chopsticks.sd.polyu.edu.hk。

10.1 用户研究[①]

10.1.1 二手资料研究

二手资料研究包括二手资料收集和北京中产阶级家庭定位两部分。二手资料收集，是为整个项目的展开提供知性基础，使研究者在开始研究之前对研究对象有全面而客观的初步认识；在背景信息中寻找研究的契机和重心，提炼出后续研究的切入点和关键点；既为后期研究成果提供论据支持，又能弥补调查研究中可能出现的欠缺或不足。同时，通过北京中产阶级家庭定位研究，可以对中产阶级家庭的人群特点、生活方式和背景环境有一个总的理解，并为后期用户调查确定选样标准。

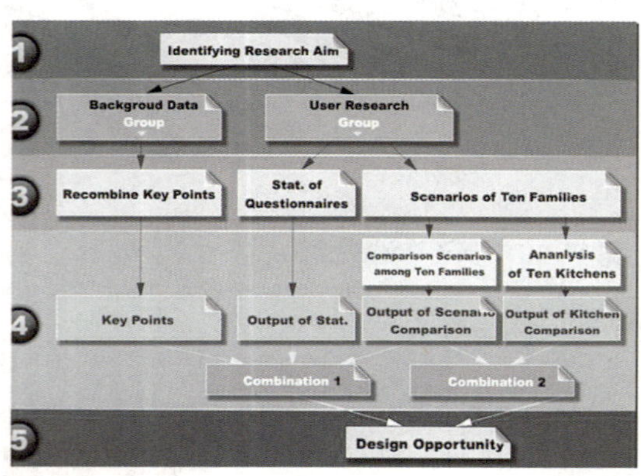

图 10–3　本案用户研究部分流程图

1. 二手资料收集[②]

第一步，筛选和确定资料源。确定了官方统计数据如中国国家统计局统计公报等、商业调研报告如 3SEE 市场信息研究网（http://www.3see.com/）中的饮食类免费报告；相关专著如《饮食与中国文化》等；相关论文如中国期刊网等；相关期刊如《食尚》等；相关报纸如《京华时报》等；相关电视节目如《天天饮食》等；相关网站如中华美食网（http://www.5eat.com/）等。

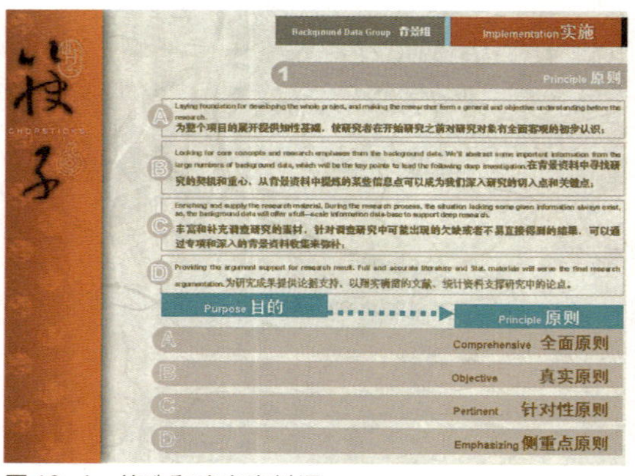

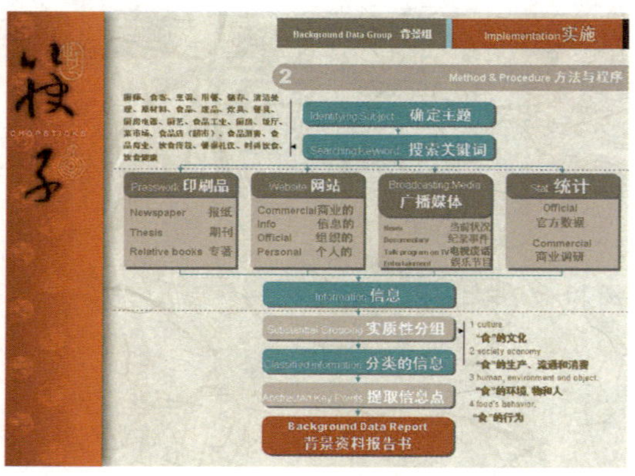

图 10–4　筛选和确定资料源

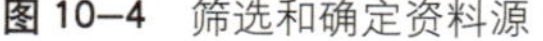

①本案北京地区由清华大学美术学院柳冠中教授、刘吉昆副教授主持，参加人员包括高炳学、唐林涛、刘新、杨瑞、胡飞、吕杰峰、李永春、王炎、赵龙、李海鸽等。

② 背景资料的收集与整体工作主要是由清华大学美术学院工业设计系系统工作室吕杰锋、李永春、王炎、李海鸽、赵龙等执行，相关分析报告由吕杰锋撰写。

第二步，展开资料收集工作。经选择主要收集到的资料包括，官方统计数据包括中国国家统计局统计公报 31 篇、北京市统计局统计公报 10 篇；商业调研报告包括饮食类商业调研报告 59 篇；专著包括《饮食与中国文化》、《中国人怎么吃》等 5 部；中国期刊网下载论文 180 篇，精选了 10 余篇作了摘录；并对相关期刊共拍照 276 张；两种报纸共记录文章 222 篇；共购买、刻录电视节目相关 VCD 光盘 151 张；五个网站共下载文章 334 篇。

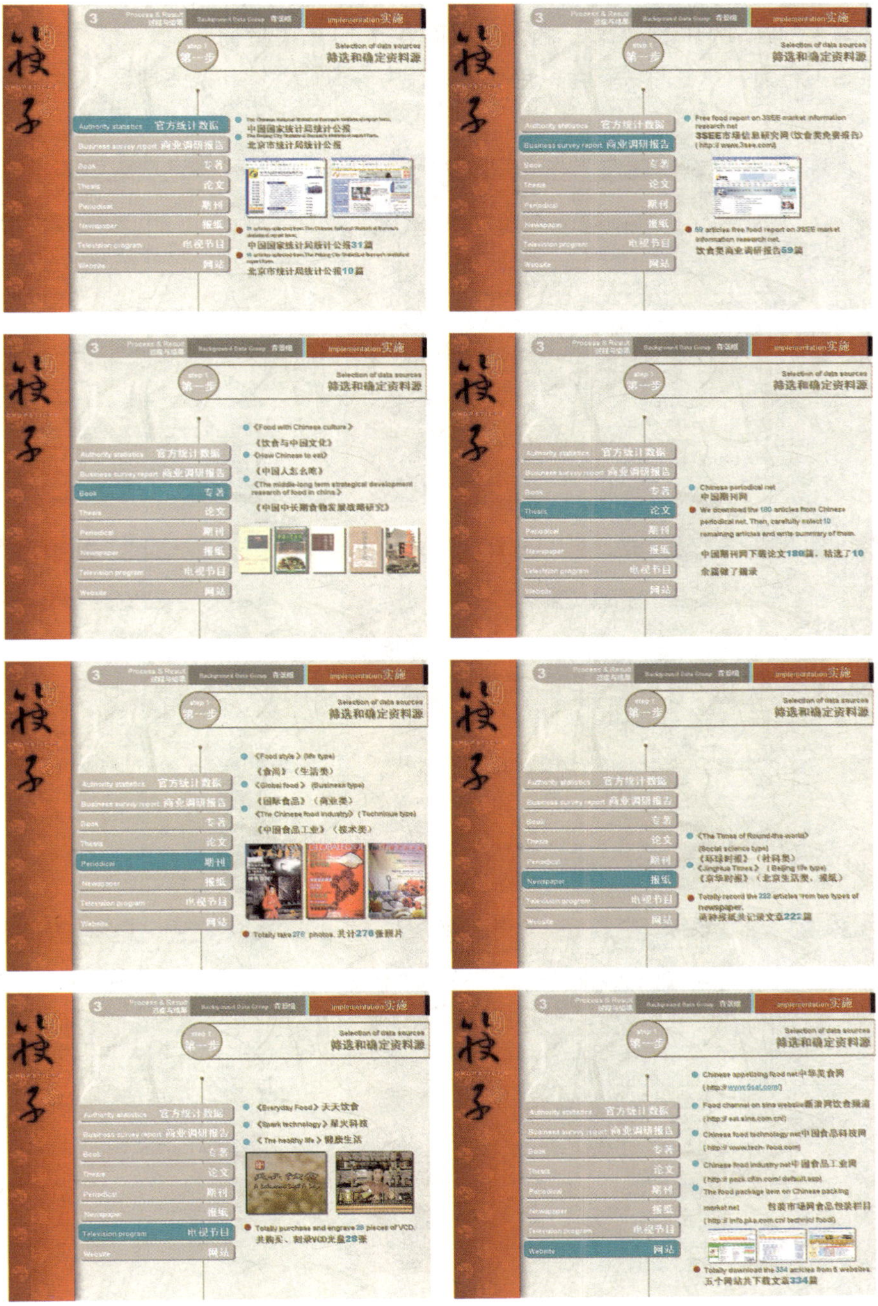

图 10–5　资料收集

第三步，资料的重新初步分类。根据收集资料的内容，将所有资料初步分为“食”的文化、“食”的生产流通和消费、“食”的环境和物、“食”的行为、“食”的时尚和趋势等 5 个领域。

第四步，资料的细分和信息点的提取。“食”的文化部分确定了中国“食”文化研究的现状、“食”的风俗习惯、“食”的传统观念、“食”的现代观念、“食”的交流与影响等方面的关键词共计 23 条；“食”的社会经济部分确定了“食”的生产、“食”的流通、“食”的消费等方面共计 8 条关键词；“食”的物、环境和人部分确定了有关“食”的内容、食物的功效、炊具、餐具、“食”的环境、“食”的人等方面共计 19 条关键词；“食”的行为部分归纳出有关购买相关行为、烹饪相关行为、用餐相关行为等方面共计 8 条关键词。

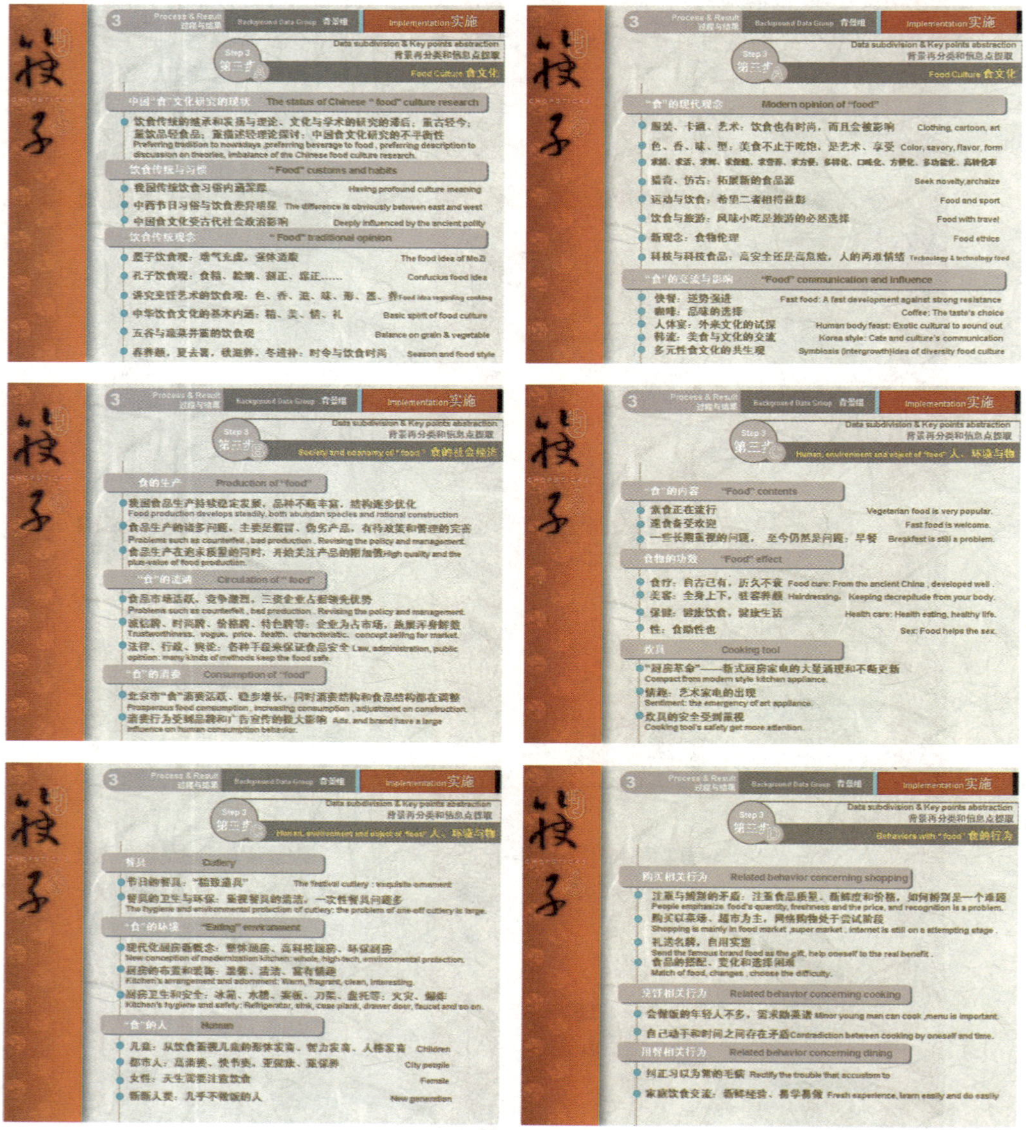

图 10–6 提取信息点

10.1.2 目标人群定位[①]

社会学家在研究现实社会时，一向注重社会分层，无论是功能主义、冲突论还是进化论的社会学家都一致认为社会是分层的，即社会学上所称的社会分层（social stratification）。通过对美国、德国、瑞典、印度、中国等各国中产阶级分类的比较发现：中产阶级的研究只能是一项区域性的研究，时空不同，中产阶级概念的内涵和外延都会发生变化。尤其我们进行跨文化、跨区域的比较研究，这种不断变化的差异性不容忽视。因此，将研究对象从时间上限定为“当代”，从地域上限定为“中国北京地区”，也即中国北京地区中产阶级家庭，是指在当前社会条件下按一定分层模式划分的、处于中间等级状态的社会群体。

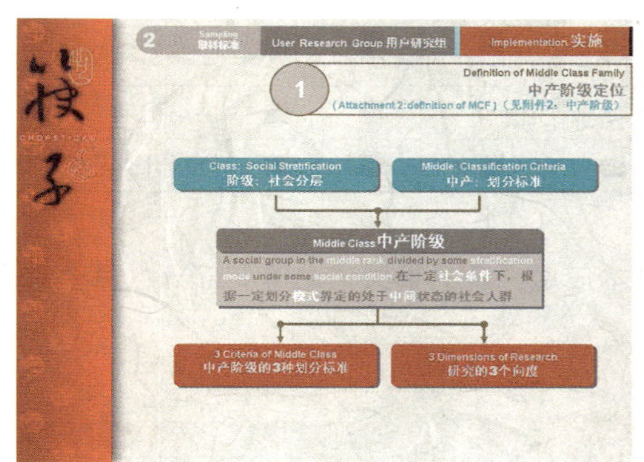

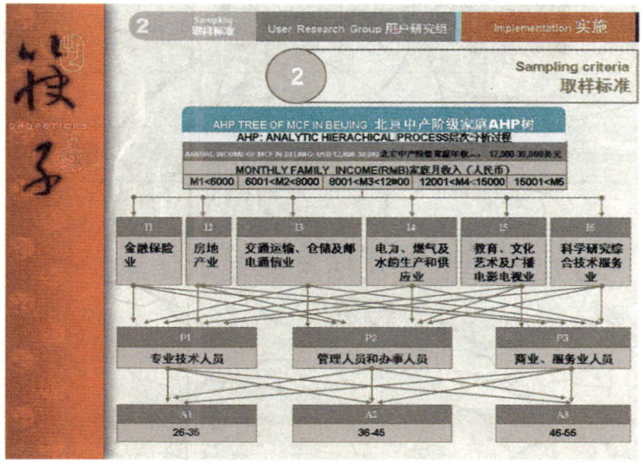

图 10–7 目标人群定位

根据中国社会科学院的《当代中国社会结构变迁研究》、《2000 年中国现代化报告》、《2003 中国首都发展报告》和国家税务总局的《个人所得税专项检查工作规程（试行）》等相关研究报告和资料，确定了收入、行业、职位、年龄等选样标准，例如确定了金融保险业，房地产业，交通运输、仓储及邮电通信业，电力、燃气及水的生产和供应业，教育、文化艺术及广播电影电视业，科学研究综合技术服务业等 6 个行业为目标人群的行业特征；确定了专业技术人员，管理人员和办事人员，商业、服务业等服务人员等 3 种职位为目标人群的职位特征等。由此建构了用户调查的选样标准。

10.1.3 用户调研[②]

通过对二手资料的收集、归类、整理、分析，发现与“食”相关的大量信息；提取舆论引导的关键词，分析相关产品发展的可能趋势。其中出现频次较高、有争议的信息点留待进一步研究验证。

根据中国北京地区中产阶级家庭选样标准，选择了 10 个样本家庭，并主要通过问卷（questionnaire）、图片日记（photo diary）、观察法（observation）、影像故事（video ethnography）、深度访谈（depth interview）等社会学方法和民族学方法进行用户调研。具体流程与所用方法如表 10–1 所示。

① 北京中产阶级定位相关工作和研究报告主要由清华大学美术学院工业设计系系统工作室胡飞完成。

② 用户调查由清华大学美术学院工业设计系系统工作室共同完成，调查提纲为高炳学撰写。

调研程序与操作方法　　表 10–1

序号	调研流程及内容	问卷	图片日记	观察	影像故事	摄影	访谈	相关行为
1	问卷和用户图片日记提纲设计	■	■					问卷、相机、胶卷发放
2	用户填写问卷、拍摄图片日记	■	■					回收问卷和胶卷，冲洗
3	分析（2）资料，拟定深度访谈和观察提纲	■	■					预约入户时间
4	入户深度访谈、观察和摄像（相）			■	■	■	■	录音、录像、照片
5	整理（4）资料拟定电话回访提纲			■	■	■	■	
6	电话回访					■	■	回访纪录
7	最终资料整理	■	■	■	■	■	■	资料分类汇总

调查问卷主要包括家庭基本信息、个人基本信息、食的相关信息等 3 部分，每个家庭成员分别填写各自内容。

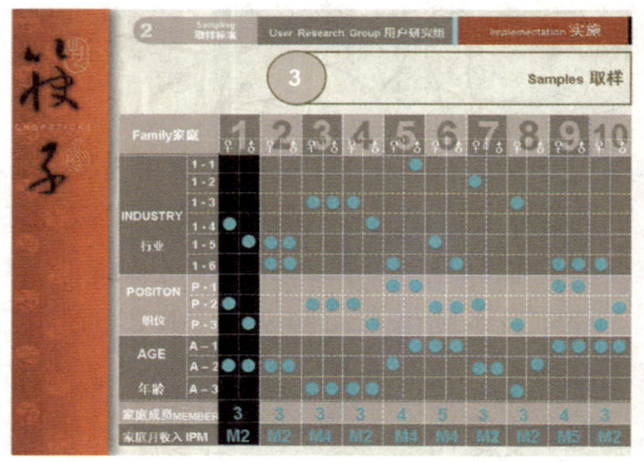

图 10–8　选样及用户调研

用户图片日记主要是让被选取的家庭成员用所发给的相机记录日常生活和与饮食相关的活动内容，为期一周。拍摄内容主要包括：购物环境，购买的食品，厨房环境及工具，食物准备与烹饪过程，家人进餐的环境和过程，早、中、晚餐的内容，食物、工具的存储方式。

在入户调研过程中，通过观察法、深度访谈、影像故事等方法，针对早餐、中餐和晚餐，了解家庭成员的用餐过程、用餐环境、用餐态度，了解个人如何看待、理解这些早餐、中餐和晚餐，并发现特定产品与其生活方式某一方面的行为之间的联系。

10.1.4 调查资料的整理分析

1. 调查问卷统计分析[①]

虽然 10 户家庭的统计结果不具备统计学意义，但其中比较明显的共性特征还是不容忽视。如关于购买：大多数家庭日常支出由太太掌控，食物购买地点通常是超市或食品市场，常常使用塑料袋把食物拎回家。关于早餐：夫妇通常会在家中吃早餐，以西式为主，他们认为西式早餐可以节省时间并且包含身体必须的营养。关于晚餐：大部分先生在晚餐时会饮酒，尤以啤酒为主；在用餐过程中，家庭喜欢看电视并聊天。关于家务：由太太或保姆完成为主，部分家庭中先生会予以协助。关于厨房：抽油烟机、冰箱、微波炉、煎锅等是常用厨具。关于清洁：大部分家庭在餐后立刻洗涤餐具，不会拖时间。

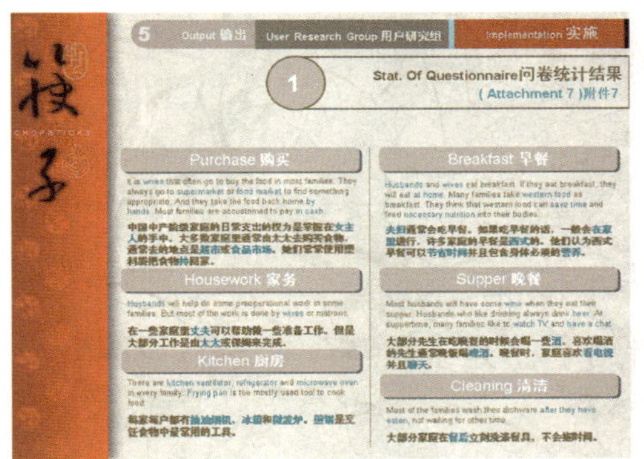

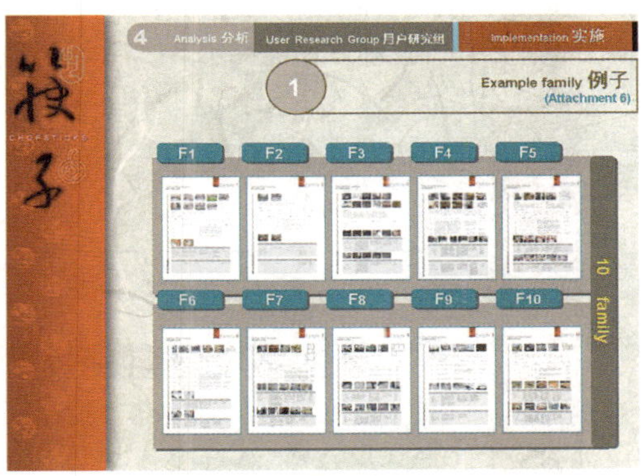

图 10–9 资料整理

2. 入户调查资料整理分析[②]

将入户调研的感性材料如照片、录音、摄像等资料和问卷信息进行整理，以时间为序，归纳出用户一天的行为场景，从而全面理解这些家庭的饮食行为。在归纳用户生活情景的时候，从事实要素入手，即明确时间、人物、环境、行为、相关物；然后通过“讲故事”的方法描述用户的行为，将各事实要素之间的关系以感性直观的方式串起来，即“场景描述”；同时将与场景故事相关的其他信息置于“相关资料”栏，对场景描述进行补充；然后在此基础上对人物的行为作出“推断”；进而作出观察者的“理解”。

10.1.5 综合分析

1. 用户调查资料比较分析[③]

在运用“事”的框架对调查资料进行整理分析的基础上，进一步对 10 个家庭的生活情景进行比较，如图 10–11。从中可以发现很明显的共性与个性。如在超市购买与新鲜、省时不能同时满足；中国食品味道好，但太花时间；早餐不正式、西化、简单、快速；担心和不信任食物与加工点的卫生与安全；清洁工作枯燥无味；重视孩子的营养问题；全家聚

---

① 调查问卷统计分析由清华大学美术学院工业设计系系统工作室共同完成，汇总结果由王炎整理。

② 入户资料的整理分析由清华大学美术学院工业设计系系统工作室共同完成。

③ 用户调查资料的比较分析由清华大学美术学院工业设计系系统工作室共同完成，唐林涛总结。

图 10–10　提取信息点

餐和交流的时间较少；家里的闲人（老人、保姆或全职太太）为上班族提供服务；营养、卫生、费用以及速度很难同时满足；备餐的人感觉乏味与孤单；在吃的时候做其他事情，如交流、教育孩子、社交以及娱乐等。

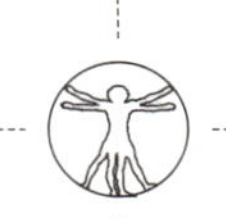

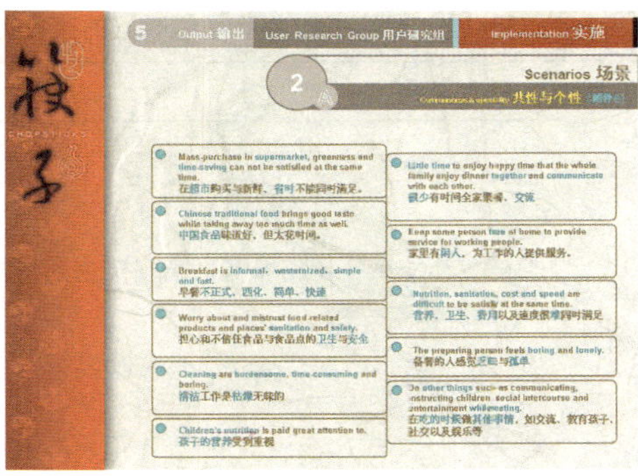

图 10-11　场景比较

同时，选取“厨房”作为典型空间比较。结果发现，厨房问题严重，如拥挤、采光不好、储藏无序、操作台小、油污难清洗、油烟机脏、垃圾筒脏、垃圾回收问题明显、主人对食品卫生和生活品质十分重视等。

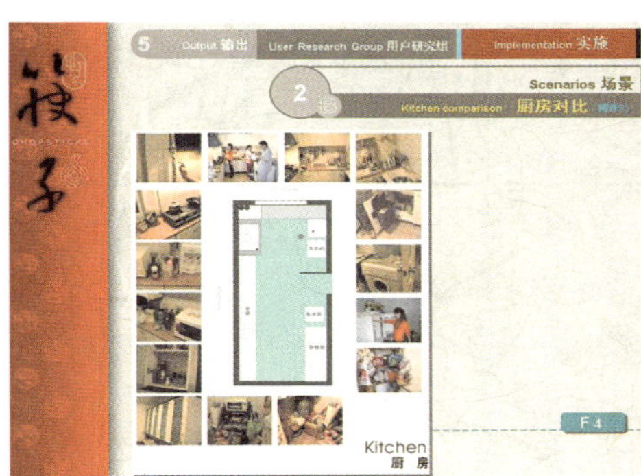

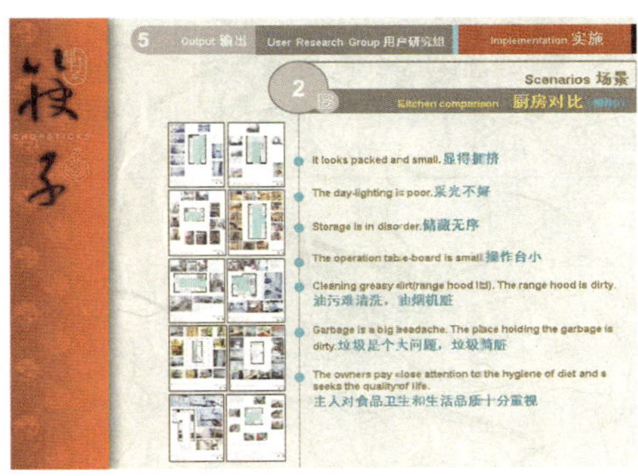

图 10-12　厨房比较

2. 二手资料与用户调查的综合分析①

我们将背景资料提取的 58 个信息点进行重组和分析，归纳为关于功能、安全、社会、情趣四种类型共计 25 点，针对这 25 个问题对各家庭进行分析如表 10-2。

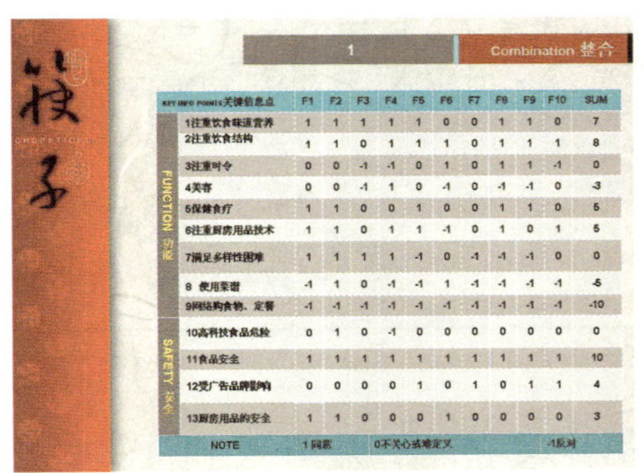

	KEY INFO POINTS 关键信息点	F1	F2	F3	F4	F5	F6	F7	F8	F9	F10	SUM
FUNCTION 功能	1注重饮食味道营养	1	1	1	1	1	0	0	1	1	0	7
	2注重饮食结构	1	1	0	1	1	1	0	1	1	1	8
	3注重时令	0	0	-1	-1	0	1	0	1	1	-1	0
	4美容	0	0	-1	1	0	-1	0	-1	-1	0	-3
	5保健食疗	1	1	0	0	1	0	0	1	1	0	5
	6注重厨房用品技术	1	1	0	1	1	-1	0	1	0	1	5
	7满足多样性困难	1	1	1	1	-1	0	-1	-1	-1	0	0
	8 使用菜谱	-1	1	0	-1	-1	1	-1	-1	-1	-1	-5
	9网络购食物、定餐	-1	-1	-1	-1	-1	-1	-1	-1	-1	-1	-10
SAFETY 安全	10高科技食品危险	0	1	0	-1	0	0	0	0	0	0	0
	11食品安全	1	1	1	1	1	1	1	1	1	1	10
	12受广告品牌影响	0	0	0	0	1	0	1	0	1	1	4
	13厨房用品的安全	1	1	0	0	0	1	0	0	0	0	3
NOTE		1同意		0不关心或难定义						-1反对		

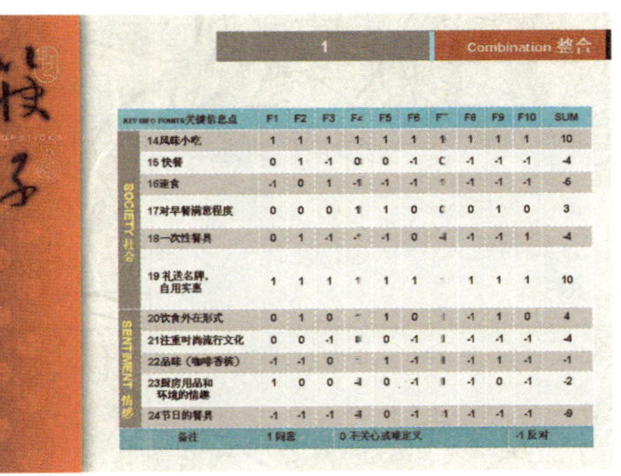

	KEY INFO POINTS 关键信息点	F1	F2	F3	F4	F5	F6	F7	F8	F9	F10	SUM
SOCIETY 社会	14风味小吃	1	1	1	1	1	1	1	1	1	1	10
	15 快餐	0	1	-1	0	0	-1	[illegible]	-1	-1	-1	-4
	16速食	-1	0	1	-1	-1	-1	[illegible]	-1	-1	-1	-6
	17对早餐满意程度	0	0	0	1	1	0	[illegible]	0	1	0	3
	18一次性餐具	0	1	-1	[illegible]	-1	0	-1	-1	-1	1	-4
	19 礼送名牌，自用实惠	1	1	1	1	1	1	[illegible]	1	1	1	10
SENTIMENT 情趣	20饮食外在形式	0	1	0	[illegible]	1	0	[illegible]	-1	1	0	4
	21注重时尚流行文化	0	0	-1	[illegible]	0	-1	[illegible]	-1	-1	-1	-4
	22品味（咖啡香槟）	-1	-1	0	[illegible]	1	-1	[illegible]	-1	1	-1	-1
	23厨房用品和环境的情趣	1	0	0	-1	0	-1	[illegible]	-1	0	-1	-2
	24节日的餐具	-1	-1	-1	-1	0	-1	1	-1	-1	-1	-9
备注		1同意		0不关心或难定义						-1反对		

图 10-13　需求“打靶”

① 二手资料与用户调查的综合分析由清华大学美术学院工业设计系系统工作室共同完成，胡飞总结。

中产阶级家庭的饮食需求分析（一） **表 10–2**

信息点	统计结果	分析	设计启示
1/2/11	正值非常一致	功能和安全是共同关注的话题，也是现阶段设计的主导方向	功能和安全必须满足的前提需求
10	负值完全一致	网络服务，离现实生活还很远	依赖于网络技术不符合现状，是设计盲目创新的误区
3/4/5/6/7/8	不一致	关注食品功能，但关注点呈多样	同一产品的多样化策略
14/20	完全一致	传统社会层观念仍然根深蒂固；而当代社会的新观念、新趋势虽然已经在不同程度上形成了影响，但并没有直接造成主观需求和客观市场	缺乏针对明确目标群的产品，需求目标系统是关键
15/16/17/18/19	不一致		
21	正值较一致	饮食的情趣层需求已显端倪，但停留在较浅层次的外在形式上，对文化层次的需求还很缺乏，而精细程度远远不够	短线产品加强外在形式的情趣，略带文化引导；长线产品则需要加强文化导向
22/23/24	负值较一致		
25	负值一致		
结论	整体需求在发展层，因而呈现多样化；舆论需求导向与主观需求导向还有很大的距离。整体是优越感与压力感并存的状态；身心紧张；闲暇时获得的不像是幸福更像是偷来的欢乐（Snatch Happiness）		需求系统目标：发展；不要盲目跟随舆论导向；设计主题：全家齐“偷欢”

3. 用户调查综合分析[①]

将场景比较和厨房对比进行综合分析，从不同角度归纳出“食”的需求、目的、意义（表10–3）。

中产阶级家庭的饮食需求分析（二） **表 10–3**

人		时间	空间	任务	
儿童	营养	新鲜食品与购物时间的矛盾	晚餐：厨房的主要功能	早餐	速度 + 新鲜
			君子远庖厨	中餐	交流分享 + 乐趣
办公族	速度第一口味次之卫生与营养最后	美味与耗时	厨房的社会文化意义	购买	多种口味 + 卫生
		早餐——在速度与营养和口味之间	狭小的问题空间：清洁、操作、存储、采光、垃圾	备餐	快速 + 营养
				晚餐	分享劳动 + 体验
闲人	老人、主妇、保姆为他人服务	速食产品的未来——吃饱也要吃好	厨房与中式烹饪 油烟与油污	清洁	方便 + 休闲
				储藏	整洁 + 方便
		有闲人与忙人之间——互补	生活的舞台 餐桌上的情感交流	外出就餐	偷欢 + 情感凝聚

① 用户调查综合分析由清华大学美术学院工业设计系系统工作室唐林涛完成。

4. 设计定位[①]

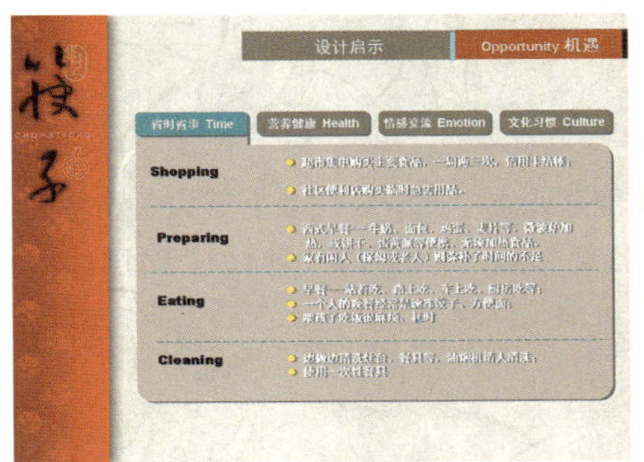

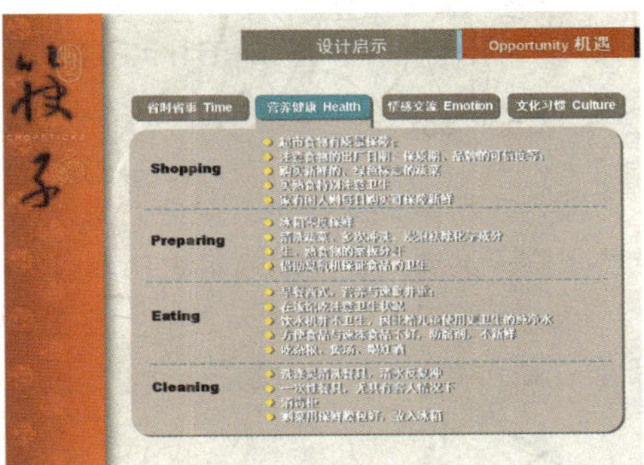

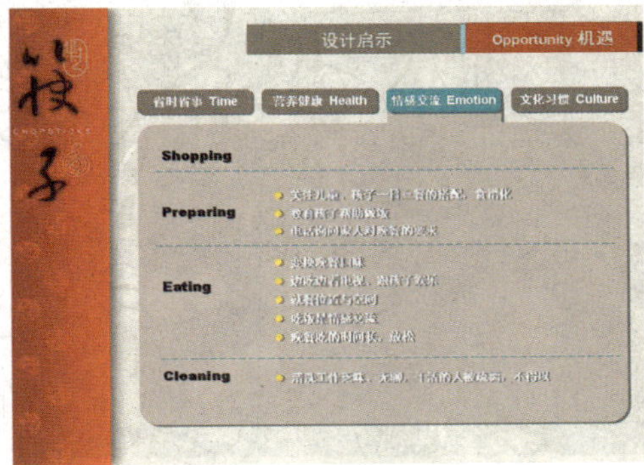

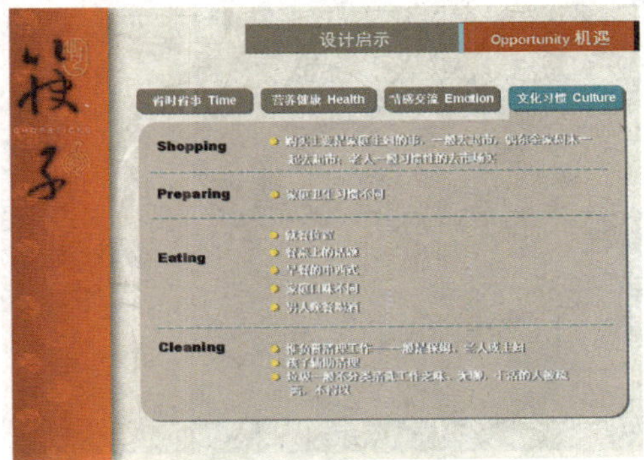

图 10–14 设计机会

通过广泛的背景资料的收集与分析以及深入的消费者生活形态研究，最终建构了中国北京地区中产阶级家庭饮食需求的目标系统，并找到与之相关的一些关键洞察（insights）和设计与商业开发机会（opportunity），如图 10–15。

进而从中选择一些子课题进行概念设计。

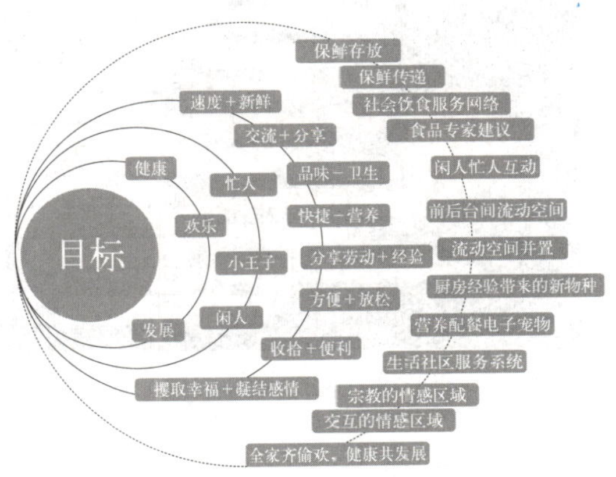

图 10–15 北京中产阶级家庭饮食需求目标系统

10.2 柳冠中教授团队的概念设计[②]

经过数月的努力，我们对涉及饮食的相关信息以及北京地区中产阶级家庭的饮食方式进行了较为系统的调查、分析，从中发现了诸多设计机会，并有选择性地提出五套概念设计方案，即，COOLCOOK：健康、环保取向的一体化厨具；CO–COOK：旨在加强亲情交流的厨房空间整合方案；CROCO：多功能的环保

① 设计定位由清华大学美术学院柳冠中教授总结。

② 这五个概念设计都是在柳冠中教授指导下由清华大学美术学院工业设计系系统设计工作室集体创作完成。

垃圾筒设计；COOKIT：引导孩子体验烹饪乐趣的游戏系统；COOKBAR：新型社区饮食文化平台的自助式厨房。本次方案的构想重在表达创意的概念和原则，对于方案的具体细节未作特别深入的探讨，有待今后的补充和发展。

10.2.1 CoolCook

前期用户研究调查显示，健康、快乐、发展是北京中产阶级饮食生活的主要需求，它们始终贯穿于家庭饮食活动的购物（shopping）、备餐（preparing）、用餐（eating）、烹饪（cooking）、清洁（clearing）乃至日常休闲之中。但在烹饪阶段，健康、卫生、品位、方便、舒适等需求却并未满足甚至被忽视（图 10–16）。

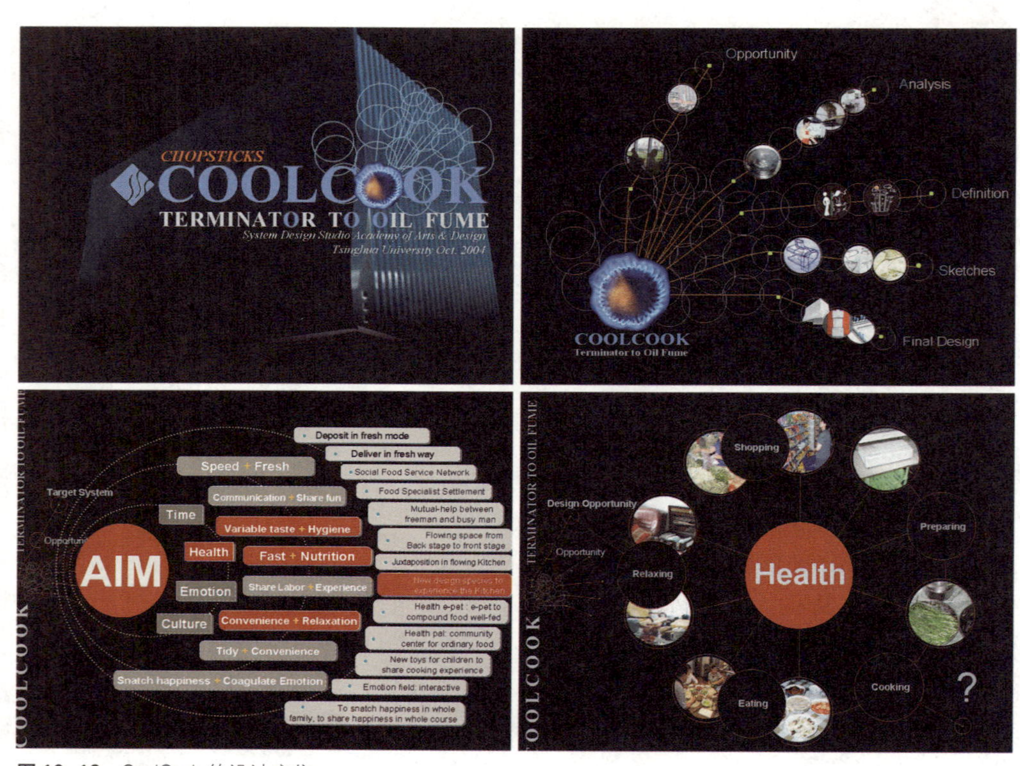

图 10–16　CoolCook 的设计定位

针对烹饪行为进一步分析发现：1. 呛：中餐烹饪过程中产生的大量油烟，被直接吸入体内，严重地危害身体健康；2. 热：在烹饪过程中，产生局部高温，直接烘烤人体，引起不适；3. 脏：油烟不能被及时地排出厨房，大量的油脂污染厨房和饮食器具，既不卫生也难清洗；4. 碰：烟机经常会碰到烹饪者的头部，造成不便；5. 害：油烟不经处理，被直接排到室外的大气中，造成空气污染（图 10–17）。

图 10–17 烹饪行为分析

针对发现的问题，寻找解决方案：1. 隔：将油烟与烹饪者隔离，避免油烟被直接吸入体内；2. 凉：阻隔热源，避免高温烘烤；3. 限：限制油烟扩散范围，提高吸烟效率，减少油脂污浊厨房环境和饮食器具；4. 升：提升油烟机的安装高度，避免撞头；5. 净：净化处理油烟，避免污染空气（图 10–18）。

最终设计 COOLCOOK 突出三点：1.Cool Cooking：采用风幕设计，在操作空间与使用者之间建立一道“风墙”，既限制油烟的扩散范围，避免人体吸入油烟，又阻隔高温热量对人体的烘烤，使烹饪工作变得轻松、舒适；2.Cool Breathing：采用紫外线光解氧化技术，将油脂分子链分解，并冷燃生成二氧化碳和水，实现油烟的净化处理，既有利于人体的健康，

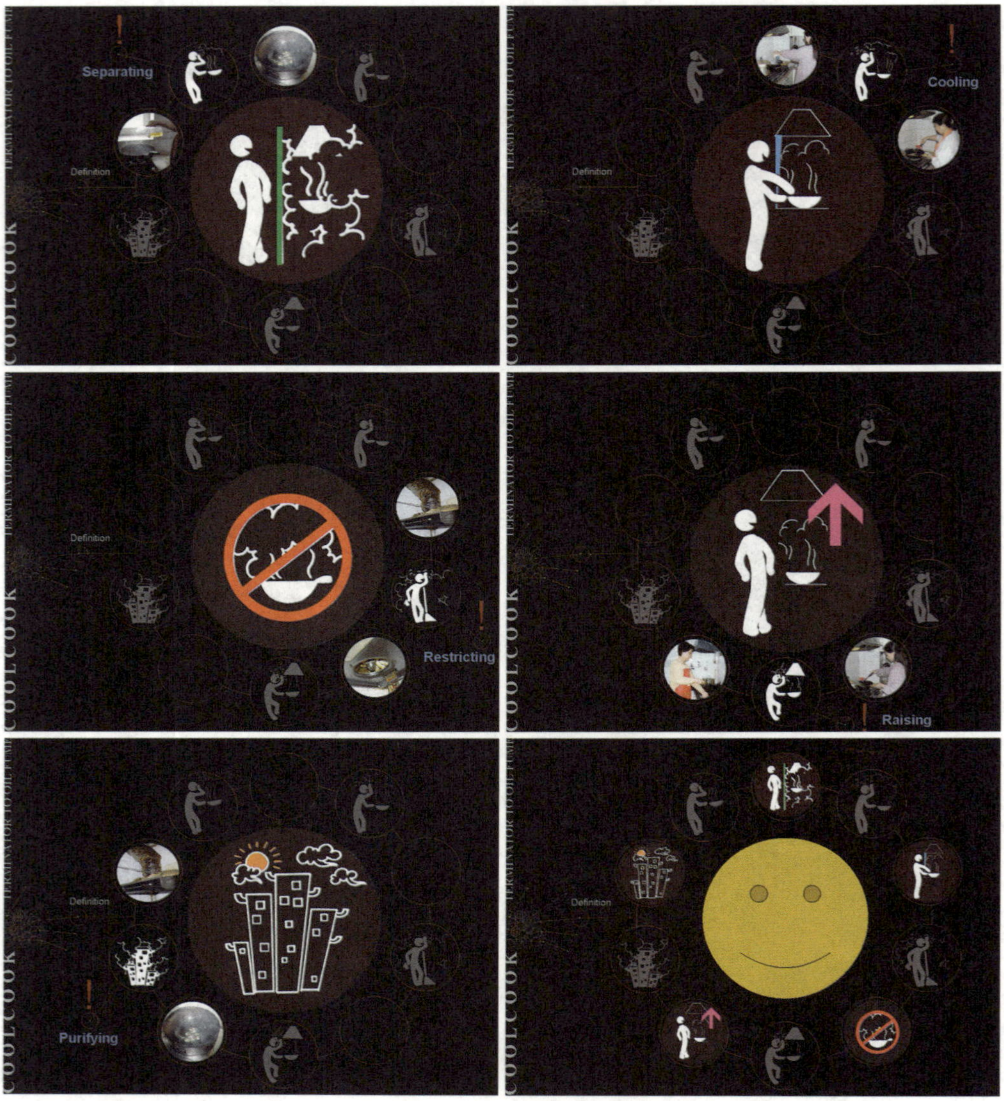

图 10–18　解决方案

又减轻油脂造成厨房环境和饮食器具的污浊，还减少对室外空气的污染；3.Cool Feeling：以“飘”（Gone With Wind）为造型语意，在凉风中轻松操作，于清风中自然呼吸（图 10–19）。

10.2.2　CookBar

从前期的调查中发现，大部分中产阶级家庭更喜欢中式传统食物。然而，由于现代生活方式的巨大变革，快节奏的都市生活冲击着传统的饮食文化。繁忙的现代人一方面眷恋着传统食物的口味以及烹饪的乐趣，一方面却迫于工作的压力，不得不放弃享受传统“食”文化的丰富体验，将之仅仅简化为“吃”的行为（图 10–20）。

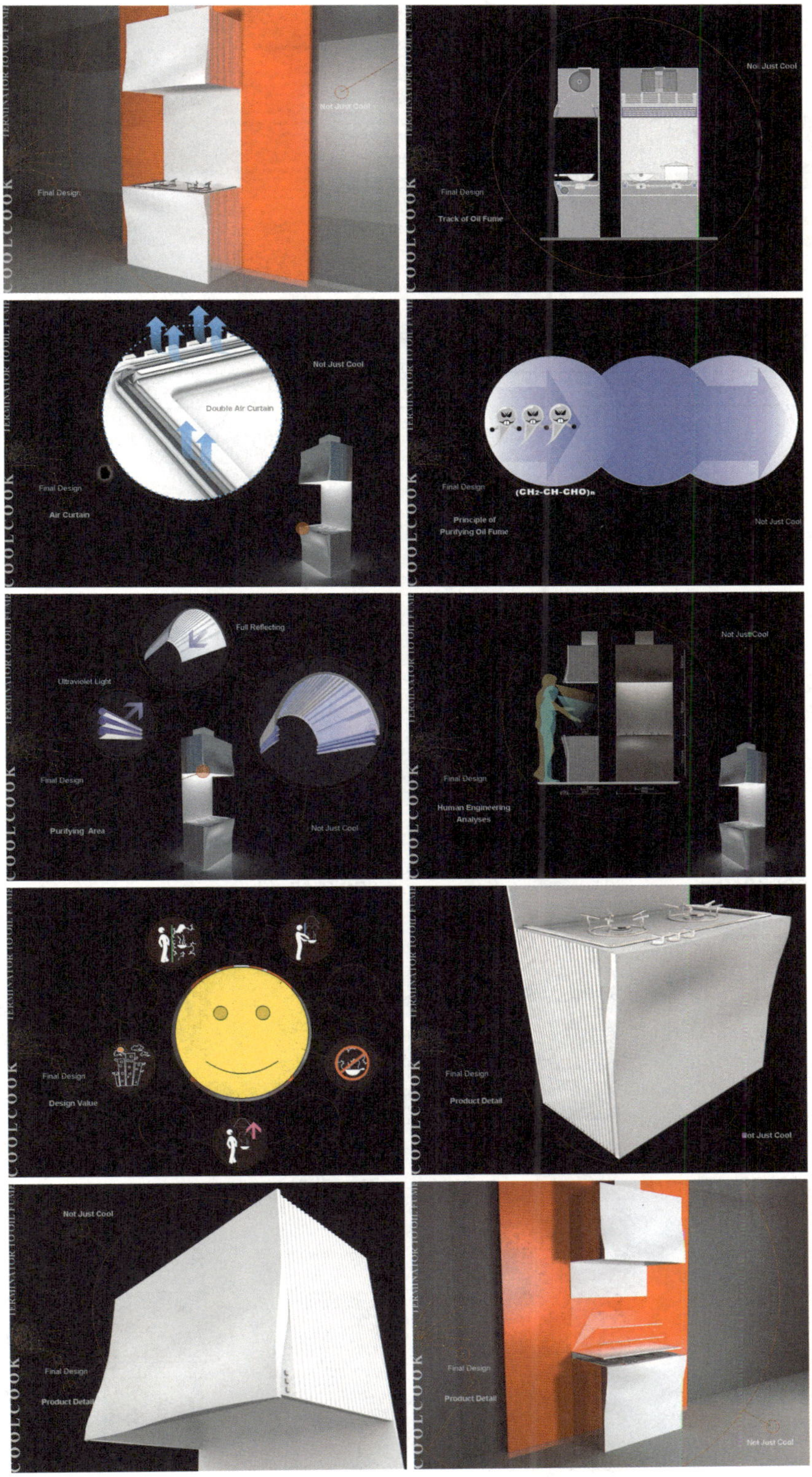

图 10–19 COOlCOOK

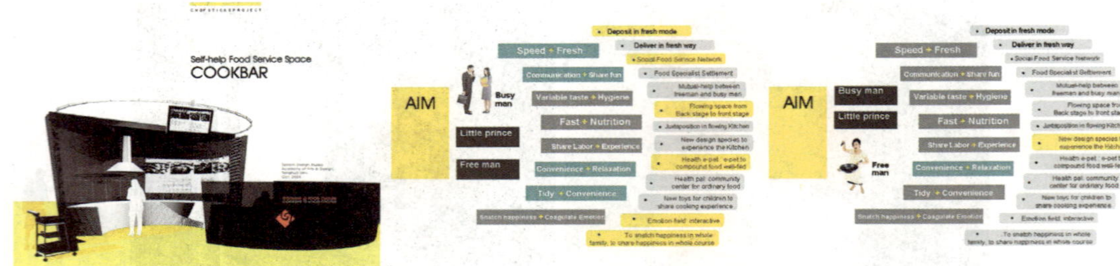

图 10–20　CookBar 的设计定位

传统“食”文化与现代“吃”行为的比较　　**表 10–4**

传统的“食文化”特征		现代的“吃”行为特征		
原料讲究	新鲜	时间紧	集中购买	原料不新鲜
制作精细	时间			
环节复杂	空间	压力大	缺乏口味	影响健康和家庭交流
口味独特	心情			
菜系丰富	文化	节奏快	选择快餐	传统文化的削弱

进一步对购物、备餐、烹调、用餐和清洁等环节进行细化分析发现在家庭就餐时，超市集中购买食品，新鲜与省时不能同时满足；传统食品味道好，但太花时间；备餐的人感觉乏味与孤单；大部分人愿意尝试，并从中获得乐趣与成就感；家庭共享的欢聚时刻；清洁工作是需要承担的责任，但枯燥无味。而在餐厅用餐方便、省事、省时，但口味单一，卫生状况无法保证，环境嘈杂，而且费用较高（图 10–21）。

图 10–21　CookBar 的问题分析

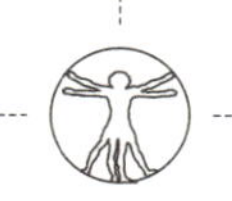

由此，我们针对具有中等收入的都市繁忙上班族，可以创造一种新型的饮食服务方式，从一定意义上缓解都市忙人无暇耗费大量精力、时间去买菜、准备以及饭后清理的复杂过程，但又希望享受做饭过程的现状；同时，借助饮食自助空间，围绕饮食信息、体验的交流，创造一种社区人际交往、情感互动的新平台，延续并发展传统东方“食”文化的形式和内涵（图 10–22）。

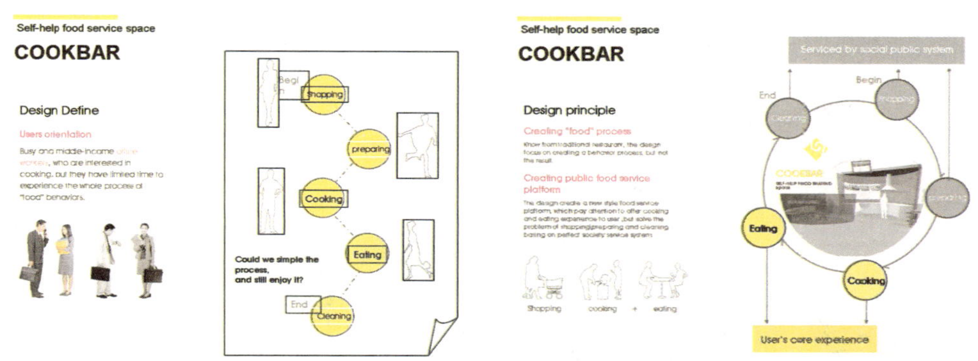

图 10–22 CookBar 的设计概念

最终设计出一种新型社区饮食服务系统：COOKBAR，也可称为自助式饮食共享空间。一方面，重在行为过程的创造，针对新的生活语境创造出全新的饮食行为体验，将设计的重心置于“做”与“吃”这两个目标用户喜欢的环节，而将其不喜欢的购买、备餐和清洁过程则交给社会化服务完成；另一方面，突出对社会资源的利用，COOKBAR 设置在生活小区内，既可以方便用户，又可以充分利用闲散的人力资源（下岗人员、退休人员、无业人员等）完成购买、备餐和清洁过程（图 10–23）。

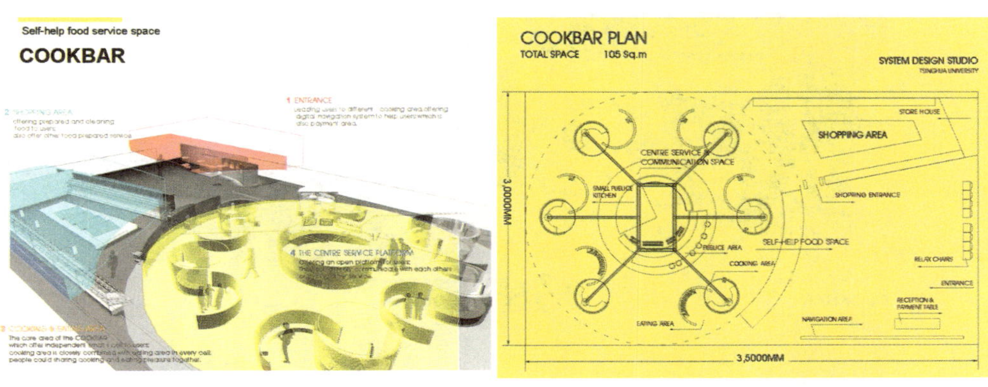

图 10–23 CookBar

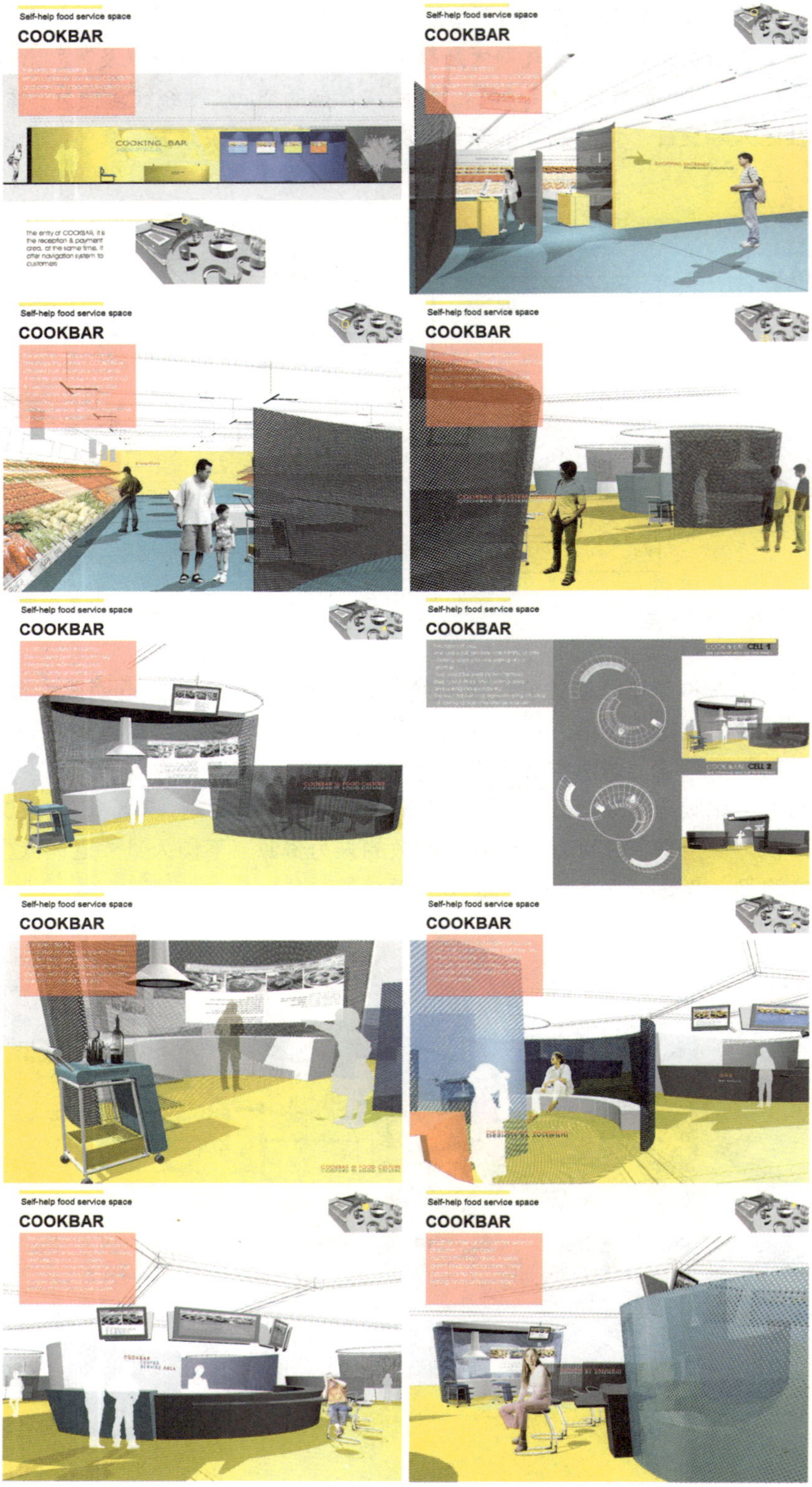

Self-help food service space

COOKBAR

COOKING_BAR

The entry of COOKBAR, it is the reception & payment area, at the same time, it offer navigation system to customers

Self-help food service space

COOKBAR

Self-help food service space

COOKBAR

Self-help food service space

COOKBAR

Self-help food service space

COOKBAR

Self-help food service space

COOKBAR

Self-help food service space

COOKBAR

Self-help food service space

COOKBAR

Self-help food service space

COOKBAR

Self-help food service space

COOKBAR

图 10–23 CookBar（续）

10.2.3 Croco

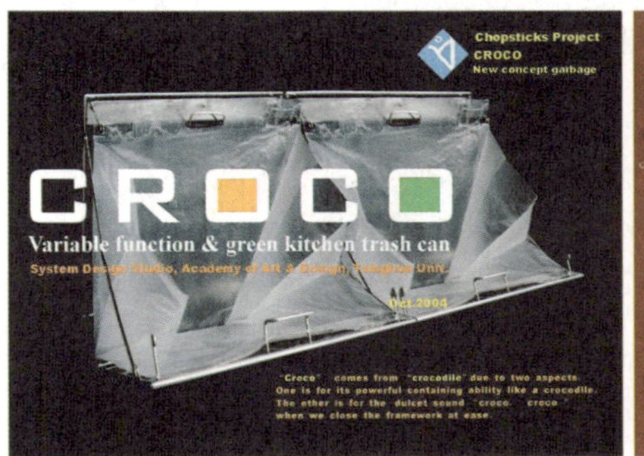

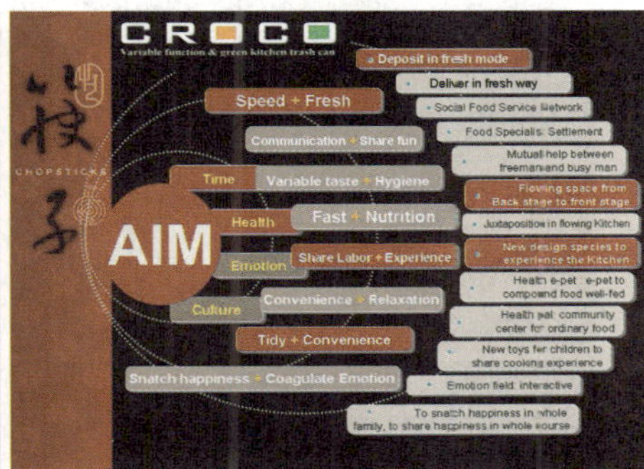

图 10–24 Croco 的设计定位

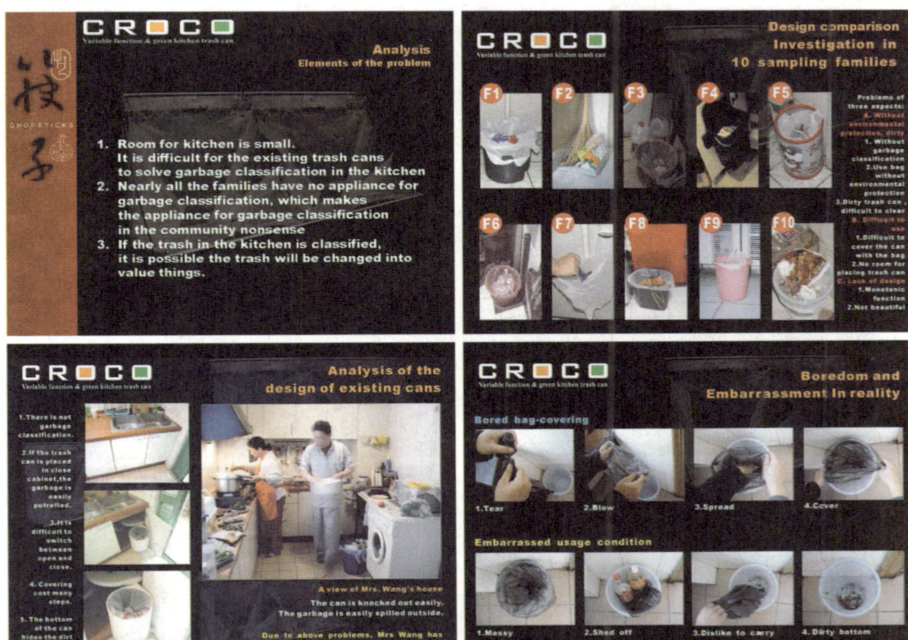

图 10–25 CookBar 的问题分析

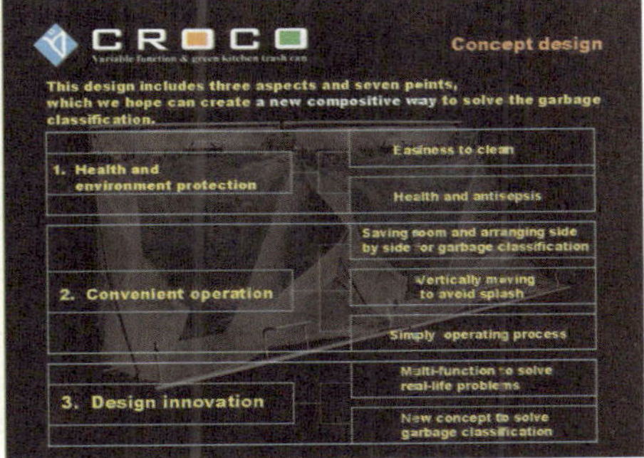

图 10–26 CookBar 的设计概念

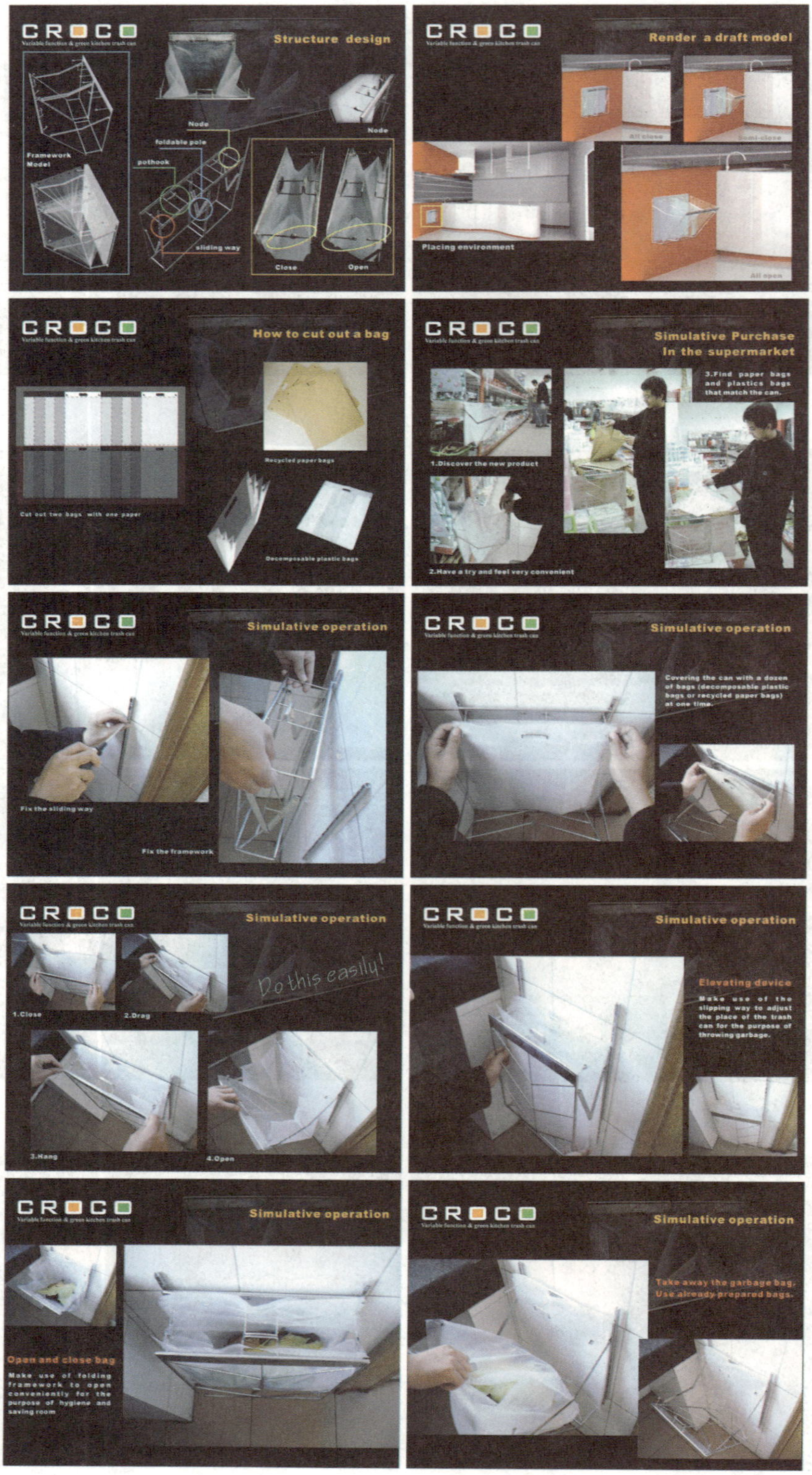

CROCO
Structure design
Framework Model
Node
foldable pole
pothook
sliding way
Close
Open

CROCO
Render a draft model
All close
Semi-close
Placing environment
All open

CROCO
How to cut out a bag
Cut out two bags with one paper
Recycled paper bags
Decomposable plastic bags

CROCO
Simulative Purchase
In the supermarket
1.Discover the new product
2.Have a try and feel very convenient
3.Find paper bags and plastics bags that match the can.

CROCO
Simulative operation
Fix the sliding way
Fix the framework

CROCO
Simulative operation
Covering the can with a dozen of bags (decomposable plastic bags or recycled paper bags) at one time.

CROCO
Simulative operation
Do this easily!
1.Close
2.Drag
3.Hang
4.Open

CROCO
Simulative operation
Elevating device
Make use of the slipping way to adjust the place of the trash can for the purpose of throwing garbage.

CROCO
Simulative operation
Open and close bag
Make use of folding framework to open conveniently for the purpose of hygiene and saving room

CROCO
Simulative operation
Take away the garbage bag.
Use already prepared bags.

图 10–27 Croco

10.2.4 Co-Cook

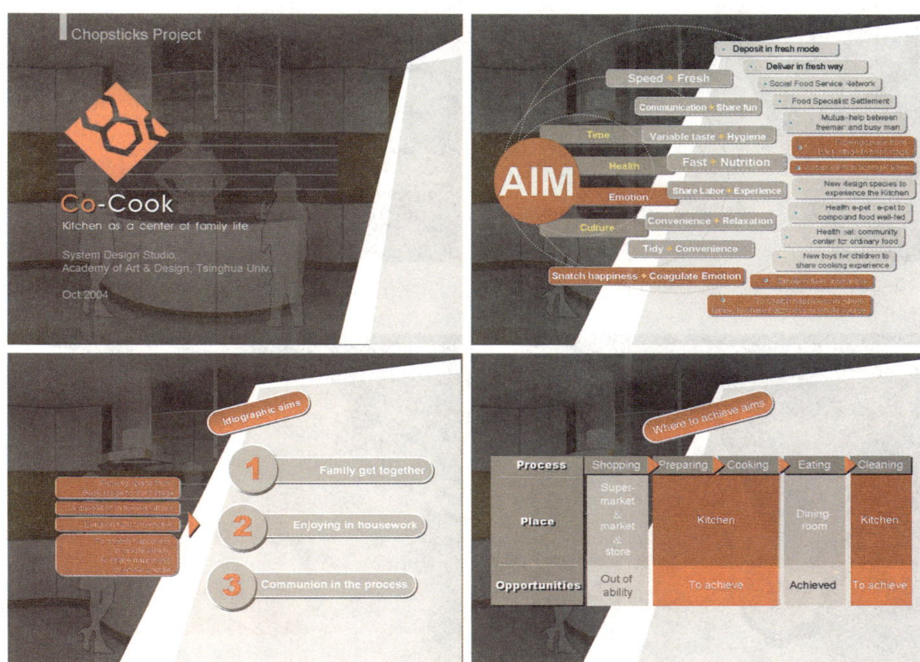

图 10–28 Co-cook 的设计定位

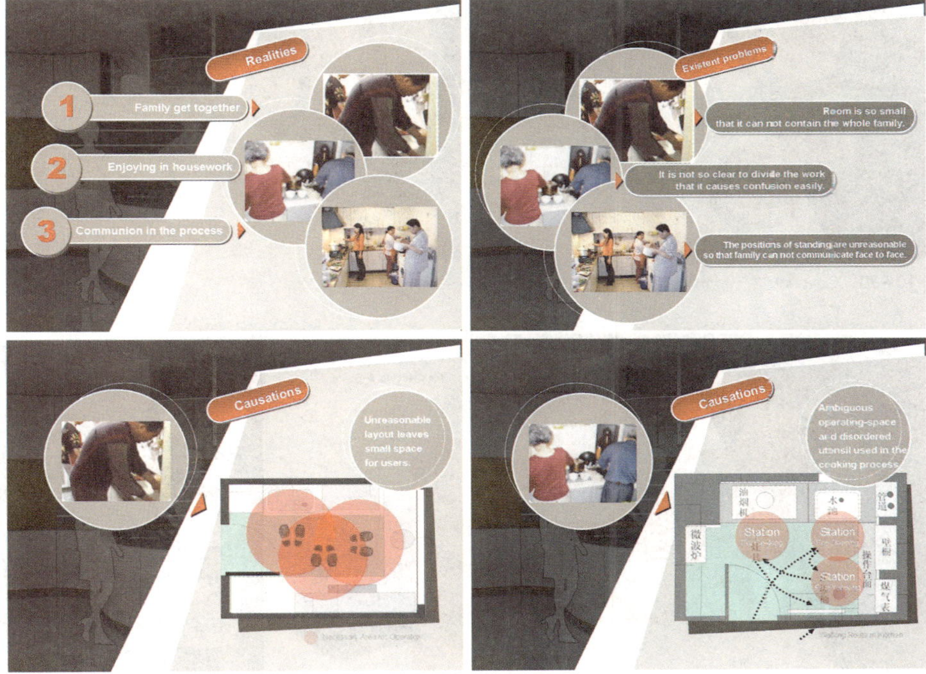

图 10–29 Co-cook 的问题定义

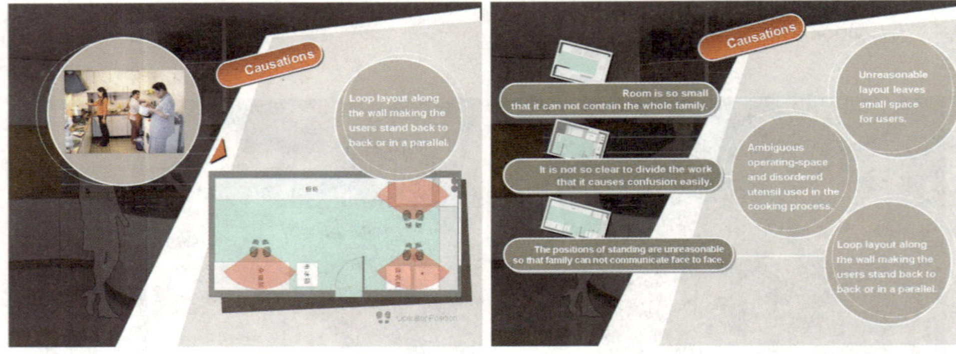

图 10–29　Co-cook 的问题定义（续）

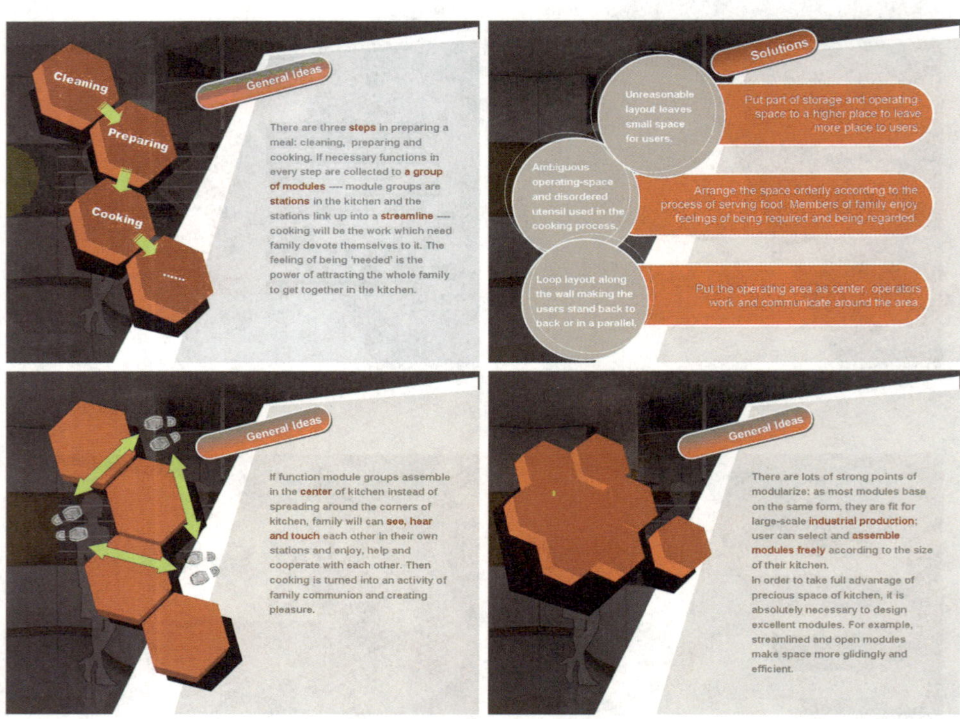

图 10–30　Co-cook 的设计思路

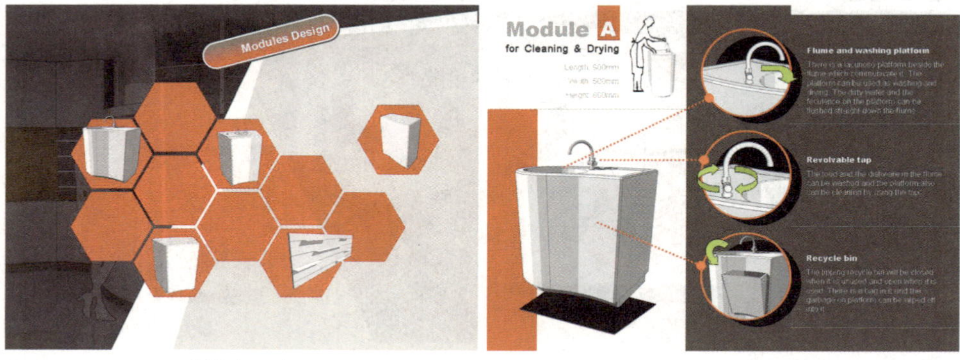

图 10–31　Co-cook 的模块设计

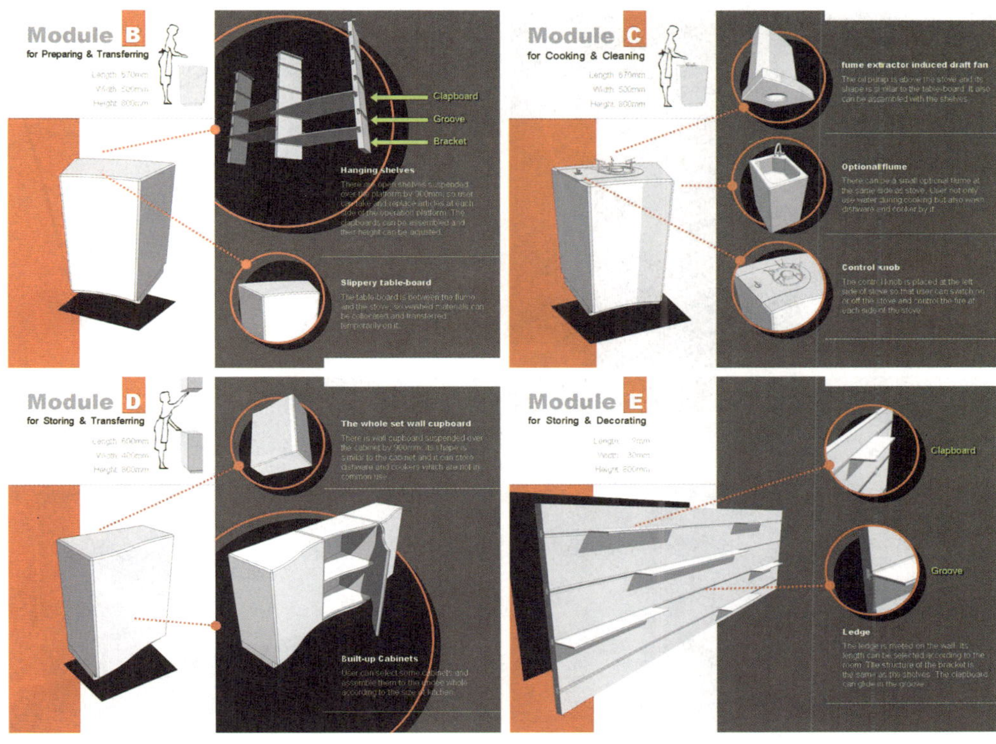

图 10–31 Co-cook 的模块设计（续）

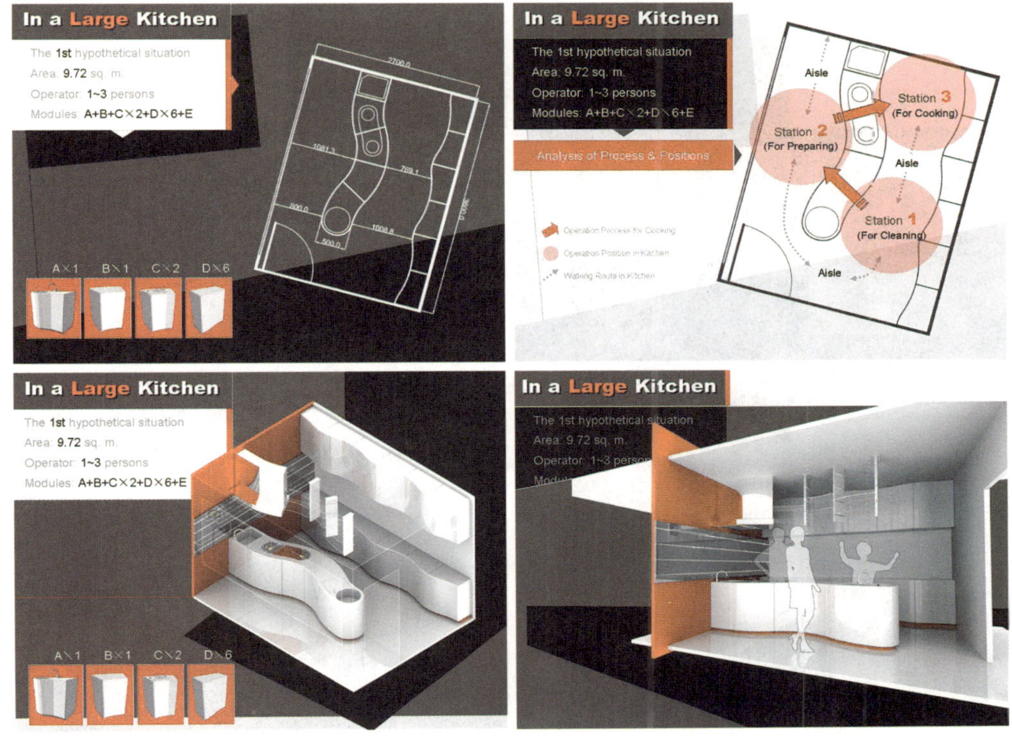

图 10–32 大型厨房的模块布局

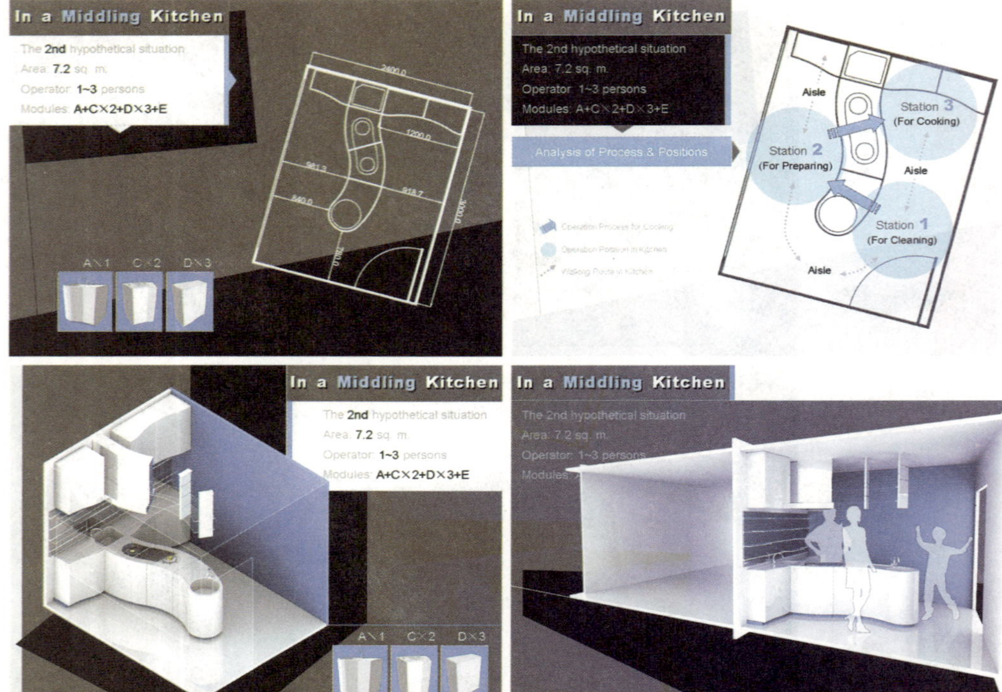

图 10–33　中等厨房的模块布局

图 10–34　小型厨房的模块布局

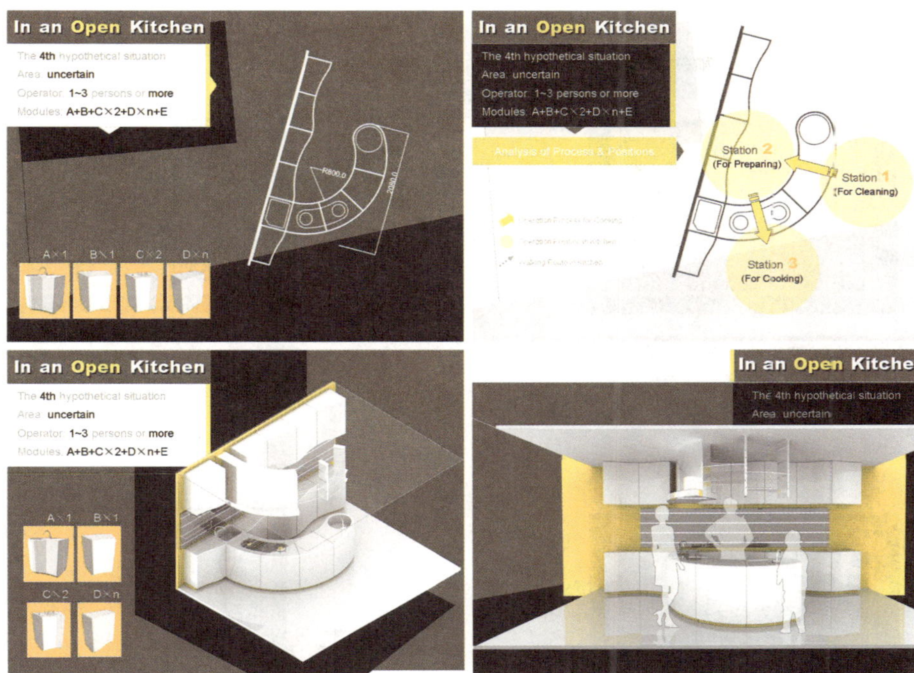

图 10–35 开放厨房的模块布局

10.2.5 Cookit

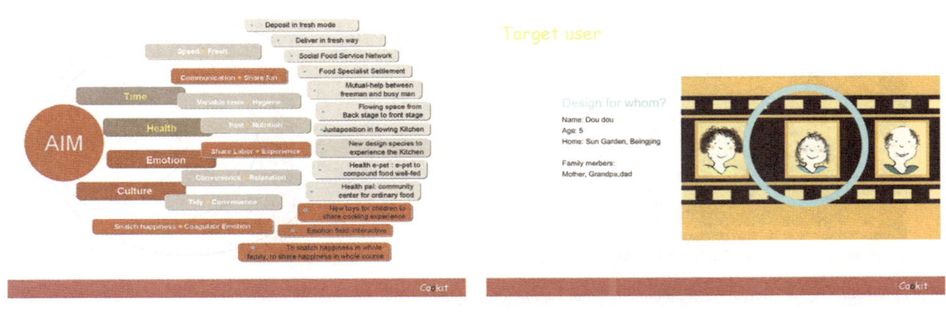

图 10–36 Cookit 的设计定位

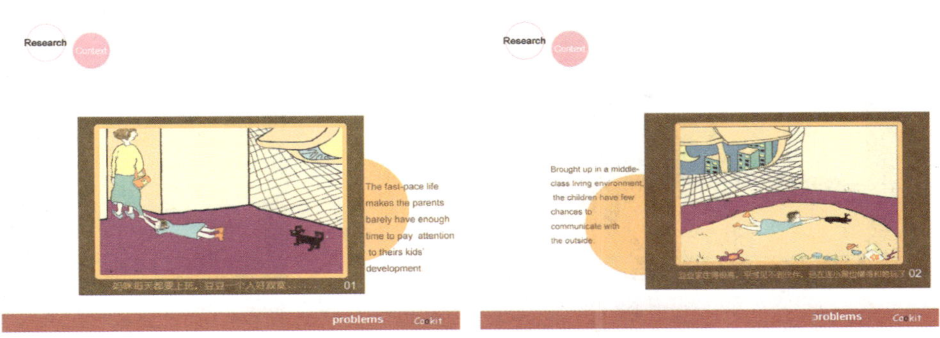

图 10–37 Cookit 的使用情景

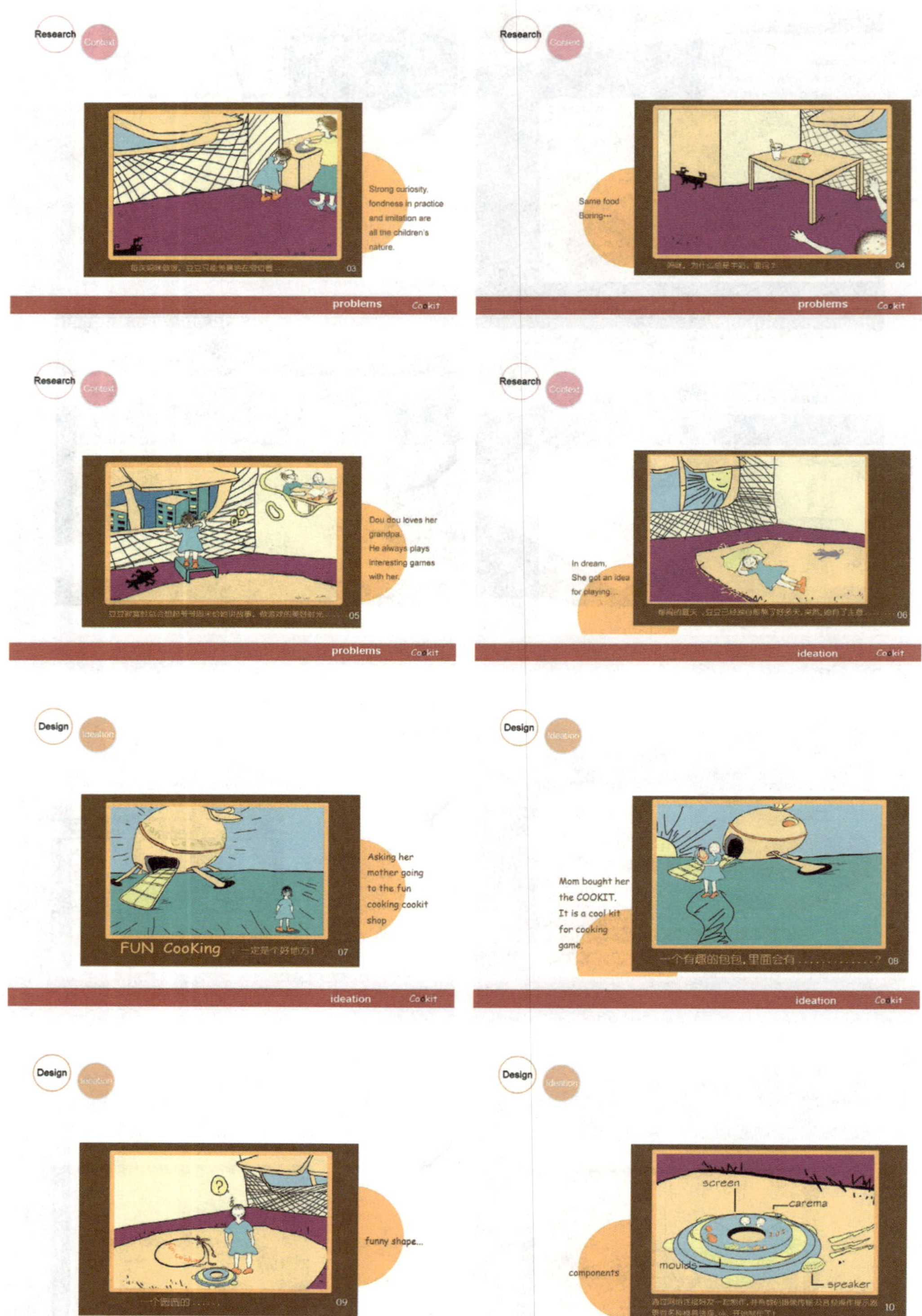

图 10–37 Cookit 的使用情景（续）

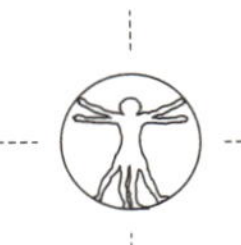

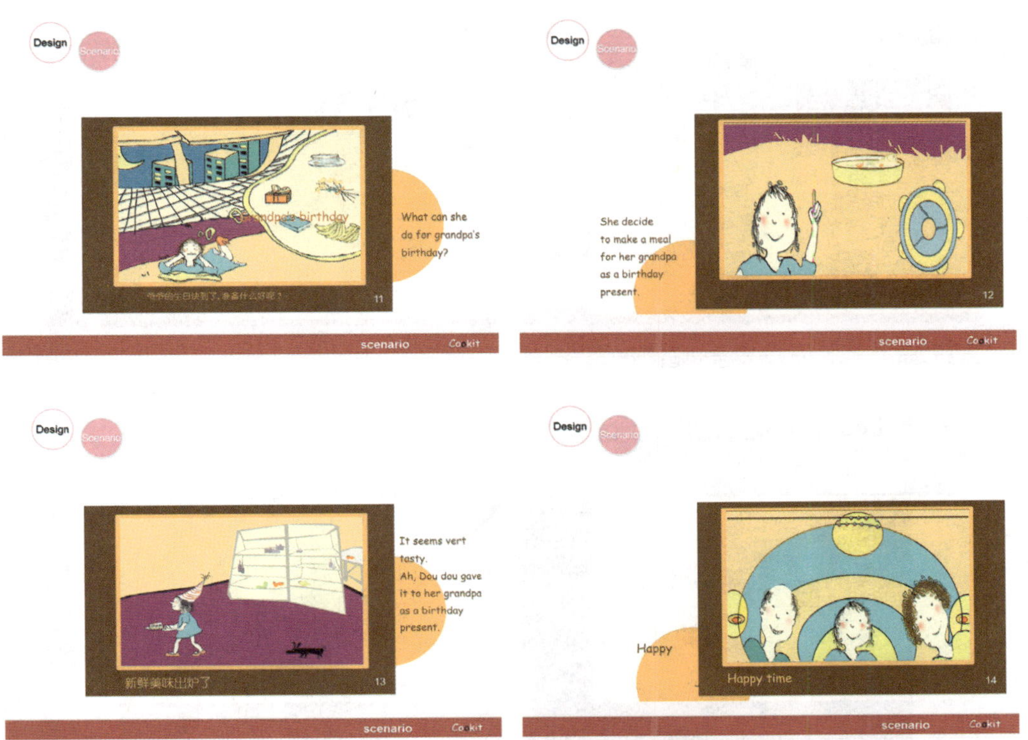

图 10–37 Cookit 的使用情景（续）

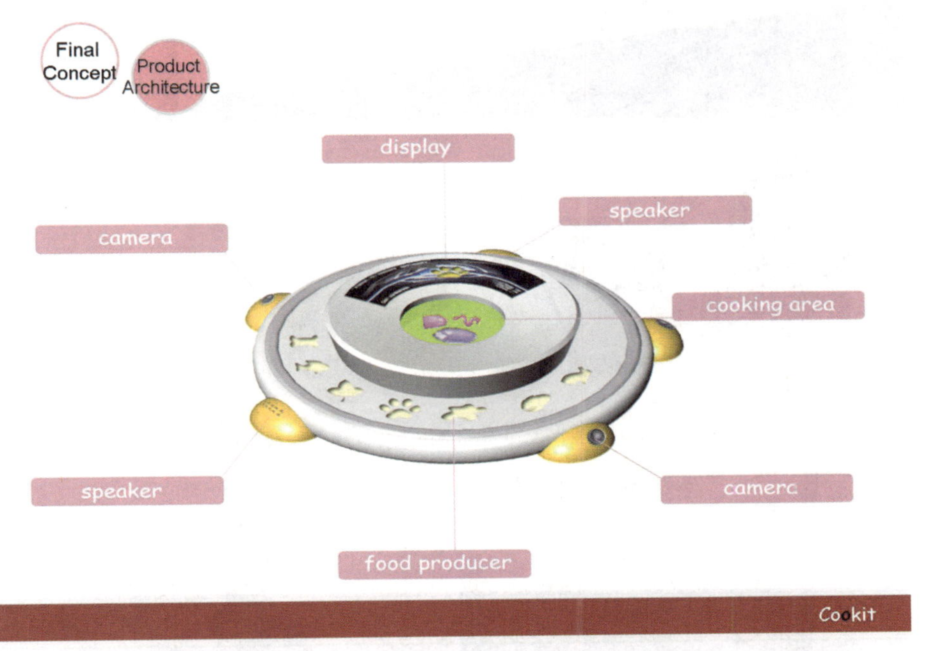

图 10–38 Cookit 的产品说明

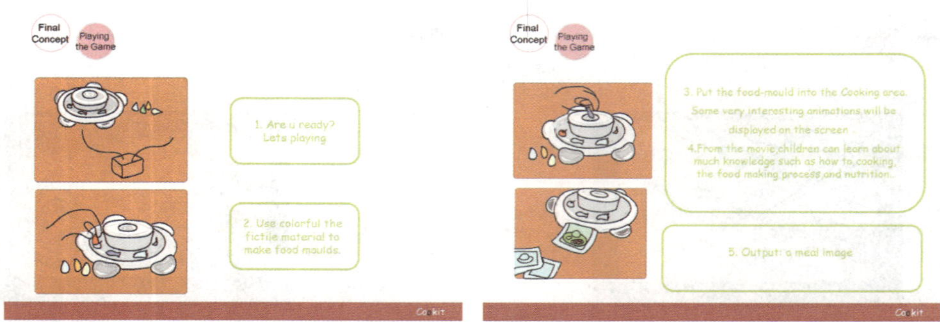

图 10—38　Cookit 的产品说明（续）

10.3　K.P.Lee 教授团队的概念设计

图 10—39　对韩国中产阶级家庭的入户调查

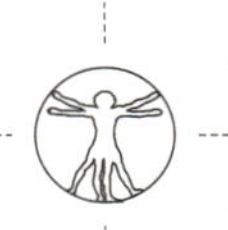

10.3.1 SHOPPY：从菜单到购物

这个主题所涉及的范围包括食材购买的准备和烹饪前的准备工作。通常情况下，我们去超市或者较便宜的地方购买食材。近年来，在线购物让购物这个过程更加简单，许多行业领域都采用了这种方式，当然食品市场也包括在内。现在网上的很多供应商会提供现成的菜单或者提供对菜单规定的咨询服务。

一般来说，韩国的家庭中，家庭成员不太喜欢厨房工作。妻子负责所有的购物和饮食。但是，如果家庭成员一起购物，共同列出购物清单，一起购买、一起清算和核对金额并记录账目，购物活动会更完整且令人满意。

一家人一起做家务能够增进家庭成员之间的情感交流，即使不是在自己家里完成的，也有非常好的效果。在列清单和购物的时候能够方便地拿到购物目录非常关键，这样能避免在购物时发生错误。商店里有许多不被认可的信息，店家应当提供可靠的信息，将同类产品中不同的品牌进行比较并告诉客户。

Shoppy 是一个购物系统，它对购物过程进行完善，并与其他人分享购物过程。它对整个购物过程进行组织，包括从调整清单到核查金额和记录账目整个流程。在购物过程中，它能够提供切实的信息和交流。如果有必要，这些信息能够传输给其他的家庭成员。

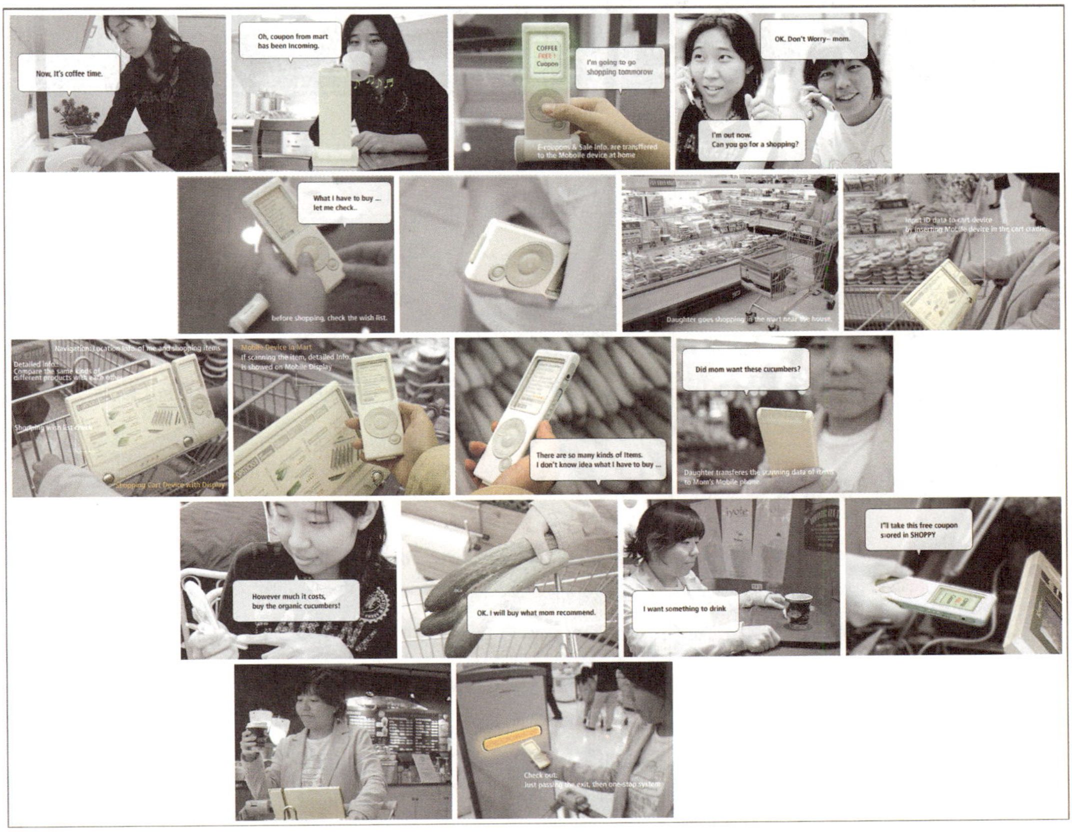

图 10–40 Shoppy 的使用情景

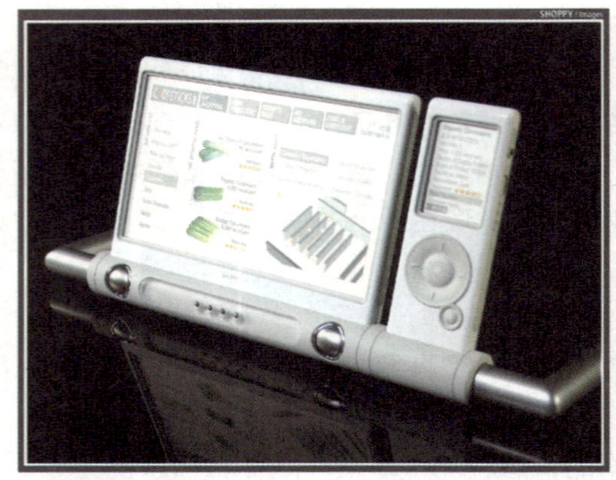

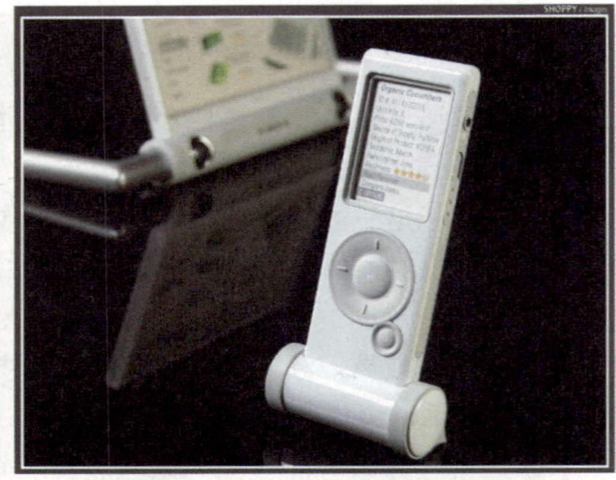

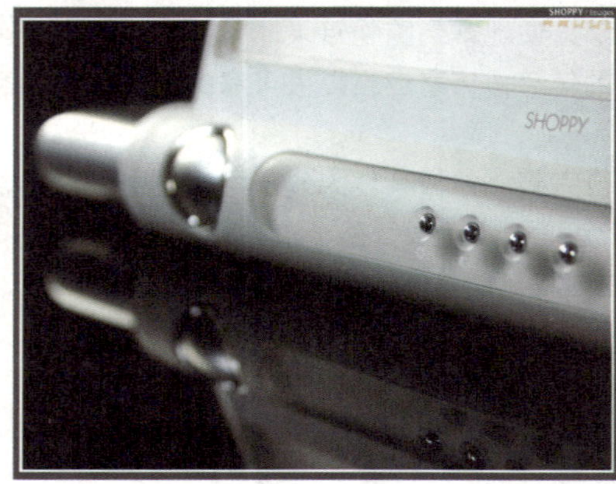

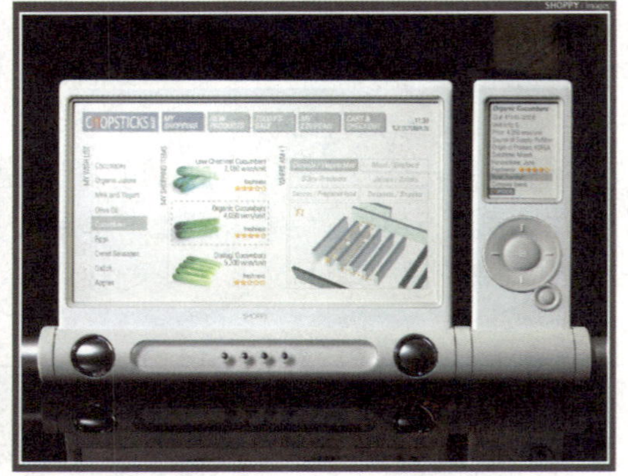

图 10—41 Shoppy 的产品设计

Shoppy 由两个产品组成：移动通信设备和市场中的推车。优惠券和特价商品信息会通过移动通信设备传到家中。在购物之前，列好购物清单并带上移动通信设备即可。市场中，用通信设备识别条形码。然后，更详细的信息可以通过通信设备传到家中，家里的成员也能看到这些信息。购物项目的详细信息能通过推车显示出来，经过出口的时候就能进行校核。这时付款金额的信息被读取，信用卡或者银行账户自动付款。同样，详细的付款信息会在校核的时候记录下来。

10.3.2 CIZEN：从备餐到烹饪

饮食中烹饪非常关键。可口的菜肴能让食用者感到满意、心情愉快。烹饪的过程包括许多步骤：从清洁、准备食材到加热和调味。在整个烹饪过程中，我们聚焦于烹制，尤其是调味这个环节。韩国菜的口味着重调料，每盘菜中都加入了很多调味品。韩国菜的最典型的特征在于，菜的做法不确定，厨师可以自由发挥。“母亲的巧手”使得韩国菜更加特别。但是，这样不精确的食物烹饪方式也限制了韩式菜系的传播。

通过家庭访问、现场调查录像，我们的研究得出了以下的结果：首先，家庭主妇经常移动调味瓶，这样不熟悉家务的成员烹饪时会找不到它们，而且厨房看起来也会不整齐。其次，在吃“Bi—Bim—Bob”或“Cal—Kook—Su”这样的食品的时候，每个人的口味有差别，

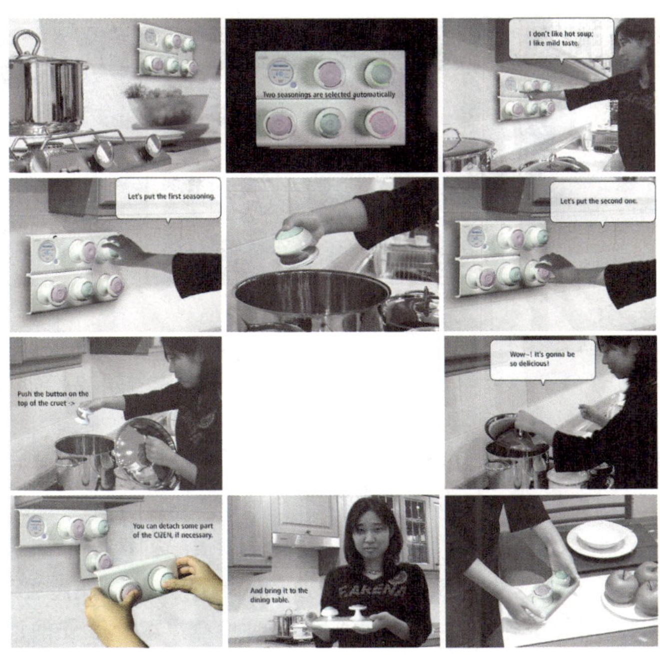

图 10—42　CIZEN 的使用情景

因此，常常会将调味品拿出来放到餐桌上。但是，这样却破坏了完美的进餐环境。最后，我们还发现，很少下厨的人不怎么会调味。

CIZEN 是一个调味工具，它能帮助人们制作韩国菜。韩式菜系中，调味非常关键，而 CIZEN 能帮助做菜的人进行简单和精确的调味。将“今日菜谱”输入到 CIZEN 中，它能自动显示调味处方：所需调味品的种类和数量。它能告诉你放调料的顺序，此外，它还能对口味进行进一步的微调：可以根据个人口味的轻重喜好调制适合的处方。CIZEN 还能起到装饰厨房的作用。使用 CIZEN 能够将调味瓶都有秩序地摆放好，而且 CIZEN 构成几种不同变化的漂亮的造型。

10.3.3　STIR 和 TIBLE：从餐桌设置到用餐

来自于桌面设置到存储和吃饭的这一概念，涉及在家吃饭的一切东西，包括人们在家吃什么种类的食物、氛围、人们在饭桌旁是什么样的心情、人们如何与其他家庭成员交流、人们如何分配家务等等。

通过二手研究和概念研究，我们已经找到了一些饮食上的特点。首先，韩国人经常在家吃传统风格的食物，除了主食外，同时也有很多副食与米饭和汤一起。其次，最近韩国人越来越关注于与他们吃的东西的健康和美丽。第三，基于传统，吃饭时间韩国人很少与家庭成员交流。第四，与其他国家的人比起来，韩国人在吃饭上花更少的时间，他们吃得很快。第五，母亲经常为其他家庭成员准备食物。

我们已经从这些分析中发现了韩国人的饮食需求。第一，根据趋势，韩国人关注膳食中的营养和什么种类的食物对他们的健康和美丽有正面的效果。第二，在吃饭时，韩国人

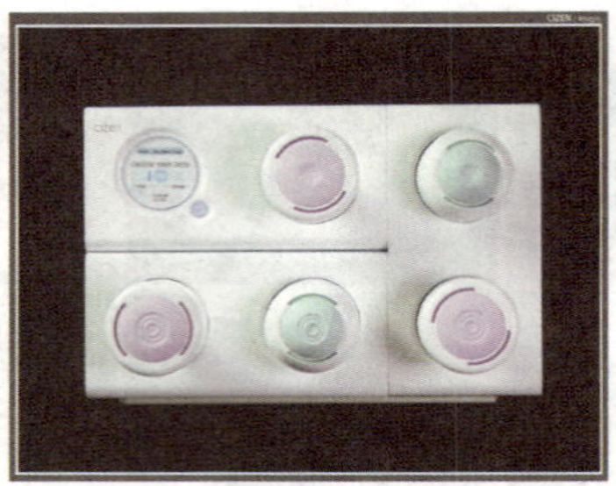
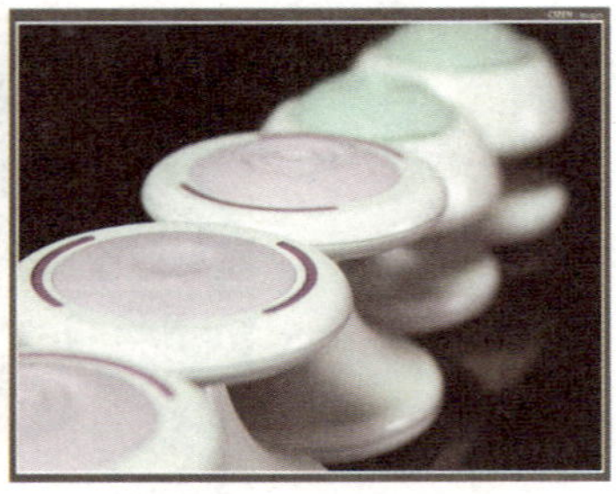

图 10—43 CIZEN 的产品设计

需要家庭成员间更多的交流，分享想法。第三，韩国人期望诸如放松心情、想像空间和娱乐时间这样更好的环境。

通过研究，我们提出与主题“吃饭”和“家庭成员之间的交流”相关的两种解决方法。

“Stir”是颜色发光餐具的一个新概念，用来自然地帮助人们控制他们的饮食行为。它由四个碗组成——汤碗、主辅食碗和陶器碗以及勺子和筷子。每一个都有一个彩色显示屏，通过不同的颜色来显示不同类型的食物。这种独特的颜色显示器使用餐环境更加具有装饰性。在勺子和筷子上使用彩色显示器，可在人们吃饭时检查摄取和改变他们不好的饮食习惯。通过使用 Stir，人们能够享受他们的用餐时间。除此之外，通过周期性地与家庭医生联系或听取营养学家的反馈，人们能够了解健康条件，控制营养状况。在技术上，它与被操作的

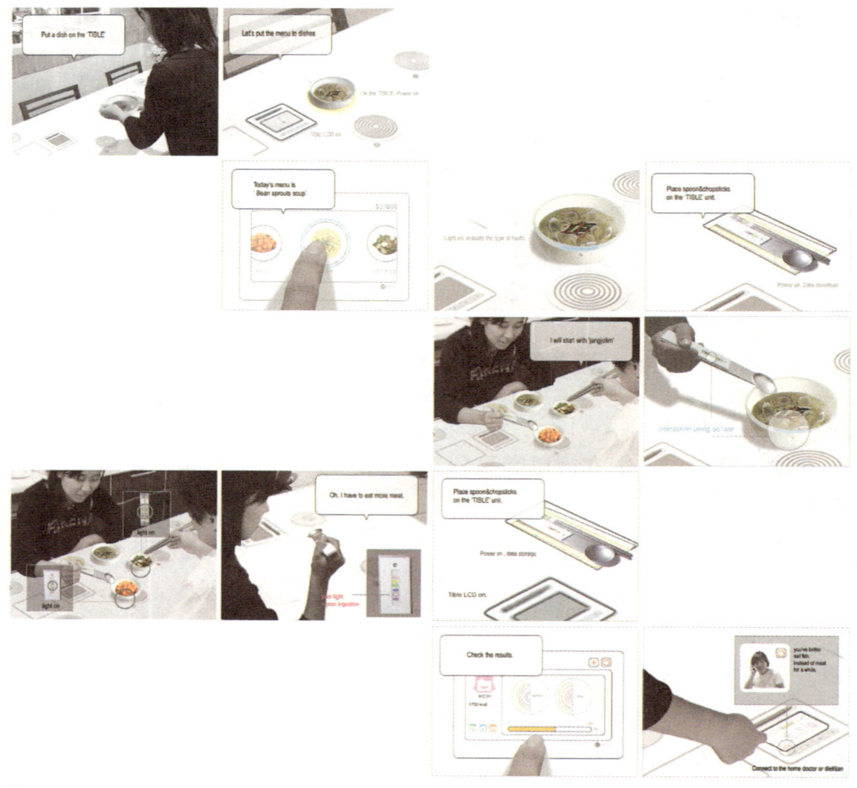

图 10—44 STIR 的使用情景

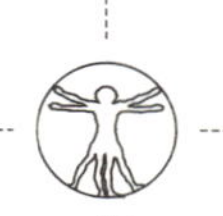

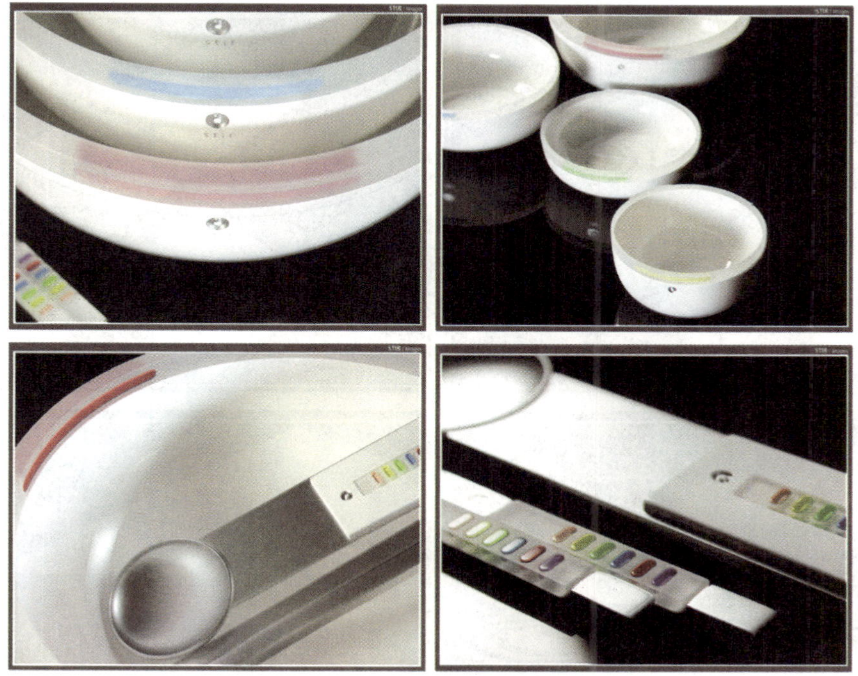

图 10–45 STIR 的产品设计

图 10–46 Tible 的使用情景

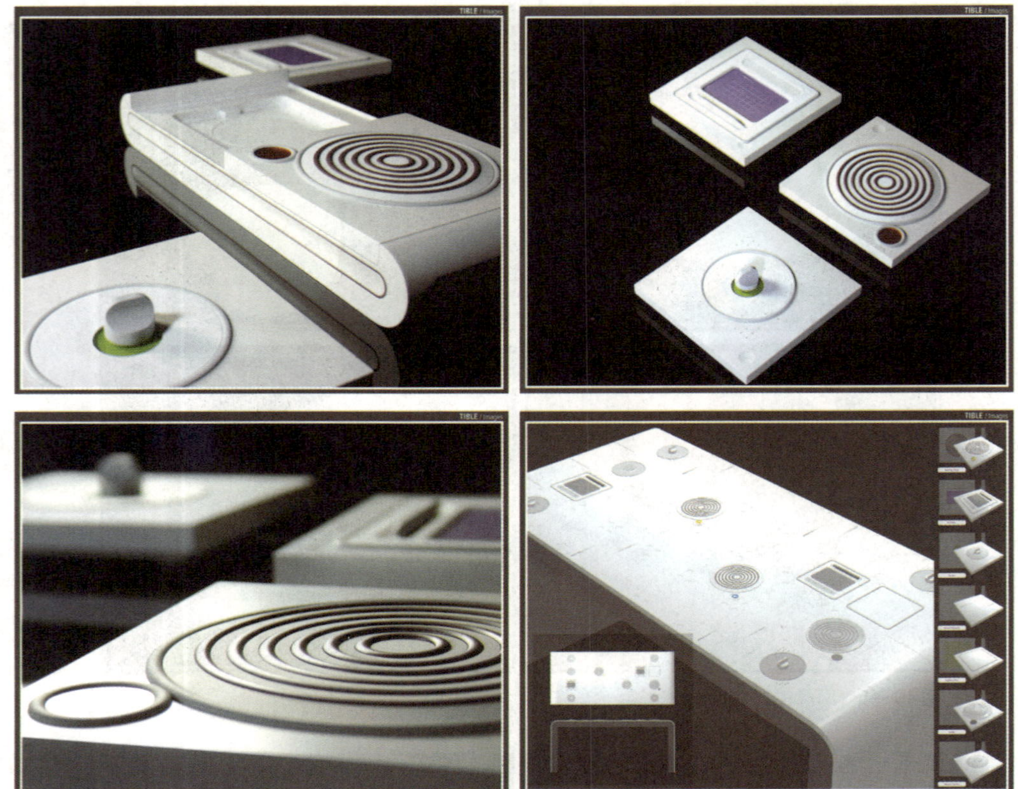

图 10–47　Tible 的产品设计

"TIBLE" 元件相联系。

"TIBLE"是与多样瓷砖桌子相联系的一个新概念。这些桌子有它们自己的功能。包括平台、加热（TIBLE 的多用途显示屏和记号代表每个家庭成员和互相联系的关键角色）、做记号的人、电照明设备出口和尺度。为了分开多样的瓷砖，他们滴答滴答地进入主体，因此人们能够很容易地在 TIBLE 上找到他们想要的。家庭成员能够在室内和室外彼此交流，父亲和小孩的额外的帮助能够减轻母亲的沉重负担，做记号的人能参与更多的厨房家务。TIBLE 试图成为厨房的核心，能够领导人们享受他们的厨房生活，厨房是家庭的绝对核心，可以集合整个家庭成员。

10.3.4　FURUN 和 ECHEN：清洁、储存和回收

这里的主题是餐后生活过程。吃完饭后，人们清理桌子，储存或者处理剩饭剩菜，然后洗碗。这个过程可以分成两个部分："储存食物" 和 "废弃食物的处理"。"储存食物" 这个部分包括如何储存购买的货物（特别是食物原料）和如何妥善处理剩饭菜。

冰箱是储存食物的主要地方。但是想在冰箱里快速找到我们所想要的东西却不是那么容易。特别是当人们打开冰箱准备取东西时，面对着充斥着塑料袋的冰箱，我们很难判断每个塑料袋里都装的是什么。此外，冰箱的深处可能还有一些已经超过保质期的食物。

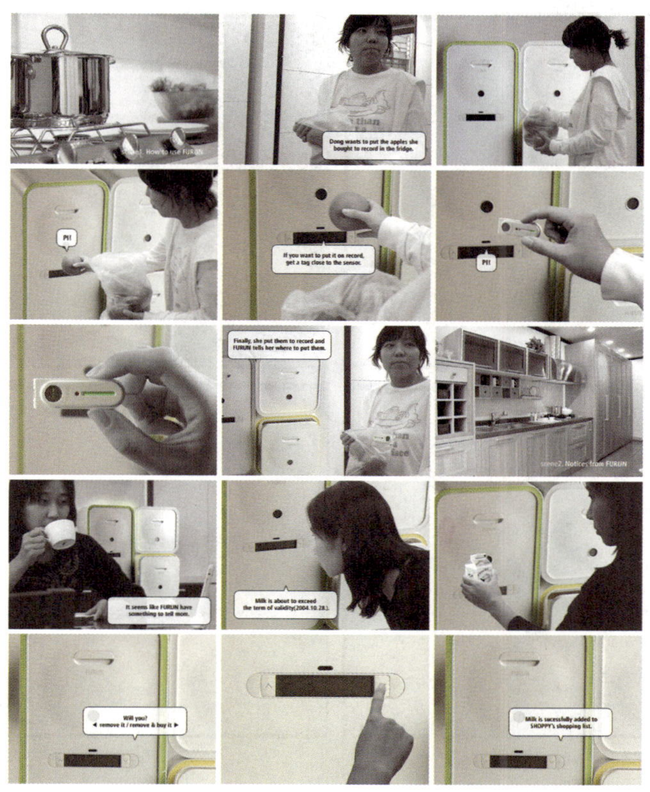

图 10–48 FURUN 的使用情景

在韩国，多功能室仍然是一个储存食物原料的主要场所。我们可以在多功能室的许多地方找到食物原料，储存信息散布整个房间。如何帮助人们将分散的储存信息综合起来，以便更有组织性、更快捷地找到所需的食物原料呢？

在韩国如何处理废弃的食物是个大问题，因为大部分处理系统很让人恼火（使用标准尺寸的袋子并分类搜集），而且在处理废弃物的过程中还伴随着难闻的气味儿，另外，废弃食物的再利用方式和成本都不够经济有效，所以我们必须制定关于家庭处理系统和废弃食物有效再利用的方法。

根据以上信息，我们可以选取一些我们需要的信息。

第一，保持食物处于最佳状态——不同的食物原料需要不同储存状态，这也正是人们将食物原料分散在房子各个地方的原因。

第二，综合房间里的储存信息，通过综合储存信息我们可以使食物原料井然有序，以便更容易寻找，而且通过有良好组织性的信息，我们可以得到额外的信息，我们可以用信息为其他饮食文化服务。例如，我们可以利用数据来制定购物目录或者决定今天的菜单。

第三，减少恼人的废弃食物的处理步骤——剩饭菜又湿又臭，所以处理剩饭菜很让人恼火。

第四，用无害化的方式处理剩饭菜——最初的剩饭菜仍然含有营养，所以采取很多无害化的方法来处理能吃的剩饭菜。

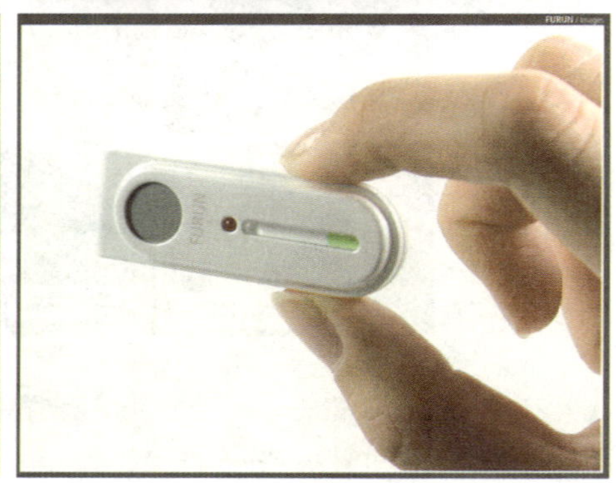

图 10—49 FURUN 的产品设计

通过研究，我们提出了两个与“储存管理”以及“家庭废弃食物再循环处理”有关的解决方案。

我们提出一个称为“FURUN”的综合食物储存信息和完善食物储存状态的概念。它是一种包含几个模块化的电冰箱系统，每个单元冰箱保存不同的食物原料，它让食物保持在最佳状态。其内部容器设计是适合原材料存放的。每个单元门上的显示屏显示原材料的图像以及储存状态，例如温度和湿度。冰箱门周围的灯用来提示人们，而且每个单元上的信息将被整个主冰箱所综合和管理。

储存信息的标签是一个看起来像夹子的粘贴物，可以被贴在上面，它将食物原料和模块冰箱完全联系起来，并且也帮助它们之间交换信息。它显示三种信息，圆的显示屏显示的是食物原料的图像和名称，长形的绿色显示条表示食物的新鲜度，发红光的灯表示人们经常使用的食物，更多的信息从主体冰箱上得到。每一个标签都与单元冰箱有联系，每个单元都与主体相联系。所以所有的信息都是被主体冰箱所综合起来的。

为了“废弃食物处理”我们提出了一个称为“ECHEN”的概念。它是一个可以通过挤压过程将废弃食物变成液体肥料的系统，经过发酵可以在家里养殖蔬菜从而得到直接的补给。ECHEN 的主体可以把废弃物经过五个步骤（压—处理—加热—发酵—液化）的处理后，产生液体肥料并用来养殖蔬菜。

主体的顶部可以放置 9 个菜盆和 3 个可拆卸移动的液体肥料单元，当它在主体顶部时，菜盆部分可以直接从主体获得液体肥料并受控于主体的调节。在不使用液体肥料时，可携

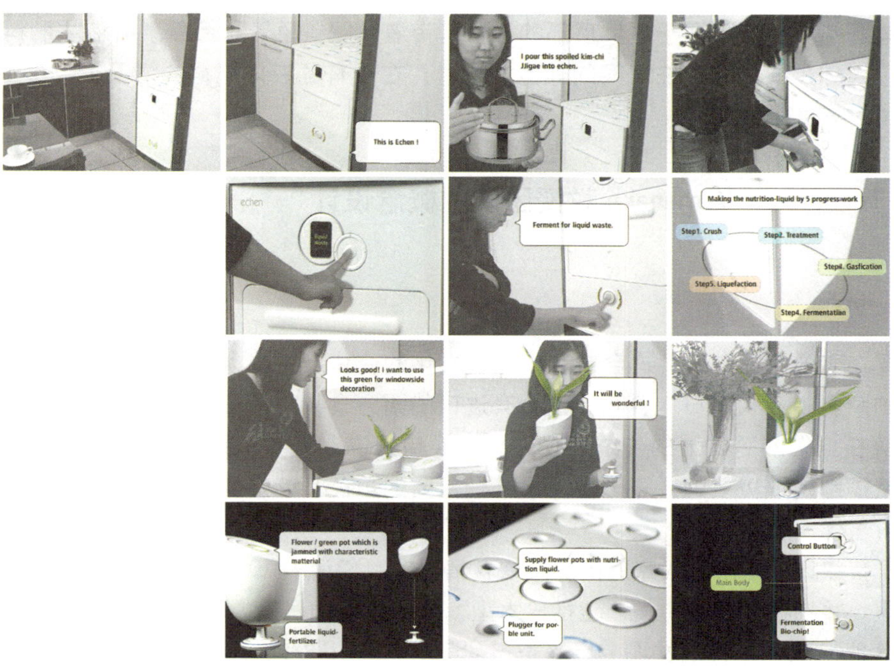

图 10–50 ECHEN 的使用情景

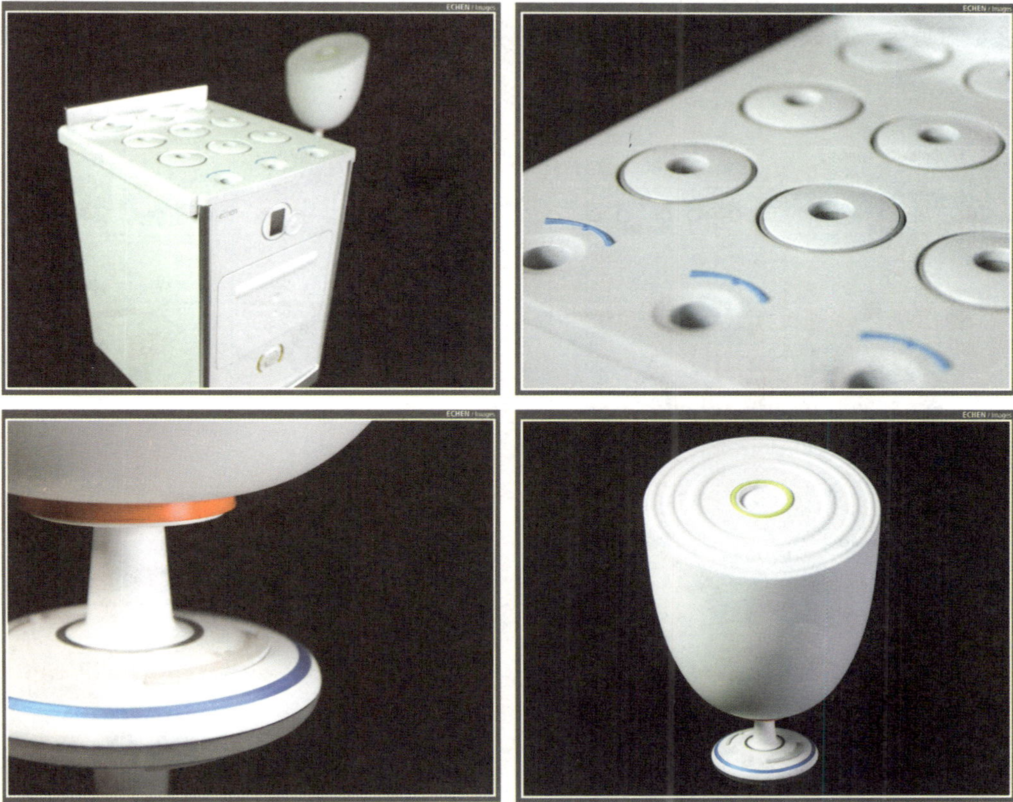

图 10–51 ECHEN 的产品设计

带的液体肥料单元是放置于主体顶部的，可携带液体肥料单元扮演着菜盆液体肥料供应者的角色，当你想要把它放在房间的其他地方时，在没有了液体肥料的情况下，主体的 LCD 会有相关的信息提示。

10.4 Toshimasa Yamanaka 教授团队的概念设计

10.4.1 Iroha

用餐在室内空间进行，这会对我们饮食文化的变化产生很大的影响。在日本的中产阶级家庭的膳食中不仅有日本食物，也会有进口的西方食物。用餐的桌椅也是进口的，取代了坐在放在地上的蒲团上的传统进餐方式。换句话说，为了享受美味，用餐涉及的食物、环境、氛围都是很重要的。正餐扮演了一个重要的角色，就好像我们享受的美味中必不可少的香料一样。

为了获取日本中产阶级家庭的实际饮食情况，我们请求 70 个家庭对早餐、午餐和晚餐进行拍照，并把菜单分成 4 类，包括日本型、日本以外的（例如西方饮食和中餐等）、混合型以及其他。这样，我们发现，日本型占 38%，日本以外的占 26%，另外有 32% 的混合型以及 4% 的其他型，饮食呈现多样化。我们也调查了人们用餐的方式，如人们如何坐在桌子旁边。62% 的家庭有固定的座位，与此相对的是 8% 的家庭并非如此。事实告诉我们大多数家庭会一直保持原样。关于用餐的形式，我们发现几乎在每个家庭中根本就没有改变。

图 10–52 IROHA 的产品设计

尽管食物类型发生了改变，对于用餐的位置而言，用餐形式几乎没有变化。

从这个调查中，我们发现，日本的中产阶级家庭饮食具有多样性，主要通过改变用餐的形式和用餐氛围，但却采用同样的用餐方式，我们推断出他们并不适合这样的饮食。希望根据食物改变饮食方式而让我们的食物变得更美味，很有可能白费工夫。

现在，人们甚至在家也采用各种各样的菜单，也寻找着像餐厅一样高质量的美食。但看起来他们并没有关注于获得更好的食材和做出更美味的食物，对于用餐环境他们也无动于衷。组成一次愉快交谈和丰富美食的元素是很多的，但要达到这样的状况要到 2010 年，目前用餐中我们考虑用餐的形式至关重要。

10.4.2 Cohodita

“吃饭”和“吃饭方式”看似是同一个概念。然而，在矩阵中是完全不司的。我们将“吃饭方式”看作是人们吃饭的一种行为。随着烹饪方式越来越简单，日常烹饪的机会将更多地取决于家庭成员。烹饪方式的简易，致使我们并不需要在厨房做饭，而是在吃饭的房间。那么，吃饭的方式就会随之发生改变。

越来越多的母亲走向工作岗位，特别是全职工作，引导产生了一种新的生活方式。一些小孩选择到便利店吃东西或者从冰箱里拿，越来越多的人单独吃晚饭，因为家庭成员都很忙，让他们聚集在一个餐桌上吃饭是非常困难的。

当烹饪过程或准备食物对每个家庭成员变得简易时，他们聚集在餐桌上的机会就会变少，因为他们已经不用依靠一个人来烹饪。当家中每个人烹饪或准备食物，厨房或准备食

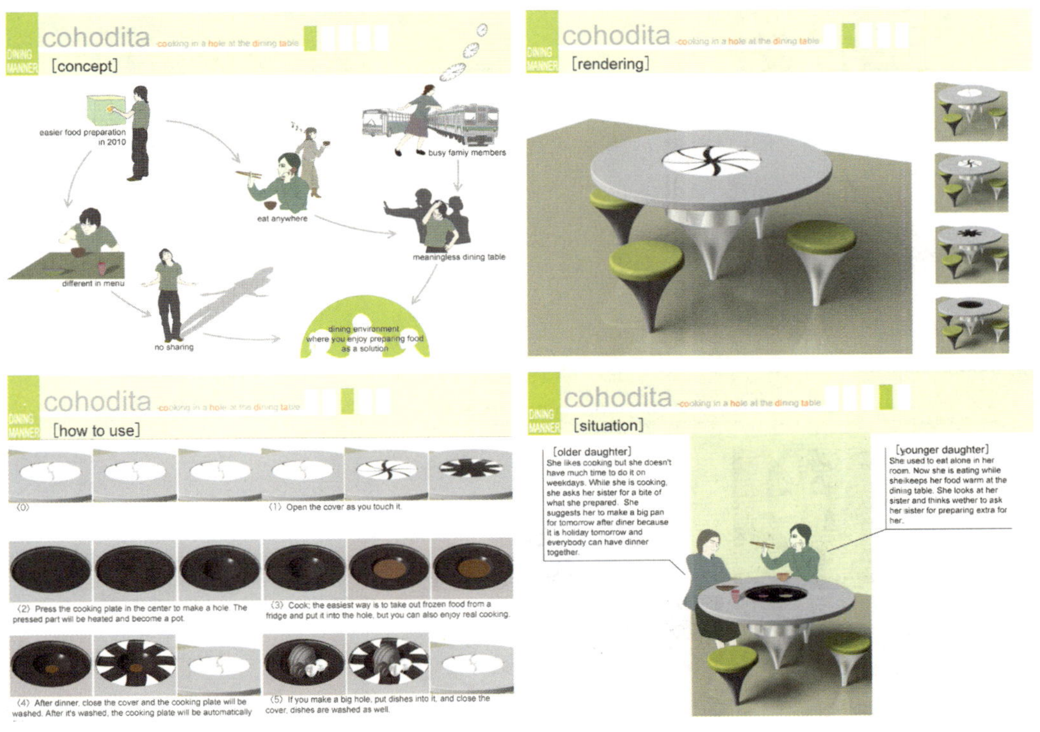

图 10–53 Cohodita 的产品设计

物的地方就是一个很好的场所。在过去，厨房往往是母亲的地盘，她掌管着这里，而其他人从来不知道那里是怎么样的。但是在未来，这对每个人来说会非常容易。

我相信食物的准备过程将会变得越来越简单，每个家庭成员都会拥有这种机会。人们将会在周末享受烹饪的乐趣，但他们在餐桌旁准备日常食物很简单。每个人都易于使用和享受，因为他们不必吃用同样的食物，如果他们能简单地共享食物就会很有趣。当他们忙的时候，坐在餐桌旁边吃饭是非常重要的，而不是在自己的房间，因为如果你与餐桌紧紧联系，当你吃饭的时候别的人可能会过来要东西吃。

10.4.3 CommuniEating

现在，烹饪并没有被认为是用新鲜的材料并且精心制作，而被认为是使用快速与聪明的设备来完成的。这意味着家庭烹饪方式已经发生了改变。家庭食物烹饪产品的广泛使用意味着“烹饪和食用”的食物方式将改变成“买和吃”这种方式。因此，购买方式和烹饪方式将会发生改变。

我们的工作由于文明的进步以及工具的发展变得简单而且醒目，例如灵活地使用电饭煲。但是，甚至在你讨论是否按下按钮之前，它似乎就已经完成了在烹饪之前你所希望达到的感觉。这使得洗米和切菜成为一个麻烦的问题。来自于农业及林业统计协会的研究表示，大约 8%的 70 岁老人，大约 40%的 50 ~ 55 岁老人，大约 64%的 25 岁的消费者需要处理

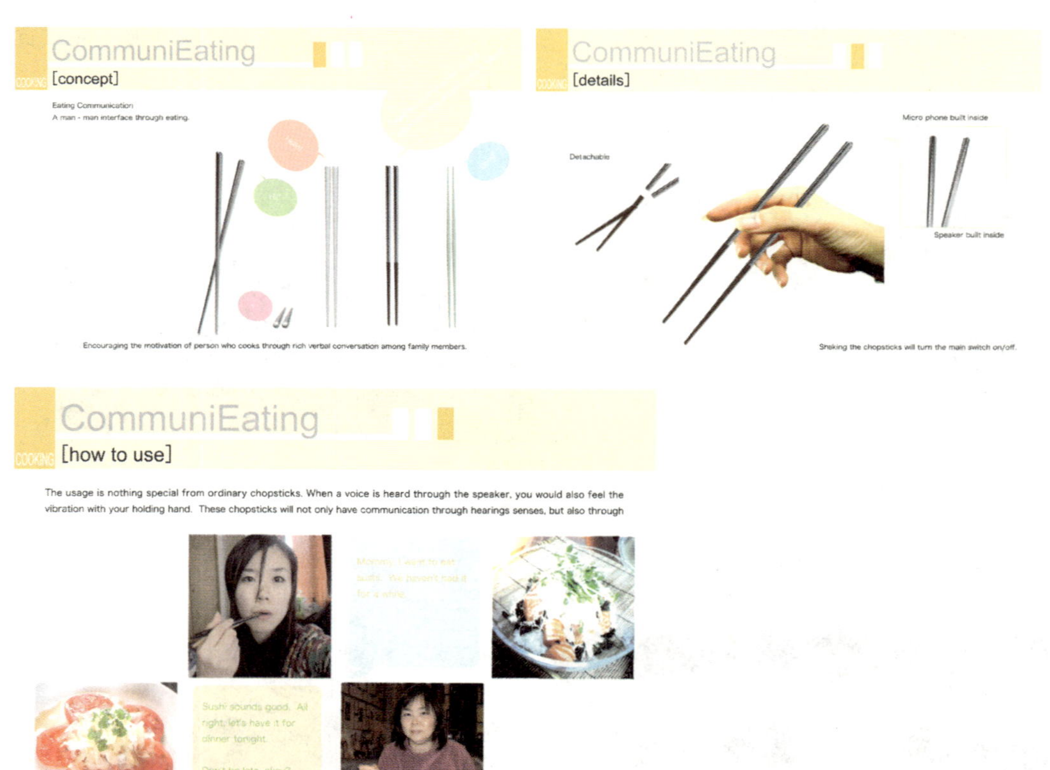

图 10–54 CommuniEating 的产品设计

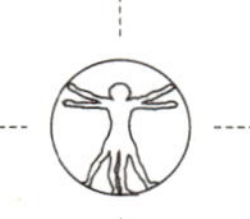

冷冻食物。同时，冷冻食物的普及使得冰箱的储存格式发生了变化。迄今为止，人们仍旧希望食物长久保持新鲜，但是食物冷冻的发展来自于人们需要长时间的保存食物，并没有考虑短时间的烹饪。

冷冻的范围从冷冻蔬菜到冷冻肉类。冰箱由于冷冻食品的扩充而显得不太重要，还有很多无法提及的思维方式得到了改变。烹饪将会在外面，而不是在你的厨房中完成。这是因为通过对冷冻食物的使用，我们现在能够急速改变许多烹饪的程序。另外，天然食物过去没被重视，当作为应用时间时，也有一种声音说这是一件好事。我们不能够于只是我们想要排斥时间的感觉讨论这些。

考虑到这些事情，我们已经受到影响，留意人们想要变得简单，容易而且不要降低质量的烹饪方法。简单轻松的想法重新被唤起。我们不能说烹饪将会变得更加容易，但我们会使我们的思想达到这一状况。

烹饪是人们每天生活中的一个重要部分。不仅需要时间，也需要在思想上得到减轻。现在，拙劣的烹饪技术和较高的饮食需要使得对食物的加工方法非常突出。在未来，需要的不仅仅是将食物烹饪工作变得更简单、容易，而且还要考虑如何设计我们的烹饪欲望。

10.4.4 Oven Theater

这里提供的技术可以解决饮食生活中的劳累和程序的复杂。清理、储存食物和废物处置属于这个类别。我们要考虑人们认为愉快的行为，如怎样使一个家庭在烹调和煮食过程中充满欢乐。

图 10–55 Oven Theater 的产品设计

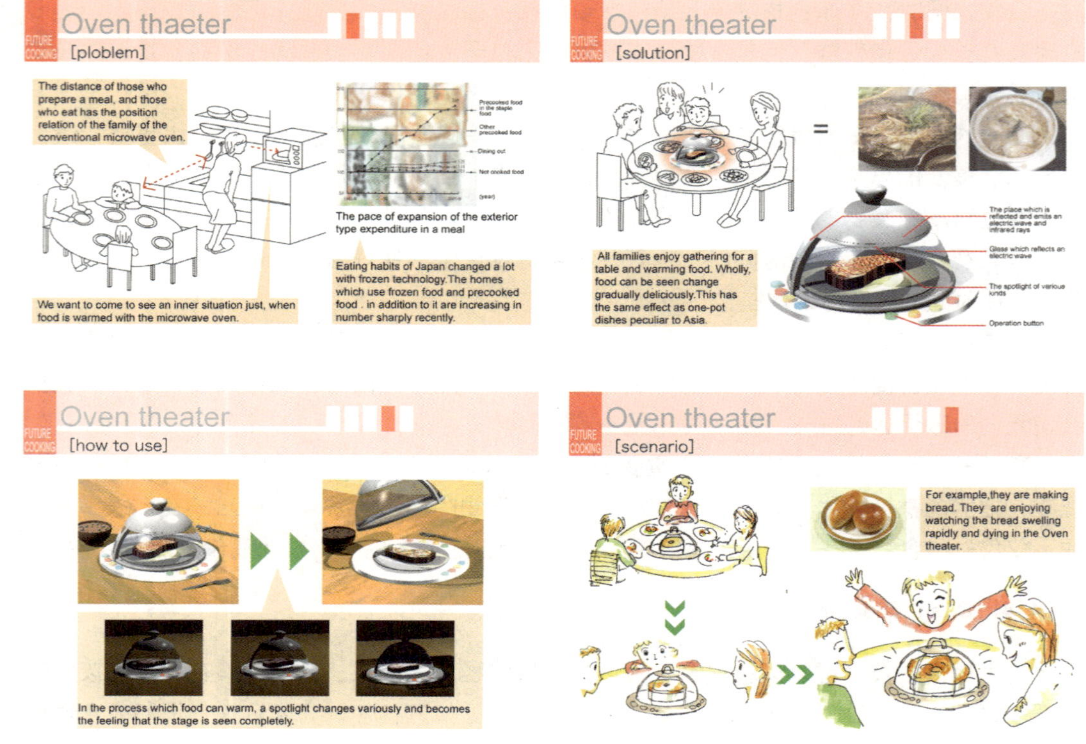

图 10–55 Oven Theater 的产品设计

膳食文明将在未来变得先进，计算机将适用于厨房，但是，在一个电脑控制的厨房里，不应该将煮食数字化而使其寡然无味。

据味之素株式会社的研究，最重要的结果来自于吃饭的研究，家庭在工作日一起吃饭的机会有所下降，但在假日有所上升。儿童在吃饭时间感到快乐的几率很低，这种趋势在过去几年中有所增加。

从一项调查中，发现有很多家庭主妇把烹饪变成了她们的嗜好。她们积极地做这些杂务，乐于做也做得很好。但是，也有少数人能协调或生产膳食空间。

家庭不能在工作日共进晚餐，但在周末享受餐饮的趋势在日本有所增加。有必要寻找一些可以使家庭成员共进晚餐的同时发现乐趣的事情。对我来说，这可能是一个微波炉。这个微波炉放在桌上加热食物，我们也可以带它们去任何地方。我们可以说，放在桌上加热食物的微波炉，也可以温暖我们的心！间接地以某种方式，这个装置成为一种显示我们感情的工具。微波炉成为一种艺术品使餐桌变得多彩，并突出了食物的味道。它简便易用，对孩子们也有很大吸引力。

第 11 章 为低收入群体而设计[①]

11.1 为城市低收入群体而设计

如果说市场经济和企业效益是中国社会发展的生长点，那么城镇和农村社会的低收入群体就是中国社会发展的稳定点。低收入人群的日常生活已成为现代城市最不和谐的社会现象。

11.1.1 低收入群体与和谐城市建设

收入是衡量社会群体分化和社会异质性的一项重要指标，是测量社会分层的基本变量之一。当代中国社会结构变迁中利益群体分化，低收入群体对城市持续发展和社会稳定具有重要影响。

低收入群体并非城市贫困群体。虽然二者在人均收入水平、基本生活质量、资源占有和社会交往等方面都居于社会的下层，但低收入群体和城市贫困群体的收入来源和收入结构截然不同：低收入群体是具有劳动能力，但在投资和就业竞争中居于劣势、只能获得较低报酬的社会成员，是在业群体中的贫困者；城市贫困群体则是在衣食住行方面难以维持生存和社会尊严的低劣生活状态，包括丧失劳动能力或者劳动价值的无业和失业人员。通过人力资源配置增加就业位置，可提高低收入群体的就业竞争能力，从而提高其收入、改善其生活条件；而改善城市贫困群体的生活状况主要依靠社会和政府的救济和扶助、依靠社会福利和保障体系。

《说文》释“和”为“相应”，《尔雅》释“谐”为“和”。和谐，就是各组成部分协调地相互联系在一起。“和谐社会”也即社会系统（包括政治、经济、社会、文化等方面）中的各个部分、各种要素处于一种相互协调的状态。低收入群体已成为和谐城市建设中最为突出的“不和谐”要素。城市化进程的“跨越式突进”、城市外来人口剧增、农民工现象、“清欠风暴”都凸显出农民工的命运；与此同时，产业转向和市场转型，导致了大量工厂倒闭、大批工人下岗。于是乎，低收入群体转向街头地摊、小吃摊、零售摊等违章经营，城管开车驱赶、小贩四处逃窜成为日常习见的场景。以廉价出租屋为核心的“城中村”、“城边村”为例：用地功能混乱，违章建筑林立，电力、电信、供水、煤气管道等市政建设和公共设施缺乏，垃圾成灾，安全隐患大；人口结构复杂，社会治安、教育问题严重。

美国管理学家彼得提出了“木桶原理”：一个木桶由许多块木板组成，如果组成木桶的这些木板长短不一，那么这个木桶的最大容量不取决于长的木板，而取决于最短的那块木板。[②] 和谐城市建设中，决定和谐程度的那块“短板”就是低收入阶层等弱势群体。低收入群体是城市繁荣的基石，而不是城市发展的污垢盲点；他们是城市财富的创造者，但却

---

① 2006 年湖北省教育厅人文社会科学研究项目“和谐城市低收入群体的生活方式、资源重组与系统设计研究”。项目主持人：胡飞。

②杨保军：《白金管理法则：透过寓言看管理》，北京：清华大学出版社，2005 年版，第 75 页。

不是财富的拥有者和享有者。和谐社会的核心和关键是人与人的和谐。面对低收入群体的生活、就业、教育、医疗等一系列问题，既可从社会学、经济学的角度，通过相关法律、规章和制度的创新进行宏观调控，又可针对具体问题采取各种“补短”措施进行调整改善。更为关键的是，从系统的角度将和谐城市建设中各种“不和谐”要素加以重组、整合和利用，可以实现城市低收入群体和中高收入群体和谐发展、共同进步。

11.1.2 低收入群体的生活方式

生活方式作为生活质量评价标准之一，广义上指不同个人、群体或全体社会成员在一定的社会条件制约和价值观念指导下，形成的满足自身生活需要的全部活动形式与行为特征体系；狭义上讲，仅指日常生活领域的活动形式与行为特征。生活方式主要包括四方面内容：①生活行为；②生活消费；③生活观念；④生活关系。

课题组以拾荒者、农民工、下岗工人为典型案例，运用质的研究方法和民族学方法，选取了 26 例样本进行调研。

城市低收入群体的生活方式 **表 11–1**

生活方式	图例	拾荒者	农民工	下岗工人	共性特征
衣		很少穿着新衣服，衣服很少但是也算整洁。	简朴粗陋，鉴于工作环境，所以并不常换衣服。	朴素，也会添置衣物，总体整洁、干净	节俭朴素
食		食不饱	大多在工地上吃饭，很简单	会注意饮食的健康和平衡	饮食简单
住		经常露宿，比如桥墩等，有些会有简易住所	临时搭建的工棚，或者“城中村”	一般有住房，但比较拥挤和破旧	住宿条件比较差
行		多为步行，平常并不会花钱坐车	步行或者公交车	多为步行或者公交车	步行为主

续表

生活方式	图例	拾荒者	农民工	下岗工人	共性特征
用		几乎没有日常生活用具	简单的生活用具	用具廉价但比较齐全	简单，保证基本生活需求
工作		不定时	闲暇时间较多	闲暇时间较多	闲暇时间较多
娱乐		几乎没有	扑克，书报为主	扑克等娱乐活动	活动单调，精神生活贫乏

（资料来源：课题组研究报告）

调查表明，低收入群体的生活行为具有以下特点：(1) 消费水平明显偏低。生活上基本满足温饱，家庭消费以食品为主，收入大多用于消费，储蓄较少。(2) 医疗条件差。由于收入较低，小病不敢上医院，大病不敢多花钱。(3) 教育、文化、娱乐活动少，精神文化消费明显偏低，低收入家庭人均用于旅游等方面的支出不到平均水平的 1/4。

就住宅消费而言，来城市是为了工作赚钱，而非居住生活；住房是临时的，家庭生活是过渡的。这种“漂泊”的心态增加了低收入群体的不稳定性，进而促使他们经常改换工作及居住地。可见，具有较低转换成本的廉租房市场大有可为。

在生活观念上，低收入群体介于“生存者”和“生活者”之间。他们拥有更多的生活期望，尽量地适应当前生活。其中拾荒者和农民工多为从农村到城市的流动人口，受到两种社会文化强烈冲击，处于传统农村生活方式向现代城市生活方式转变的中间状态，生活观念上同时带有两者特征。

就生活关系而言，低收入群体相对比较分散，为了维护个人尊严，甚至仅仅为了子女而需要保持在社会交往中的形象，往往掩饰自己生活状态的穷困，群体意识非常弱；而在下岗工人相对集中的老住宅区，低收入群体的生活状态相近且群体意识较强。低收入群体社会交流范围很小，一般以血缘、地缘、业缘为主；而以意缘关系为主形成的各种政治、文化、教育、体育等高级社会群体组织十分缺乏。因此，通过合理的住宅或社区设计，为低收入群体创造广泛交往接触的空间场所，显得尤为重要。

此外，低收入群体对社会环境基本满意，普遍对改善自身状况具有信心，而且预计五年内生活即将发生改观。低收入群体普遍对自身素质表示了不满，认为自己目前的经济状况与自身素质不高有着较高的关联，要使自己的生活得到改善，除党和政府出台相关倾斜政策予以扶助外，当务之急是提高低收入群体的素质和技能。

11.1.3 城市低收入群体生活问题的解决路径

“和谐社会”的系统建构，需从法律法规、伦理道德、生活方式等多方面入手。作为“创造合理的生存方式”的工业设计，则关注通过资源重组和设计创新提供新产品、新服务和新的生活方式促进和谐社会的建设。

“社会不平等是一种深藏在社会结构内部的社会群体之间的关系，政治分层和经济分层只不过是它的不同的表现形式。分层本质上是人群之间的关系和人群占有资源的关系，当资源十分有限时，人群之间的关系就紧张，社会不平等的程度也就必然较高，社会各群体之间的差距就比较大。”[①] 因此，从低收入群体的衣、食、住、行、用、娱乐等生活方式入手，通过资源重组并以系统的或具体的产品和服务缓解甚至解决现有问题，具有重大的现实意义和社会意义。

低收入群体收入水平低、消费能力低、经济资源占有少，生活条件差、业余生活单调、社会资源占有少，需要更多的就业机会来提高收入改善生活；与此相反的是，城市中高收入群体经济资源和社会资源占有较多，但生活节奏快、压力大，需要多样的社会服务来调整自身生活。因此，可将城市低收入群体富裕的资源与中高收入群体缺乏的资源进行重组，充分利用低收入群体自身的劳动力资源和大量可自由支配的时间资源。如，可更广泛地开展社区家政服务，推广社区早餐标准化定制，增加大型社区的商业售点，为低收入群体创造就业机会。又如，都市繁忙上班族无暇耗费大量精力和时间去买菜、准备以及饭后清理的复杂过程，但又希望享受做饭过程和品尝美味的快乐。因此，可针对中高收入的都市忙人创造一种新型的饮食服务方式，通过一种自助式饮食共享空间，将设计的重心置于“做”与“吃”这两个城市中高收入群体喜欢的环节，而将其不喜欢的购买、备餐和清洁过程则交给城市社会化服务完成，充分利用城市闲散的人力资源完成购买、备餐和清洁过程，为低收入群体提供创收机会。

针对城市低收入群体，尽可能发挥各种闲置资源的作用，充分发挥城市整体中各个阶层和群体的作用，从而提高系统运作的效率，促进城市和谐发展。如，将拾荒者与城市环卫工人进行资源重组，将拾荒者从区域上进行划分，以街道或社区作为单位，帮助环卫工人保持街道卫生，既避免了同一地区拾荒者的纷争，又减轻了环卫工人的劳动强度；环卫局将拾荒者收编定岗，既降低了环卫局的人工成本，又可以减轻拾荒者的生活压力。

《国家“十一五”时期文化发展规划纲要》提出要保护好、实现好、发展好人民群众的基本文化权益，要为低收入和特殊群体提供“文化低保”[②]。针对低收入群体业余娱乐活动单一匮乏的问题，一方面可以充分利用已有各种资源，如机关、企业、学校在空余时间闲置的文化设施要尽可能向社会开放，一方面也可通过政府和商家等多种渠道捐助和兴办公益性文化设施，如既可以依赖政府为低收入群体聚集区附近添置露天的乒乓球台、篮球场、

---

①李培林、李强、孙立平：《中国社会分层》，北京：社会科学文献出版社，2004年版，第78页。

②《国家“十一五”时期文化发展规划纲要》，http://news.xinhuanet.com/politics/2006-09/13/content_5087533.htm。

公共的健身设施，又可以鼓励社会力量与商家合作，通过定期放映免费的露天电影、举行社区的歌唱比赛、围棋、象棋比赛等活动，宣传企业商品、树立企业形象；既可以通过低收入群体自给自足的方式，开辟“打工者之家”之类的文化娱乐或学习场所，允许他们组建自己的业余文艺团体或进行业余学习与交流的社团组织，让他们真正拥有属于自己的文化娱乐生活空间；又可以调动社会各界的资源关照低收入群体，如组织退休老人成立老年文艺社团，既丰富了老年人的业余生活，又可为低收入群体提供义演，又如组织在校学生进行义务劳动或社会实践，既有助于提高学生的实践能力，又能缓解低收入群体的生活问题。

因此，为城市低收入群体而设计，不仅要创造适合于他们的生活状态的生存环境，更要体现社会对他们的尊重、对个人价值的肯定；这就需要以资源重组为指导思想、以系统设计为解决路径、以设计艺术为具体手段，让他们充分感受到自己属于城市生活的一员，他们是城市的建设者，也是城市的主人。

低收入群体已成为现代和谐城市建设的关键问题。如果不去积极主动地解决城市低收入群体的生活问题，而仅只单方面依赖政策配套、救助机制和社会保障，坐以等待政府在国民收入再分配中发挥配置作用，那就是一种被动的、无奈的理性选择。以资源重组为指导思想、以系统设计为解决路径、以艺术设计为具体手段，变城市“毒瘤”为城市新的亮点，由此促进经济形态城市化、社会管理形态城市化以及人的思想行为城市化。如政府承担公共服务的职能，有责任来帮助低收入群体解决“居住”的问题，而非“产权”的问题；廉租房是一种很好的实现形式，可周转、易回收、预制型农民工用住宅产品则是一种局部问题的有效解决。

“和谐城市”的最终发展目标不是城市化和国际化，而是提高人们的生活水平、改善人们的生活质量。解决低收入群体者的生活问题，不是对弱势群体的福利和照顾，而是正视、挖掘和借助他们的力量，使城市变得更加和谐、美好。充分了解低收入群体的生活方式，注重他们知识能力不足但时间资源富足的特点，结合城市中高收入群体生活方式的特点，建立城市不同群体的价值链条和互补关系，寻找到自主循环的最佳解决方案，利用现有资源来创造更大价值，低收入群体也可在解决自己生存问题的同时来创造更多的价值，也即实现 1 ＋ 1>2。

11.2　为拾荒者而设计

11.2.1　项目简介

以拾荒者为例，一方面，拾荒行为会造成一定的噪声污染和空气污染（烧废电线），拾荒者内部的竞争（争抢垃圾）也会影响他人人身安全和社会治安，居住环境差、健康状况差，有可能成为疾病传染源，更有甚者为了一己私利破坏公共设施；另一方面，拾荒者发挥自身能动性为社会创造财富，他们虽然穷，但敢于承担责任，既令人怜悯，又令人尊敬，也不乏义修公共设施的行为。调查中发现，拾荒者对高科技有恐惧感，接受能力极差，其生活方式随时代的变化明显迟缓，进而形成恶性循环。摩天大楼与破屋危房一街之隔，现代生活与生存状态天壤之别，促使低收入人群对自身生活价值认识的迷失。而针对城市低收入群体生活方式的研究和改善，不仅要解决“脏、乱、差”的表面问题，更应该促进城市低收入群体物质生活和精神生活的全面发展，缓解身心不平衡，提升人格与自尊，让他们充分感受到自己属于城市生活的一员，他们是城市的建设者，也是城市的主人。

城市拾荒者的生活方式 **表 11–2**

	城市拾荒者的生活现状	存在的问题	设计的机会
衣	干净、整洁、简朴，注重服装的使用功能，也追求美，衣服经常清洗	衣服须耐用耐脏	便于拆洗的工作服
食	注意健康、消费能力低，简单快捷吃饱，燃料使用煤气为主。平均每周改善生活一次	起早贪黑，休息时间少，没有充分的时间准备膳食	方便快捷廉价的早餐服务；方便的烹饪工具
住	“城中村”或建筑工地附近，居住面积小，家庭简陋	空间狭小，环境恶劣，设备简陋	小空间用家具，廉价实用的洗浴装置
行	以步行、自行车、公交车为主	工作决定外出方式，不方便携带较多的物品	方便运输垃圾的工具
工作	工作时间和收入基本成正比，工作地点以人群聚集处为中心，工作强度大、时间长	工作枯燥，环境恶劣，易疲劳	义务的学习服务系统、改善拾荒／收集工具
医疗	大多家中没有常备药品，普遍认为身体状况较好，医疗无保障	身体状况较好，但病后一般承担不起医疗费	健康咨询系统、医疗保障系统
娱乐	由于工作时间长、收入低，娱乐以广播电视为主，生活单调	娱乐时间少、方式单一	娱乐服务系统、公共娱乐设施

课题组以武汉市拾荒者为例，对其进行用户研究与概念设计。

（一）二手资料分析。根据从网络、报刊、杂志上获得的二手资料，运用内容分析法，发现拾荒者对社会的影响和本身存在的问题；再运用 KJ 法提取了“贫穷与肮脏”、“疲劳与自足”、“自卑与自尊”等几组关键词。

（二）用户调查。对 10 户拾荒者进行了问卷调查和深度访谈，运用图片日记和影像追踪等方法进行了实地考察，发现拾荒者工作强度大、生活设施简陋、居住空间拥挤、饮食结构单一，其在衣食住行用等方面存在的巨大问题，与一墙之隔的现代都市极不和谐。

（三）综合分析。分析二手资料、问卷和实地考察，提取典型用户（Persona）和典型情景（Scenario），如拾垃圾的时间紧张、分垃圾的工作繁重、买菜时的犹豫不决、常洗手常换衣注重自我卫生等。

（四）设计定位。在此基础上建构需求目标系统，衍生出方便安装拆卸的洗浴设施、适合小面积多用途的低价家具、携带方便的运输工具、分类储存的拾荒工具等设计方向。

（五）概念设计。确定设计主题，制作生活形态看板、用户心情看板、设计主题看板，完成了一系列解决拾荒者具体问题的设计提案。

（六）系统整合。针对城市低收入群体，尽可能发挥各种闲置资源的作用，充分发挥城市整体中各个阶层和群体的作用，从而提高系统运作的效率，促进城市和谐发展。如，将拾荒者与城市环卫工人进行资源重组，将拾荒者从区域上进行划分，以街道或社区作为单位，帮助环卫工人保持街道卫生，既避免了同一地区拾荒者的纷争，又减轻了环卫工人的劳动强度；环卫局将拾荒者收编定岗，既降低了环卫局的人工成本，又可以减轻拾荒者的生活压力。

11.2.2　设计流程

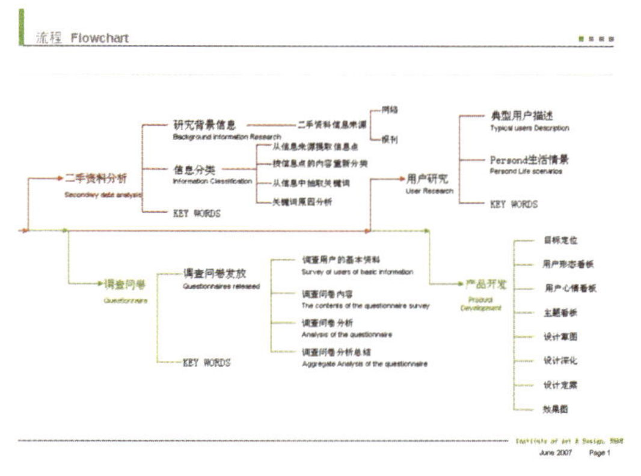

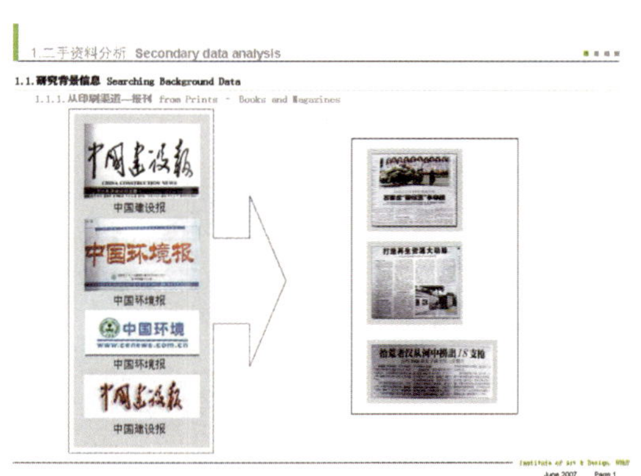

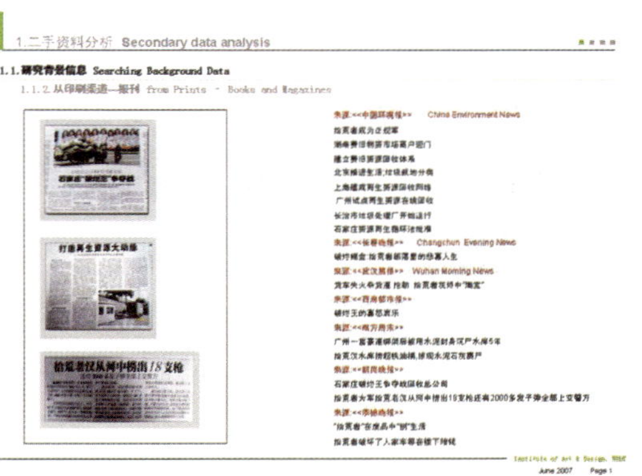

1.二手资料分析 Secondary data analysis
1.2. 信息分类 Information Classification
1.2.1. 从来源分类 Information Arrangement by Resources
背景数据
Background data
网络
Network
报刊
Newspapers
1.2.4. 从信息中抽取关键词 Keywords taken
1.2.5. 关键词原因分析 Keywords Analysis
1.3. KEY WORDS
June 2007
Page 1

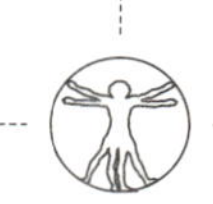

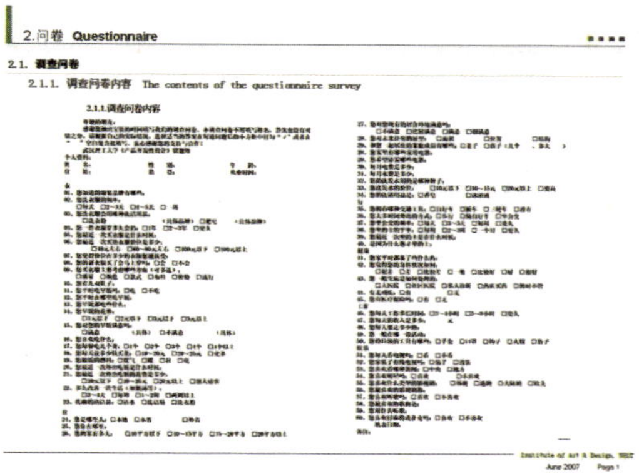

2.问卷 Questionnaire

2.1. 调查问卷

2.1.1. 调查问卷内容 The contents of the questionnaire survey

2.1.1.调查问卷内容

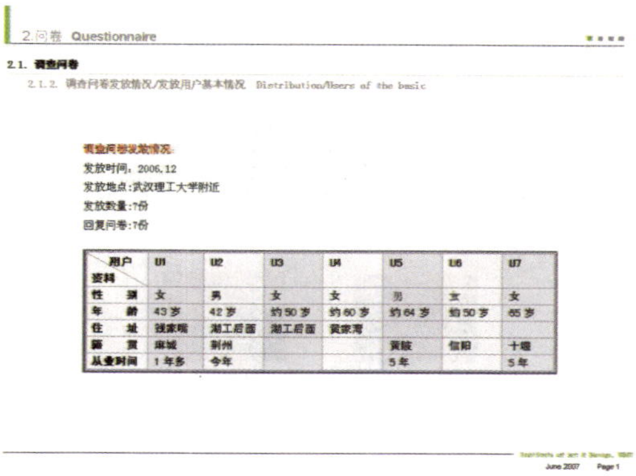

2.问卷 Questionnaire

2.1. 调查问卷

2.1.2. 调查问卷发放情况/发放用户基本情况 Distribution/Users of the basic

调查问卷发放情况:

发放时间: 2006.12

发放地点:武汉理工大学附近

发放数量:7份

回复问卷:7份

用户 / 资料	U1	U2	U3	U4	U5	U6	U7
性　别	女	男	女	女	男	女	女
年　龄	43 岁	42 岁	约 50 岁	约 60 岁	约 64 岁	约 50 岁	65 岁
住　址	钱家咀	湖工后面	湖工后面	黄家湾			
籍　贯	麻城	荆州			黄陂	信阳	十堰
从业时间	1 年多	今年			5 年		5 年

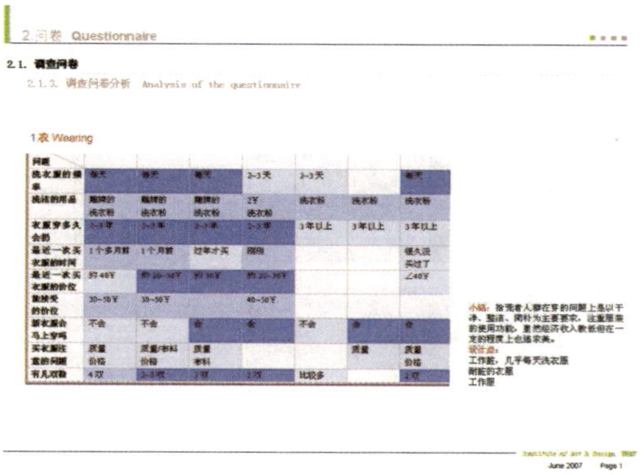

2.问卷 Questionnaire

2.1. 调查问卷

2.1.3. 调查问卷分析 Analysis of the questionnaire

1.衣 Wearing

问题							
洗衣服的频率	每天	每天	每天	2~3天	2~3天		每天
洗洁的用品	雕牌的洗衣粉	雕牌的洗衣粉	雕牌的洗衣粉	2¥洗衣粉	洗衣粉	洗衣粉	洗衣粉
衣服穿多久会扔	2~3年	2~3年	2~3年	2~3年	3年以上	3年以上	3年以上
最近一次买衣服的时间	1个多月前	1个月前	过年才买	刚刚			很久没买过了
最近一次买衣服的价位	约40¥	约20~30¥	约30¥	约20~30¥			∠40¥
能接受的价位	30~50¥	30~50¥		40~50¥			
新衣服会马上穿吗	不会	不会	会	会	不会	会	会
买衣服注重的问题	质量 价格	质量/布料 价格	质量 布料			质量	质量 价格
有几双鞋	4双	2~3双	3双	2双	比较多		2双

小结: 拾荒者人群在穿的问题上是以干净、整洁、朴素为主要要求, 注重服装的使用功能, 虽然经济收入较低但在一定的程度上也追求美。

设计点:

工作服, 几乎每天洗衣服

耐脏的衣服

工作服

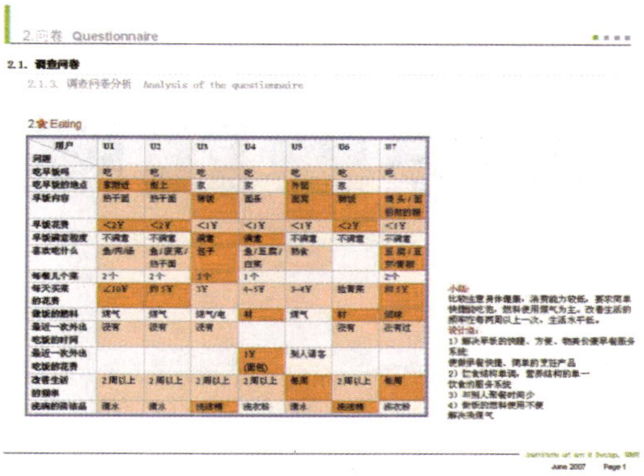

2.问卷 Questionnaire

2.1. 调查问卷

2.1.3. 调查问卷分析 Analysis of the questionnaire

2.食 Eating

用户 / 问题	U1	U2	U3	U4	U5	U6	U7
吃早饭吗	吃	吃	吃	吃	吃	吃	吃
吃早饭的地点	家附近	街上	家	家	外面	家	
早饭内容	热干面	热干面	稀饭	面条	面窝	稀饭	馒头/面[illegible]
早饭花费	<2¥	<2¥	<1¥	<1¥	<1¥	<2¥	<1¥
早饭满意程度	不满意	不满意	满意	满意	不满意	不满意	不满意
喜欢吃什么	鱼/肉/汤	鱼/蔬菜/热干面	包子	鱼/豆腐/白菜	熟食		豆腐/豆[illegible]
每餐几个菜	2个	2个	3个	1个			2个
每天买菜的花费	∠10¥	约5¥	3¥	4~5¥	3~4¥	捡菜叶	约5¥
做饭的燃料	煤气	煤气	煤气/电	柴	煤气	柴	蜂窝煤
最近一次外出吃饭的时间	没有	没有	没有			没有	没有过
最近一次外出吃饭的花费				1¥(面包)	别人请客		
改善生活的频率	2周以上	2周以上	2周以上	2周以上	每周	2周以上	每周
洗碗的洗涤品	清水	清水	洗洁精	洗衣粉	清水	洗洁精	洗衣粉

小结:

比较注意身体健康, 消费能力较低, 要求简单快捷地吃饱, 燃料使用煤气为主。改善生活的频率在每两周以上一次, 生活水平低。

设计点:

1) 解决早饭的快捷、方便、物美价廉早餐服务系统

使做早餐快捷、简单的烹饪产品

2) 饮食结构单调, 营养结构的单一饮食的服务系统

3) 和别人聚餐时间少

4) 做饭的燃料使用不便

解决烧煤气

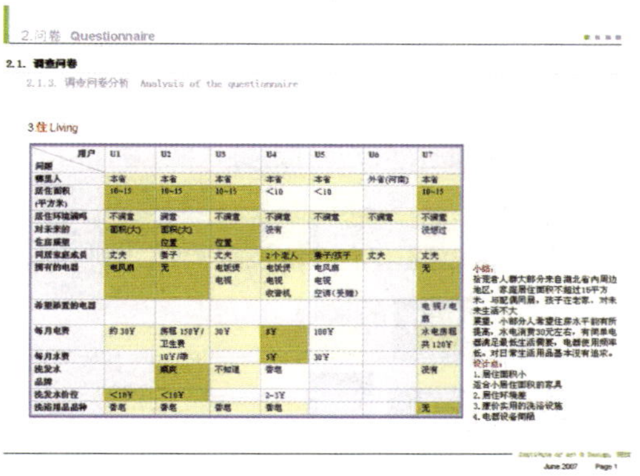

2.问卷 Questionnaire

2.1. 调查问卷

2.1.3. 调查问卷分析 Analysis of the questionnaire

3.住 Living

用户 / 问题	U1	U2	U3	U4	U5	U6	U7
籍贯人	本省	本省	本省	本省	本省	外省(河南)	本省
居住面积(平方米)	10~15	10~15	10~15	<10	<10		10~15
居住环境满吗	不满意	满意	不满意	不满意	不满意	不满意	不满意
对未来的住房展望	面积(大)	面积(大) 位置	位置	没有			没想过
同居家庭成员	丈夫	妻子	丈夫	2个老人	妻子/孩子	丈夫	丈夫
拥有的电器	电风扇	无	电饭煲 电视	电饭煲 电视 收音机	电风扇 电视 空调(关掉)		无
希望添置的电器							电视/电扇
每月电费	约30¥	房租150¥/卫生费	30¥	8¥	100¥		水电房租共120¥
每月水费		10¥/季		5¥	30¥		
洗发水品牌		飘柔	不知道	香皂			没有
洗发水价位	<10¥	<10¥		2~3¥			
洗浴用品品种	香皂	香皂	香皂	香皂			无

小结:

拾荒者人群大部分来自湖北省内周边地区, 家庭居住面积不超过15平方米, 与配偶同居, 孩子在老家, 对未来生活不大

要理, 小部分人希望住房水平能有所提高, 水电消费30元左右, 有简单电器满足最低生活需要, 电器使用频率低, 对日常生活用品基本没有追求。

设计点:

1. 居住面积小

适合小居住面积的家具

2. 居住环境差

3. 廉价实用的洗浴设施

4. 电器设备简陋

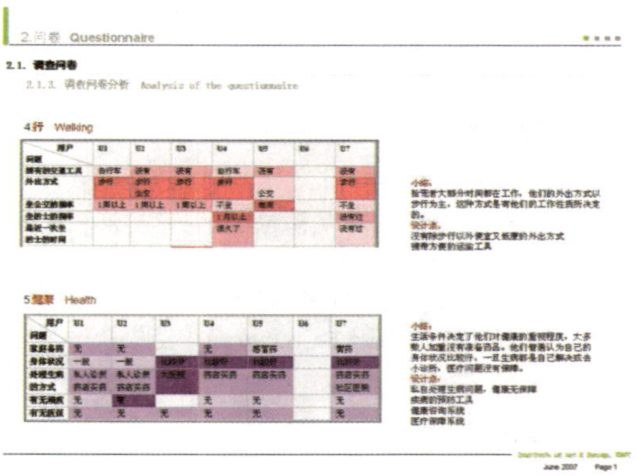

2.问卷 Questionnaire

2.1. 调查问卷

2.1.3. 调查问卷分析 Analysis of the questionnaire

4.行 Walking

用户 / 问题	U1	U2	U3	U4	U5	U6	U7
拥有的交通工具	自行车	没有	没有	自行车	没有		没有
外出方式	步行	步行 公交	步行	步行	公交		步行
坐公交的频率	1周以上	1周以上	1周以上	不坐	每周		不坐
坐的士的频率				1月以上			没有过
最近一次坐的士的时间				很久了			没有过

小结:

拾荒者大部分时间都在工作, 他们的外出方式以步行为主, 这种方式是有他们的工作性质所决定的。

设计点:

没有除步行以外便宜又低廉的外出方式

携带方便的运输工具

5.健康 Health

用户 / 问题	U1	U2	U3	U4	U5	U6	U7
家庭备药	无	无		无	感冒药		胃药
身体状况	一般	一般	比较好	比较好	比较好		比较好
处理生病的方式	私人诊所 药店买药	私人诊所 药店买药	大医院	药店买药	药店买药		药店买药 社区医院
有无顽疾	无	有		无	无		无
有无医保	无	无	无	无	无		无

小结:

生活条件决定了他们对健康的重视程度, 大多数人家里没有准备药品。他们普遍认为自己的身体状况比较好, 一旦生病都是自己解决或去小诊所, 医疗问题没有保障。

设计点:

私自处理生病问题, 健康无保障

疾病的预防工具

健康咨询系统

医疗保障系统

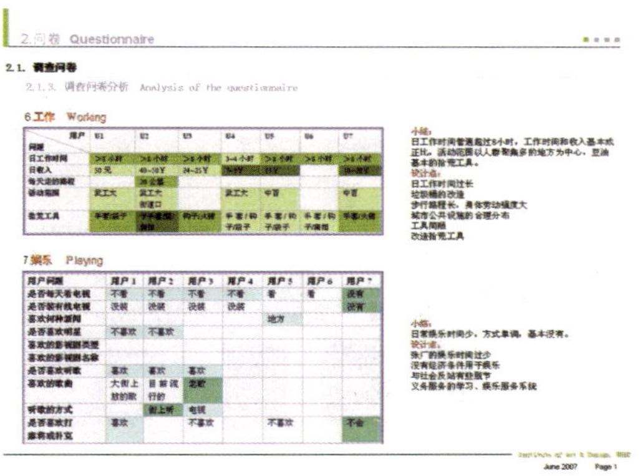

2.问卷 Questionnaire

2.1. 调查问卷

2.1.3. 调查问卷分析 Analysis of the questionnaire

6.工作 Working

用户 / 问题	U1	U2	U3	U4	U5	U6	U7
日工作时间	>8小时	>8小时	>8小时	3~4小时	>8小时	>8小时	>8小时
日收入	30元	40~50¥	24~25¥	[illegible]	[illegible]		[illegible]
每天走的路程		20公里					
活动范围	武工大	武工大 街道口		武工大	中百		中百
拾荒工具	手套/袋子	手套/袋子/推车	钩子/火钳	手套/钩子/袋子	手套/钩子/袋子	手套/钩子/推车	手套/火钳

小结:

日工作时间普遍超过8小时, 工作时间和收入基本成正比。活动范围以人群聚集多的地方为中心, 显油基本的拾荒工具。

设计点:

日工作时间过长

垃圾桶的改进

步行路程长, 身体劳动强度大

城市公共设施的合理分布

工具简陋

改进拾荒工具

7.娱乐 Playing

用户问题	用户1	用户2	用户3	用户4	用户5	用户6	用户7
是否每天看电视	不看	不看	不看	不看	看	看	没有
是否装有线电视	没装	没装	没装	没装			没有
喜欢何种新闻					地方		
是否喜欢明星	不喜欢	不喜欢					
喜欢的影视剧类型							
喜欢的影视剧名称							
是否喜欢听歌	喜欢	喜欢	喜欢				
喜欢的歌曲	大街上放的歌	目前流行的	老歌				
听歌的方式		街上听	电视				
是否喜欢打麻将或扑克	喜欢		不喜欢		不喜欢		不会

小结:

日常娱乐时间少, 方式单调, 基本没有。

设计点:

张厂的娱乐时间过少

没有经济条件用于娱乐

与社会反站有些脱节

义务服务的学习、娱乐服务系统

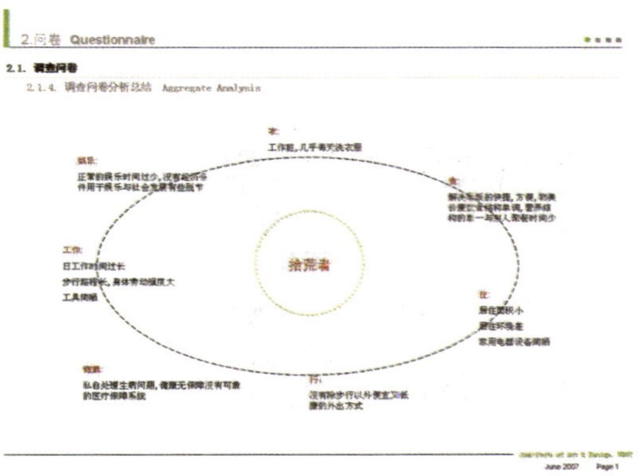

2.问卷 Questionnaire

2.1. 调查问卷

2.1.4. 调查问卷分析总结 Aggregate Analysis

拾荒者

衣:

工作服, 几乎每天洗衣服

食:

解决早饭的快捷, 方便, 物美价廉饮食结构单调, 营养结构的单一与别人聚餐时间少

住:

居住面积小

居住环境差

家用电器设备简陋

行:

没有除步行以外便宜又低廉的外出方式

健康:

私自处理生病问题, 健康无保障没有可靠的医疗保障系统

工作:

日工作时间过长

步行路程长, 身体劳动强度大

工具简陋

娱乐:

正常的娱乐时间过少, 没有经济条件用于娱乐与社会发展有些脱节

2.问卷 Questionnaire

2.2. KEY WORDS

2.2.1. KEY WORDS 分析

3.用户研究 User Research

3.1. 典型用户描述

3.1.1. 典型用户描述 Typical users Description

Persona的生活概述

早上5点半起床，洗漱完毕，吃早饭，开始了一天的生活。

上午一直在学校周围捡垃圾，会在比较集中的垃圾桶里翻捡。

大约中午1点钟（会错过与学生吃饭的时间）把垃圾捡完，回家吃午饭（一般会在回家的时候把垃圾直接带回家）。没有午饭后休息的习惯

午饭后，把上午捡到的垃圾进行分类，大概会花一个下午的时间，而且下午能够捡到有回收价值的垃圾比较少。分完垃圾后，则由男主人把垃圾拿去回收站卖掉（而女主人留在家里做晚饭），卖完后途中经过菜市场，买回第二天需要吃的菜（因为没有冰箱，所以买的才不多，每顿饭也尽量吃完）

回家吃晚饭，此时女主人已经把晚饭做好了。

吃完晚饭后，会继续外出捡垃圾，但是时间不会太久。（大概9点——9点半回家）

捡完垃圾，回家后（大概在10点——10点半）直接洗完休息。这才结束一天的生活。并且晚上没有娱乐活动。

3.用户研究 User Research

3.2. Persona生活情景

3.2.1. 时间表 Timetable

捡垃圾 → 午饭 → 分垃圾 → 卖垃圾 → 买菜

3.用户研究 User Research

3.2. Persona生活情景

3.2.2. 捡垃圾 Ragpickers

3.用户研究 User Research

3.2. Persona生活情景

3.2.3. 午饭 Lunch

3.用户研究 User Research

3.2. Persona生活情景

3.2.4. 分垃圾 Waste classification

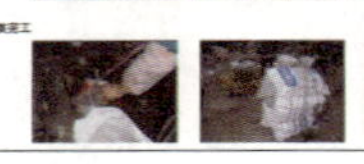

3.用户研究 User Research

3.2. Persona生活情景

3.2.5. 卖垃圾 Refuse to sell

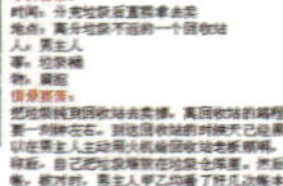

3.用户研究 User Research

3.2. Persona生活情景

3.2.6. 买菜 Prepared meals

3 用户研究 User Research

3.3. KEY WORDS

居住简陋

工作强度大

讲究个人卫生

环境脏乱

贫穷

June 2007　Page 1

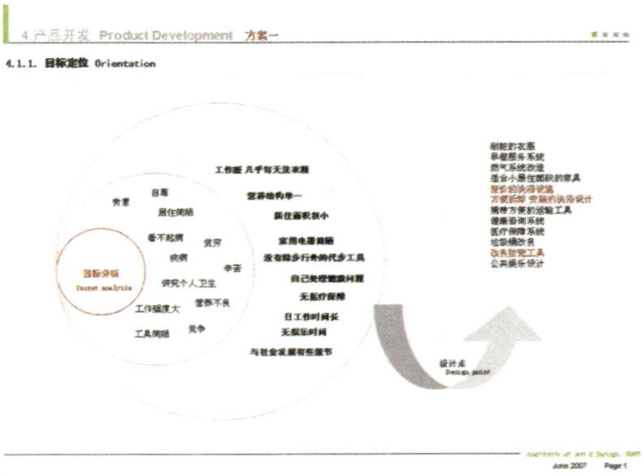

4 产品开发 Product Development 方案一

4.1.1. 目标定位 Orientation

目标分析 Target analysis

贫穷　自卑　居住简陋　看不起病　疾病　辛苦　讲究个人卫生　工作强度大　营养不良　工具简陋　竞争

工作服 几乎有天没衣服　营养结构单一　居住面积狭小　家用电器简陋　没有脱步行外的代步工具　自己处理健康问题　无医疗保障　日工作时间长　无娱乐时间　与社会发展有些脱节

设计点 Design point

耐脏的衣服
早餐服务系统
燃气系统改造
适合小居住面积的家具
廉价的洗浴设施
方便拆卸 安装的洗浴设计
携带方便的运输工具
健康咨询系统
医疗保障系统
垃圾桶改良
改良拾荒工具
公共娱乐设计

June 2007　Page 1

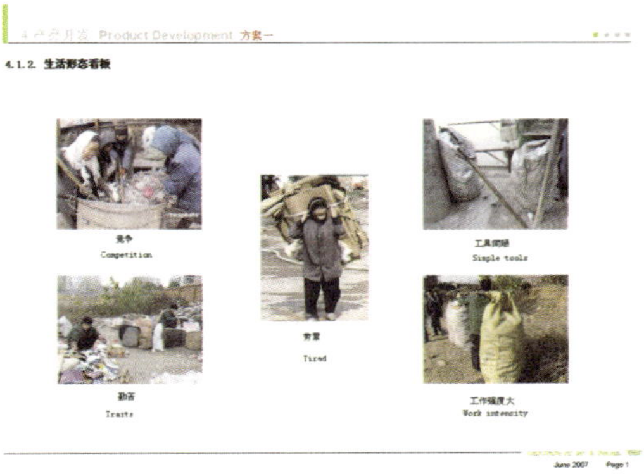

4 产品开发 Product Development 方案一

4.1.2. 生活形态看板

竞争 Competition

劳累 Tired

工具简陋 Simple tools

勤苦 Traits

工作强度大 Work intensity

June 2007　Page 1

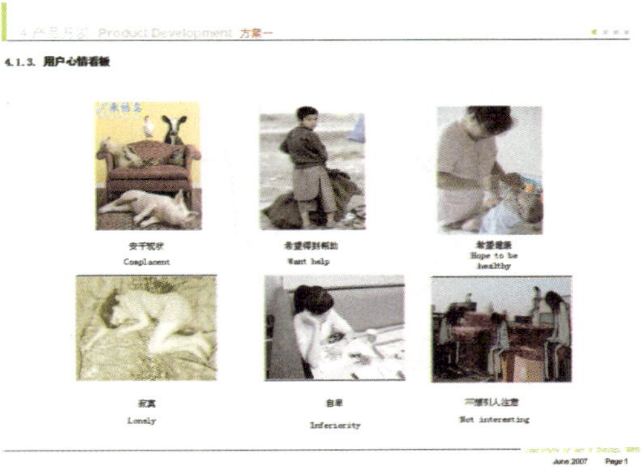

4 产品开发 Product Development 方案一

4.1.3. 用户心情看板

安于现状 Complacent

希望得到帮助 Want help

希望健康 Hope to be healthy

孤寡 Lonely

自卑 Inferiority

不被别人注意 Not interesting

June 2007　Page 1

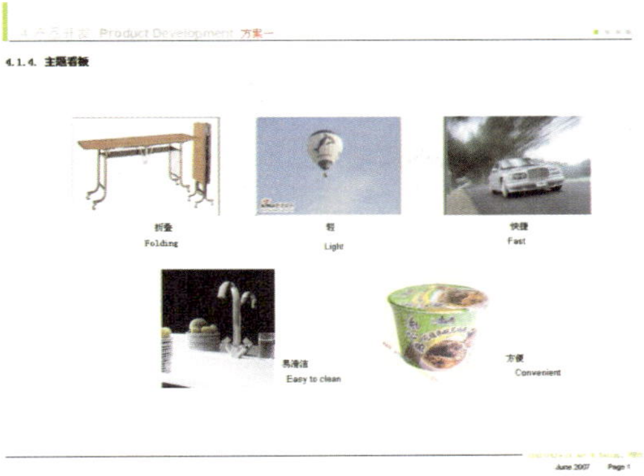

4 产品开发 Product Development 方案一

4.1.4. 主题看板

折叠 Folding

轻 Light

快捷 Fast

易清洁 Easy to clean

方便 Convenient

June 2007　Page 1

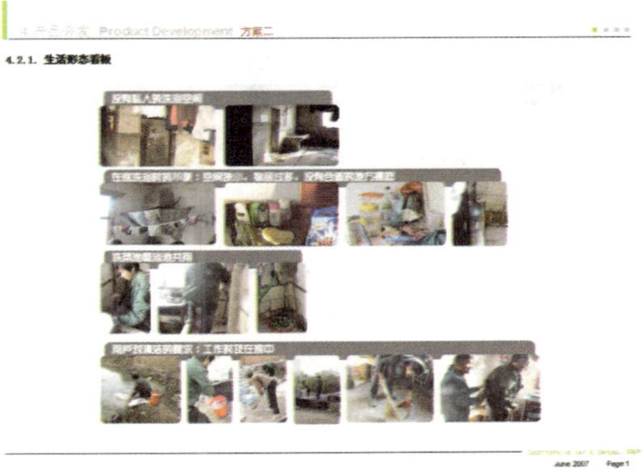

4 产品开发 Product Development 方案二

4.2.1. 生活形态看板

June 2007　Page 1

4 产品开发 Product Development 方案二

4.2.2. 用户心情看板

June 2007　Page 1

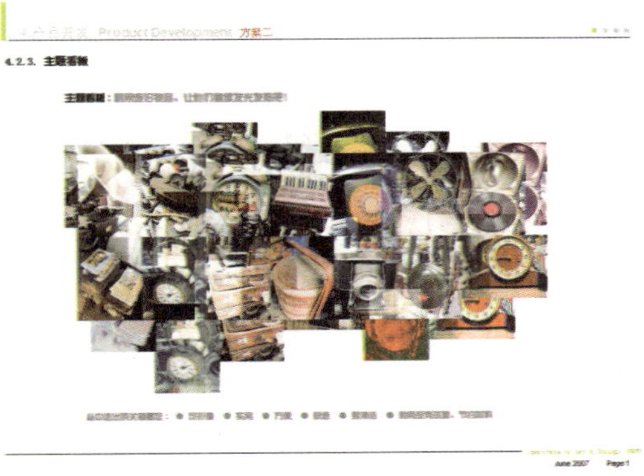

4 产品开发 Product Development 方案二

4.2.3. 主题看板

June 2007　Page 1

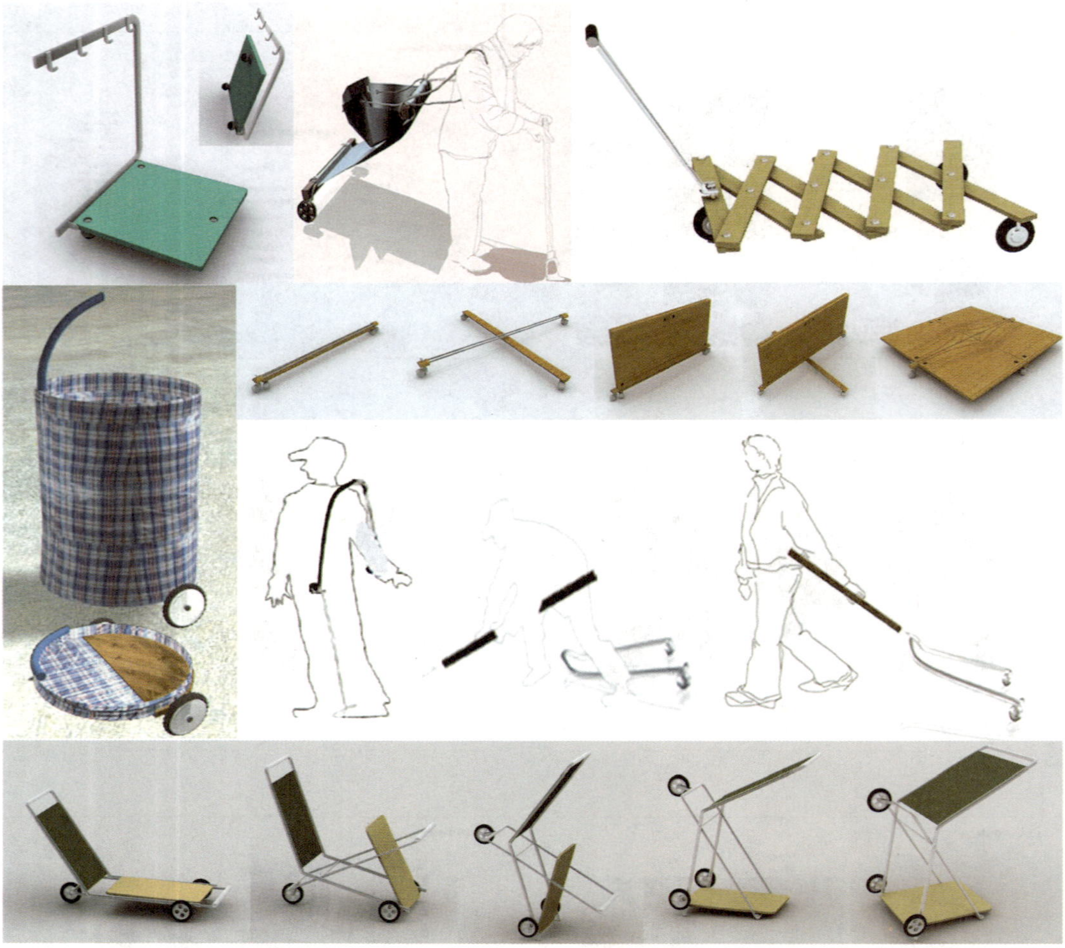

11.3 为农民工而设计

11.3.1 项目简介

课题组以拾荒者、农民工、下岗工人为典型案例，运用质的研究方法和民族学方法，进行了一系列案例研究、资源重组与系统设计。以下，对其中的“可周转、易回收、预制型农民工用住宅产品设计”予以简介。

（一）二手资料分析。根据从网络、报刊、杂志上获得的二手资料，运用内容分析法，发现农民工对社会的影响和本身存在的问题.再运用KJ法提取了“知识匮乏”、“劳动强度大”、“安全措施缺乏”、“生活环境差”、“娱乐单调”等几组关键词。

（二）典型用户调查。对 10 户农民工进行了问卷调查和深度访谈，运用图片日记和影像追踪等方法进行了实地考察，发现农民工工作时间长强度大、生活设施简陋、居住空间拥挤、娱乐生活单调、生活圈狭小。调查表明，低收入群体“聚居”生活，不是源于教养和阅历带来的克制和迁就，而是社会存在角度的相互依赖、相互需要，群体内有一种共生关系。面对

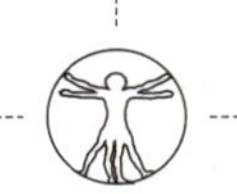

城市生活的高成本，如果低收入者离开共同聚合而产生的群体，就无法在城市里生存。

（三）综合分析。分析二手资料、问卷和实地考察，提取典型用户（persona）和典型情景（scenario），确定了空间利用不合理、卫浴配套缺乏、家具简陋、缺乏相互交流等关键问题。

（四）概念设计。针对常年迁徙住所的农民工，充分利用闲置或部分闲置的建筑工地，采用可再生可重复利用的材料和易于拼装组合的结构，设计了一套可周转、易回收、预制型的住宅产品，以满足他们的日常生活需要。该设计围绕农民建筑工的生活方式和基本需求，展开资源重组：(1) 空间资源的重组。有效利用建筑工地在施工过程中闲置或部分闲置的空间，采取"个体的基本需求空间＋公共的集体生活空间＋共享的集合休闲空间"的方式，有效地将农民工群体内部的需求进行分类重组。个体的基本需求包括睡觉、休息、吃饭等，公共的集体生活包括洗漱、厕所、洗浴等，集合休闲包括看电视、打牌、晒太阳等。因此，集中设置公共厕所、洗涮间、浴室、开水间和娱乐室；其中，休闲娱乐功能的实现可由多人分担来分摊成本，同时促进群体交流。(2) 物质资源的重复利用。提前设定部件模数和标准规格，选用可回收的木塑材料和可重复利用的金属构件，拼装方便、施工简易，部分易损部件可更换为集体宿舍专门配套的家具，收纳于储物柜之中，又可自由组合。(3) 一次性投入，多样化使用。建筑商为解决建筑工人的生产需要而第一次投入，此后既可由建筑商回收重复使用，也可由政府回收提供给贫困人群或作为外来务工人员的暂居地来循环使用。这样既节约了资源，又满足了低收入群体的需求，还为建筑商树立了良好的社会形象。

11.3.2　最终设计

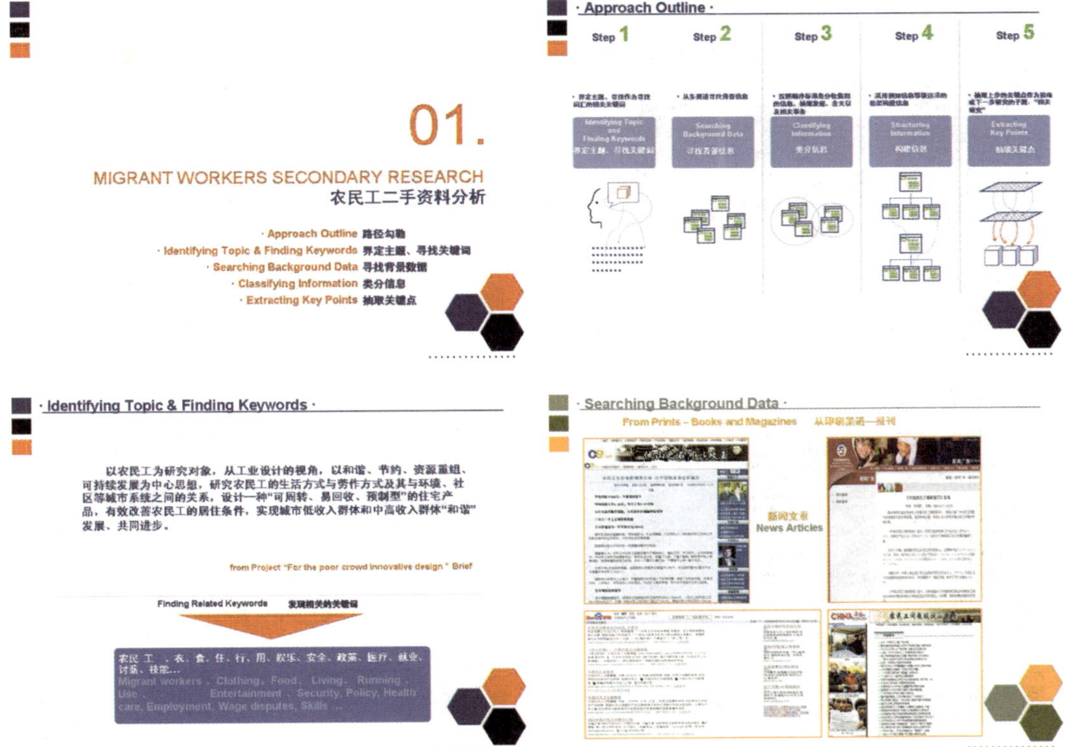

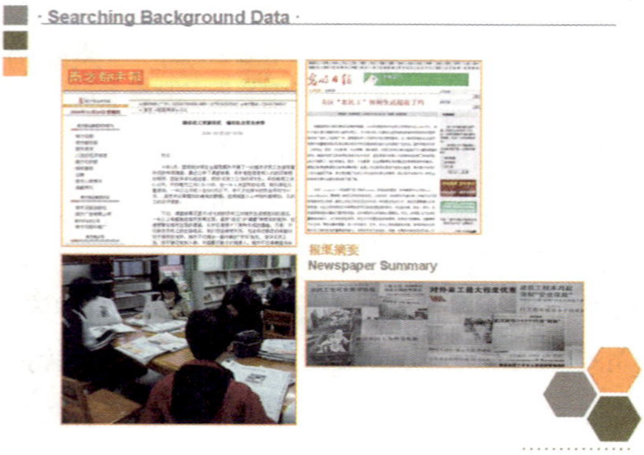

· Searching Background Data ·

报纸摘要
Newspaper Summary

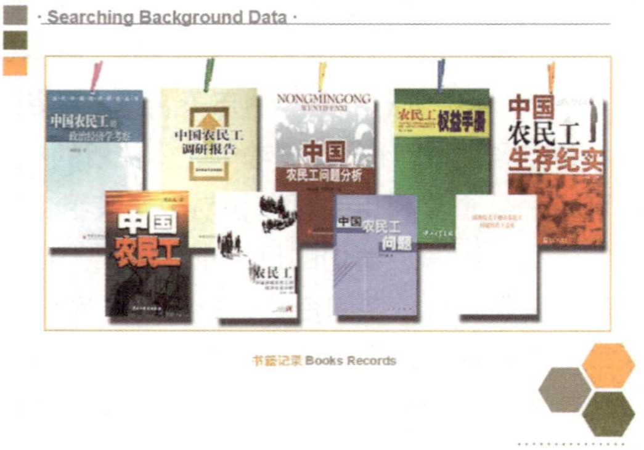

· Searching Background Data ·

书籍记录 Books Records

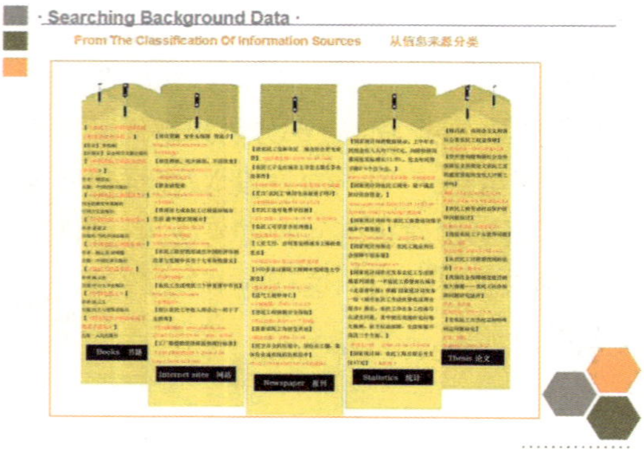

· Searching Background Data ·

From The Classification Of Information Sources　从信息来源分类

Books 书籍　Internet sites 网站　Newspaper 报刊　Statistics 统计　Thesis 论文

· Classifying Information ·

Progress 1 : Sequential Mapping　过程1：连续性信息定位

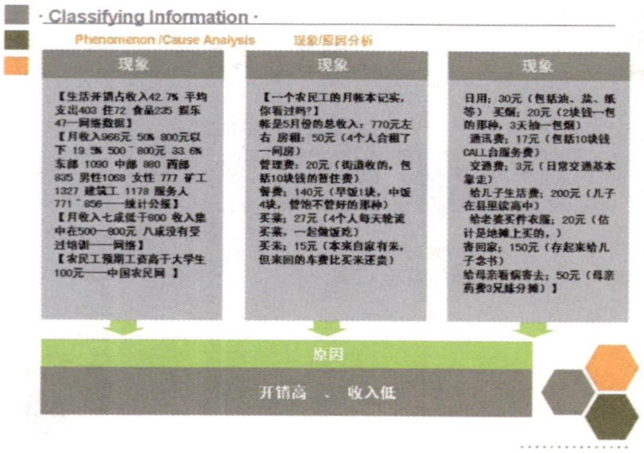

· Classifying Information ·

Phenomenon /Cause Analysis　现象/原因分析

现象

【生活开销占收入42.7% 平均支出403 住72 食品235 娱乐47—网络数据】
【月收入966元 50% 800元以下 19.5% 500～800元 33.6% 东部 1090 中部 880 西部 835 男性1068 女性 777 矿工 1327 建筑工 1178 服务人 771～856——统计公报】
【月收入七成低于800 收入集中在500—800元 八成没有受过培训——网络】
【农民工预期工资高于大学生100元——中国农民网 】

现象

【一个农民工的月帐本记实，你看过吗?】
帐是5月份的总收入：770元左右 房租：50元（4个人合租了一间房）
管理费：20元（街道收的，包括10块钱的暂住费）
餐费：140元（早饭1块，中饭4块，管饱不管好的那种）
买菜：27元（4个人每天轮流买菜，一起做饭吃）
买米：15元（本来自家有米，但来回的车费比买米还贵）

现象

日用：30元（包括油、盐、纸等） 买烟：20元（2块钱一包的那种，3天抽一包烟）
通讯费：17元（包括10块钱CALL台服务费）
交通费：3元（日常交通基本靠走）
给儿子生活费：200元（儿子在县里读高中）
给老婆买件衣服：20元（估计是地摊上买的，）
寄回家：150元（存起来给儿子念书）
给母亲看病寄去：50元（母亲药费3兄妹分摊）】

原因

开销高 、 收入低

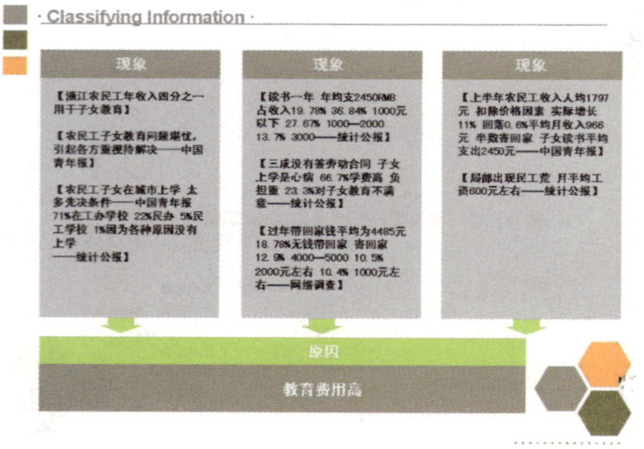

· Classifying Information ·

现象

【浙江农民工年收入四分之一用于子女教育】

【农民工子女教育问题堪忧，引起各方重视待解决——中国青年报】

【农民工子女在城市上学 太多先决条件——中国青年报 71%在工办学校 22%民办 5%民工学校 1%因为各种原因没有上学
——统计公报】

现象

【读书一年 年均支2450RMB 占收入19.78% 36.84% 1000元以下 27.67% 1000—2000 13.7% 3000——统计公报】

【三成没有签劳动合同 子女上学是心病 66.7%学费高 负担重 23.3%对子女教育不满意——统计公报】

【过年带回家钱平均为4485元 18.78%无钱带回家 寄回家 12.9% 4000—5000 10.5% 2000元左右 10.4% 1000元左右——网络调查】

现象

【上半年农民工收入人均1797元 扣除价格因素 实际增长11% 回落0.6%平均月收入966元 半数寄回家 子女读书平均支出2450元——中国青年报】

【局部出现民工荒 月平均工资600元左右——统计公报】

原因

教育费用高

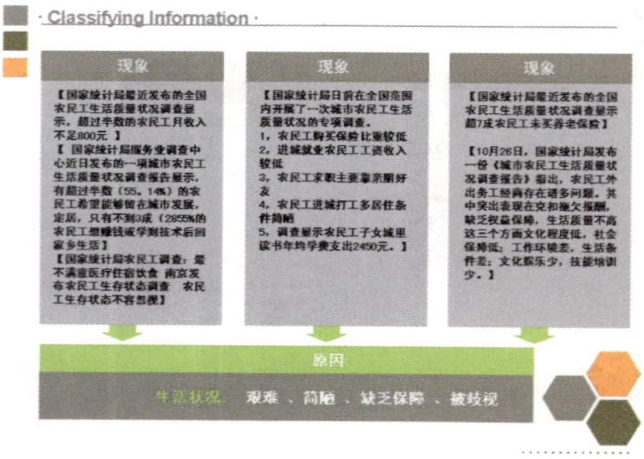

· Classifying Information ·

现象

【国家统计局最近发布的全国农民工生活质量状况调查显示，超过半数的农民工月收入不足800元 】
【 国家统计局服务业调查中心近日发布的一项城市农民工生活质量状况调查报告显示，有超过半数（55.14%）的农民工希望能够留在城市发展，定居，只有不到3成（2855%的农民工想赚钱或学到技术后回家乡生活】
【国家统计局农民工调查：最不满意医疗住宿饮食 南京发布农民工生存状态调查　农民工生存状态不容忽视】

现象

【国家统计局日前在全国范围内开展了一次城市农民工生活质量状况的专项调查。
1，农民工购买保险比重较低
2，进城就业农民工工资收入较低
3，农民工求职主要靠亲朋好友
4，农民工进城打工多居住条件简陋
5，调查显示农民工子女城里读书年均学费支出2450元。】

现象

【国家统计局最近发布的全国农民工生活质量状况调查显示超7成农民工未买养老保险】

【10月26日，国家统计局发布一份《城市农民工生活质量状况调查报告》指出，农民工外出务工经商存在诸多问题。其中突出表现在克扣拖欠报酬，缺乏权益保障，生活质量不高这三个方面文化程度低，社会保障低；工作环境差，生活条件差；文化娱乐少，技能培训少。】

原因

生活状况：　艰难 、简陋 、缺乏保障 、被歧视

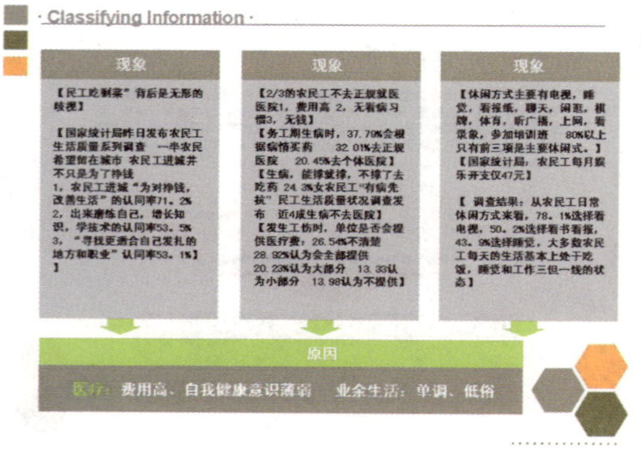

· Classifying Information ·

现象

【民工吃剩菜" 背后是无形的歧视】

【国家统计局昨日发布农民工生活质量系列调查　一半农民希望留在城市 农民工进城并不只是为了挣钱
1，农民工进城"为对挣钱，改善生活"的认同率71。2%
2，出来磨练自己，增长知识，学技术的认同率53。5%
3，"寻找更适合自己发扎的地方和职业"认同率53。1%】
】

现象

【2/3的农民工不去正规就医医院1，费用高 2，无看病习惯3，无钱】
【务工期生病时，37.79%会根据病情买药　32.01%去正规医院　20.45%去个体医院】
【生病，能撑就撑，不撑了去吃药 24.3%女农民工"有病先抗" 民工生活质量状况调查发布　近4成生病不去医院】
【发生工伤时，单位是否会提供医疗费：26.54%不清楚 28.92%认为会全部提供 20.23%认为大部分　13.33认为小部分　13.98认为不提供】

现象

【休闲方式主要有电视，睡觉，看报纸，聊天，闲逛，棋牌，体育，听广播，上网，看录象，参加培训班　80%以上只有前三项是主要休闲式。】
【国家统计局：农民工每月娱乐开支仅47元】

【 调查结果：从农民工日常休闲方式来看，78。1%选择看电视，50。2%选择看书看报，43。9%选择睡觉，大多数农民工每天的生活基本上处于吃饭，睡觉和工作三但一线的状态】

原因

医疗：费用高、自我健康意识薄弱　业余生活：单调、低俗

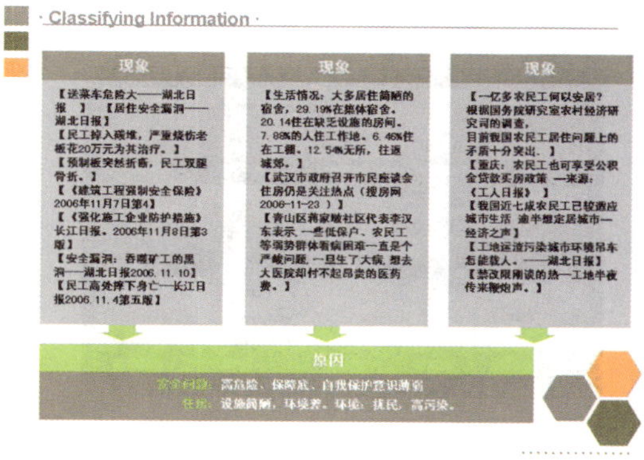

· Classifying Information ·

现象	现象	现象
【送菜车危险大——湖北日报 】 【居住安全漏洞——湖北日报】 【民工掉入碳堆，严重烧伤老板花20万元为其治疗。】 【预制板突然折断，民工双腿骨折。】 【《建筑工程强制安全保险》2006年11月7日第4】 【《强化施工企业防护措施》长江日报。2006年11月8日第3版】 【安全漏洞：吞噬矿工的黑洞——湖北日报2006. 11. 10】 【民工高处摔下身亡—长江日报2006. 11. 4第五版】	【生活情况：大多居住简陋的宿舍，29. 19%在集体宿舍。20. 14住在缺乏设施的房间。7. 88%的人住工作地。6. 46%住在工棚。12. 54%无所，住返城郊。】 【武汉市政府召开市民座谈会住房仍是关注热点（搜房网2006-11-23 ）】 【青山区蒋家墩社区代表李汉东表示,一些低保户、农民工等弱势群体看病困难一直是个严峻问题,一旦生了大病,想去大医院却付不起昂贵的医药费。】	【一亿多农民工何以安居?根据国务院研究室农村经济研究司的调查，目前我国农民工居住问题上的矛盾十分突出。】 【重庆：农民工也可享受公积金贷款买房政策 —来源：《工人日报》 】 【我国近七成农民工已较适应城市生活 逾半想定居城市—经济之声】 【工地运渣污染城市环境吊车怎能载人。——湖北日报】 【禁改限刚读的热—工地半夜传来鞭炮声。】

原因

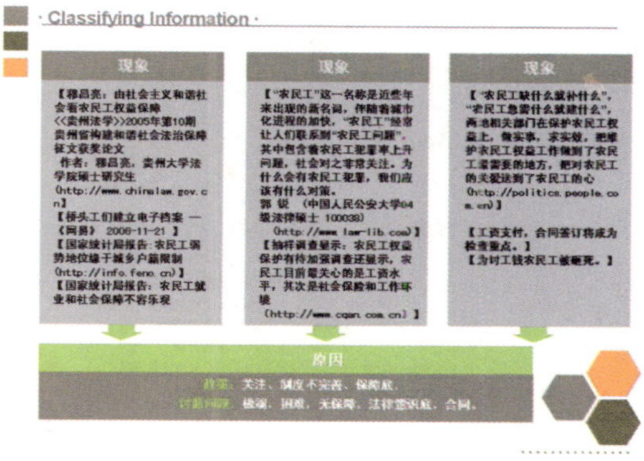

安全问题：高危险、保障低、自我保护意识薄弱

住房：设施简陋，环境差，环境，扰民，高污染。

· Classifying Information ·

现象	现象	现象
【穆昌亮：由社会主义和谐社会看农民工权益保障<<贵州法学>>2005年第10期贵州省构建和谐社会法治保障征文获奖论文 作者：穆昌亮，贵州大学法学院硕士研究生 (http://www.chinalaw.gov.cn】 【桥头工们建立电子档案 —《网易》 2006-11-21 】 【国家统计局报告:农民工弱势地位缘于城乡户籍限制(http://info.feno.cn)】 【国家统计局报告：农民工就业和社会保障不容乐观	【"农民工"这一名称是近些年来出现的新名词，伴随着城市化进程的加快，"农民工"经常让人们联系到"农民工问题"，其中包含着农民工犯罪率上升问题，社会对之非常关注。为什么会有农民工犯罪，我们应该有什么对策。 郭 锐 (中国人民公安大学04级法律硕士 100038) (http://www.law-lib.com)】 【抽样调查显示：农民工权益保护有待加强调查还显示，农民工目前最关心的是工资水平，其次是社会保险和工作环境 (http://www.cqan.com.cn) 】	【"农民工缺什么就补什么"，"农民工急需什么就建什么"，两地相关部门在保护农民工权益上，做实事，求实效，把维护农民工权益工作做到了农民工最需要的地方，把对农民工的关爱送到了农民工的心(http://politics.people.com.cn)】 【工资支付，合同签订将成为检查重点。】 【为讨工钱农民工被砸死。】

原因

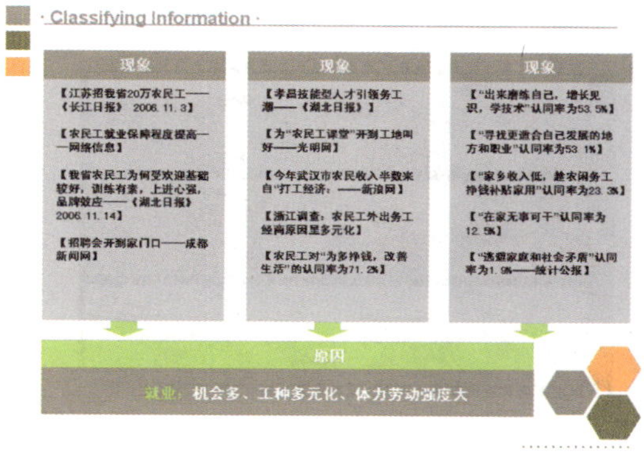

政策：关注、制度不完善、保障低。

讨薪问题：极端，困难，无保障，法律意识低，合同。

· Classifying Information ·

现象	现象	现象
【江苏招收省20万农民工——《长江日报》 2006. 11. 3】 【农民工就业保障程度提高——网络信息】 【我省农民工为何受欢迎基础较好，训练有素，上进心强，品牌效应——《湖北日报》2006. 11. 14】 【招聘会开到家门口——成都新闻网】	【孝昌技能型人才引领务工潮——《湖北日报》】 【为"农民工课堂"开渠工地叫好——光明网】 【今年武汉市农民收入半数来自"打工经济" ——新浪网】 【浙江调查：农民工外出务工经商原因显多元化】 【农民工对"为多挣钱，改善生活"的认同率为71. 2%】	【"出来磨炼自己，增长见识，学技术"认同率为53. 5%】 【"寻找更适合自己发展的地方和职业"认同率为53. 1%】 【"家乡收入低，跳农词务工挣钱补贴家用"认同率为23. 3%】 【"在家无事可干"认同率为12. 5%】 【"逃避家庭和社会矛盾"认同率为1. 9%——统计公报】

原因

就业：机会多、工种多元化、体力劳动强度大

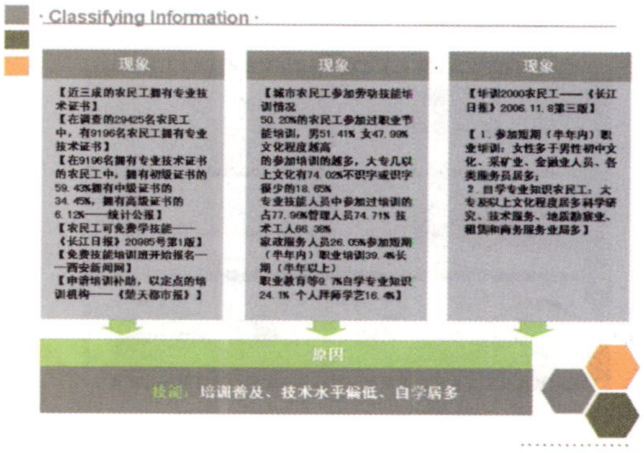

· Classifying Information ·

现象	现象	现象
【近三成的农民工拥有专业技术证书】 【在调查的29425名农民工中，有9196名农民工拥有专业技术证书】 【在9196名拥有专业技术证书的农民工中，拥有初级证书的59. 43%拥有中级证书的34. 45%，拥有高级证书的6. 12%——统计公报】 【农民工可免费学技能——《长江日报》20985号第1版】 【免费技能培训班开始报名——西安新闻网】 【申请培训补助，以定点的培训机构——《楚天都市报》】	【城市农民工参加劳动技能培训情况 50. 20%的农民工参加过职业节能培训，男51. 41% 女47. 99% 文化程度越高的参加培训的越多，大专以上文化有74. 02%不识字或识字很少的18. 65% 专业技能人员中参加过培训的占77. 96%管理人员74. 71% 技术工人66. 38% 家政服务人员26. 05%参加短期（半年内）职业培训39. 4%长期（半年以上）职业教育等9. 7%自学专业知识24. 1% 个人拜师学艺16. 4%】	【毕业2000名民工——《长江日报》2006. 11. 8第三版】 【1．参加短期（半年内）职业培训：女性多于男性初中文化、采矿业、金融业人员、各类服务员居多； 2．自学专业知识农民工：大专以上文化程度居多科学研究、技术服务、地质勘察业、租赁和商务服务业居多】

原因

技能：培训普及、技术水平偏低、自学居多

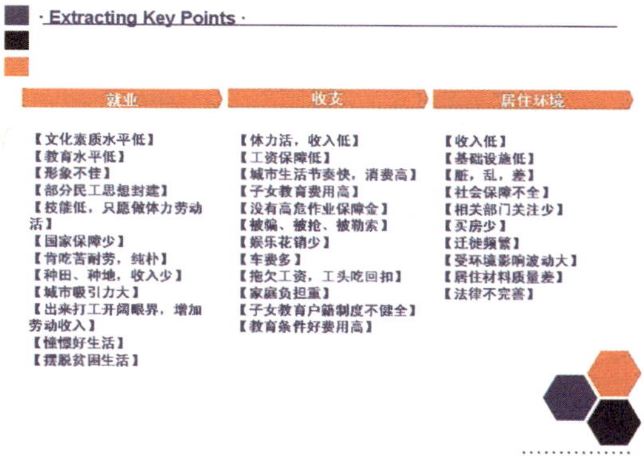

· Extracting Key Points ·

就业	收支	居住环境
【文化素质水平低】 【教育水平低】 【形象不佳】 【部分民工思想封建】 【技能低，只愿做体力劳动活】 【国家保障少】 【肯吃苦耐劳，纯朴】 【种田、种地，收入少】 【城市吸引力大】 【出来打工开阔眼界，增加劳动收入】 【憧憬好生活】 【摆脱贫困生活】	【体力活，收入低】 【工资保障低】 【城市生活节奏快，消费高】 【子女教育费用高】 【没有高危作业保障金】 【被骗、被抢、被勒索】 【娱乐花销少】 【车费多】 【拖欠工资，工头吃回扣】 【家庭负担重】 【子女教育户籍制度不健全】 【教育条件好费用高】	【收入低】 【基础设施低】 【脏，乱，差】 【社会保障不全】 【相关部门关注少】 【买房少】 【迁徙频繁】 【受环境影响波动大】 【居住材料质量差】 【法律不完善】

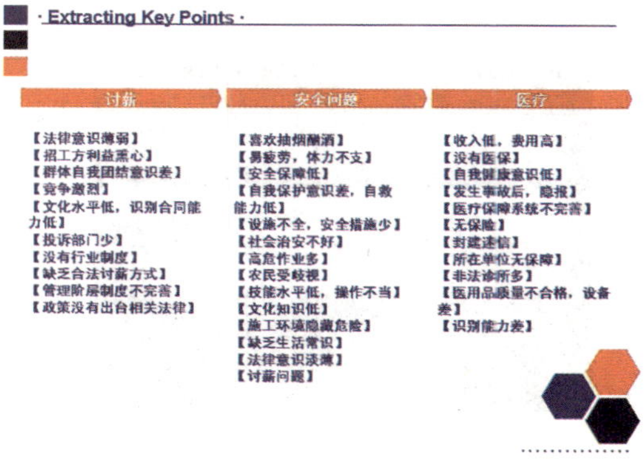

· Extracting Key Points ·

讨薪	安全问题	医疗
【法律意识薄弱】 【招工方利益熏心】 【群体自我团结意识差】 【竞争激烈】 【文化水平低，识别合同能力低】 【投诉部门少】 【没有行业制度】 【缺乏合法讨薪方式】 【管理阶层制度不完善】 【政策没有出台相关法律】	【喜欢抽烟酗酒】 【易疲劳，体力不支】 【安全保障低】 【自我保护意识差，自救能力低】 【设施不全，安全措施少】 【社会治安不好】 【高危作业多】 【农民受歧视】 【技能水平低，操作不当】 【文化知识低】 【施工环境隐藏危险】 【缺乏生活常识】 【法律意识淡薄】 【讨薪问题】	【收入低，费用高】 【没有医保】 【自我健康意识低】 【发生事故后，隐报】 【医疗保障系统不完善】 【无保险】 【封建迷信】 【所在单位无保障】 【非法诊所多】 【医用品质量不合格，设备差】 【识别能力差】

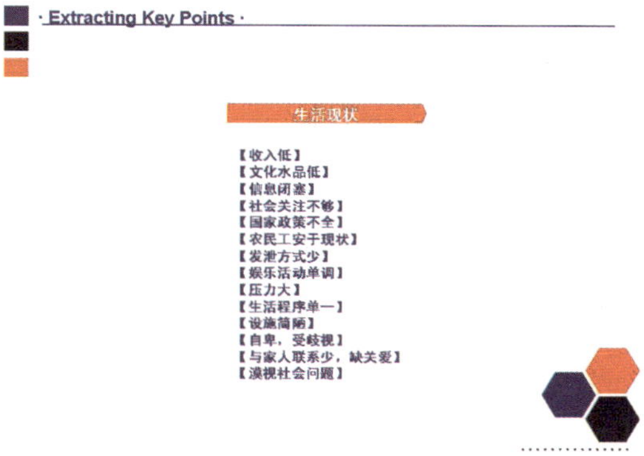

· Extracting Key Points ·

生活现状

【收入低】
【文化水品低】
【信息闭塞】
【社会关注不够】
【国家政策不全】
【农民工安于现状】
【发泄方式少】
【娱乐活动单调】
【压力大】
【生活程序单一】
【设施简陋】
【自卑，受歧视】
【与家人联系少，缺关爱】
【漠视社会问题】

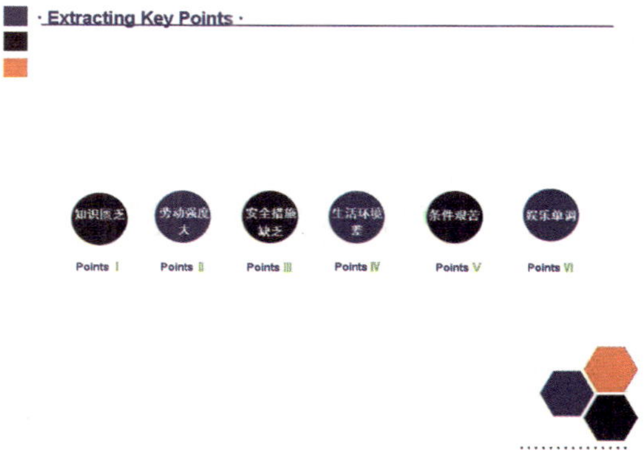

· Extracting Key Points ·

知识匮乏	劳动强度大	安全措施缺乏	生活环境差	条件艰苦	娱乐单调
Points Ⅰ	Points Ⅱ	Points Ⅲ	Points Ⅳ	Points Ⅴ	Points Ⅵ

02.

MIGRANT WORKERS RESEARCH AND ANALYSIS
农民工调研分析

· Image Tracking Process 影象追踪过程
· Working Scene Analysis 工作场景分析
· Analysis of the questionnaire 调查问卷分析
· Photo Analysis 照片分析
· Users Described Scenes Of Life 用户生活情景描述
· Description Scene 情景描述
· Analysis Interview 采访对象分析
· Design Aims/ Positioning 设计目标/设计定位

· Image Tracking Process ·

· Working Scene Analysis ·

· Working Scene Analysis ·

· Working Scene Analysis ·

· Analysis of the questionnaire ·

<Basic Informations>

问题 \ 被访者	1	2	3	4	5	6	7	8	9	10
性别	男	女	男	男	男	女	男	男	男	男
年龄	26	43	34	46	22	41	30	40	45	58
婚姻状况	已婚	已婚	未婚	已婚	未婚	已婚	未婚	已婚	已婚	已婚
如已婚子女情况	暂无	5		2		两个以上		2	两个以上	4
家里总共几口人	4	8	3	4	4	4	1	4人以上	4人以上	6
文化程度	小学二年级	小学	初中	小学	中专	小学	初中	小学	初中	小学
来源地	甘肃兰州	湖北云梦	湖北麻城	湖北黄陂	湖北黄冈	湖北	湖北随州	湖北云梦	湖北云梦	湖北麻城
出外打工时间	2个月	5年	两年	两年以上	1年	两年以上	1年	一年	两年以上	两年以上
现从事的工作	餐饮厨师	校园清洁工	建筑工人	建筑工人	检测员	建筑工	建筑工	修路工	建筑工	建筑工
每月工资情况	900-1000元	600-650元	1000元以上	1000元以上	1000元以上	1000元以上	1000元左右	800-1000元	1000元以上	1000元以上
月消费金额	200元	100-200元	300元以下	300元以下	300-500元	300-500元	300多元	300元以下	300元以下	300元以下

信息小结：男性居多，多为中壮年，文化程度偏低，本省人居多，出外务工时间长，工种固定，工资有所提高，消费普遍不高。

· Analysis of the questionnaire ·

<Basic Informations>

问题 \ 被访者	1	2	3	4	5	6	7	8	9	10
对现在工作条件的看法	一般	一般	一般	一般	一般	一般	差	还好	很好	还好
找工作的方式	他人介绍	他人介绍	直接到用人单位	他人介绍	他人介绍	他人介绍	他人介绍	直接到用人单位	直接到用人单位	直接到用人单位
是否参加过培训	否	否	是	是	是	否	否	否	是	是
若参加过培训，是哪种形式	/	/	用工单位免费培训	用工单位免费培训	用工单位免费培训	/	/	/	用工单位免费培训	用工单位免费培训
是否签定过用工合同	否	否	否	否	否	否	否	是	否	否
有否欠过工资	否	否	是	有	有	有	有	有	否	否
是否有医疗和意外保险	有医疗保险	都无	有意外保险	有意外保险	有医疗保险	都无	都无	都无	有意外保险	都有
每天工作时间	8-10小时	8小时	4-12小时	8-12小时	8-12小时	8-12小时	9小时	8-9小时	4-12小时	8-12小时
节假日有无休息日	无	一天	无	无	无	无	无	轮流一天	无	无
节假日加班有无加班费	没有	没有	有	有	有	有	有	/	有	没有
平时有没有加班	没有	没有	有	有	有	没有	有	有	有	有
认为目前生活条件什么地方需要改善	无	无	住宿饮食娱乐等	饮食	住宿	无	住宿、饮食	无	无	无
是否办理过就业证	有	没有	没有	没有	有	没有	没有	没有	没有	没有
生病选择的处理方式	自己买药去诊所	去附近诊所	去附近诊所	自己买药	去附近诊所	自己买药	自己买药	自己买药	去附近诊所	自己买药

信息小结：工作条件逐步改善，休息娱乐时间相对较少，医疗保障差
可切入的设计点：工作时间的合理安排

· Analysis of the questionnaire ·

<Basic Informations>

问题 \ 被访者	1	2	3	4	5	6	7	8	9	10
对现居住地方是否满意	一般	一般	一般	一般	一般	差	差	一般	很好	一般
居住的地方有多大	比较大	比较大	比较大	比较大	比较大	比较大	很小	3-4平米/人	很大	比较大
居住的地方有没有厕所	公共的，较近	公共的，较近	公共的，比较远	公共的，较近	公共的，比较远	房子旁边	公共的，不远	公共的	房子里就有	房子里就有
居住地方有没有浴室	公共的	房子里有	公共的	没有	没有	不远	没有	没有	没有	没有
是否因为工作地点原因更换住处	无	无	无	无	经常换	经常换	经常换	经常换	经常换	无
冬天是否有取暖设备	无	无	无	无	生火取暖	无	无	无	无	无
如何解决住处饮水问题	自己烧水	自己烧水	自己烧水	自己烧水	自己烧水	自己烧水	多数是直接喝生水	自己烧水	自己烧水	自己烧水
如果是自己烧水，用什么工具	电水壶	电水壶	热得快	电水壶	电水壶	热得快	热得快	蜂窝煤炉	电饭煲	电水壶
夏天用什么降暑	公共电风扇	自备电风扇	冲凉、电风扇	冲凉、电风扇等	电风扇	电风扇	电风扇	电风扇	电风扇	电风扇
屋子有无电视等娱乐设施	无	有	有	有	无	无	无	无	无	无
平时是否吃早餐	否	是	是	是	是	是	是	是	是	是
如果吃通过什么方式吃	/	集体早餐	集体早餐	集体早餐	在外过早	在外过早	在外过早	工地集体早餐	在外过早	在外过早

信息小结：居住条件有所改善，但洗浴，如厕，冬天取暖，娱乐等方面仍然问题突出。
可切入的设计点：冬天的取暖设施，娱乐活动缺乏。

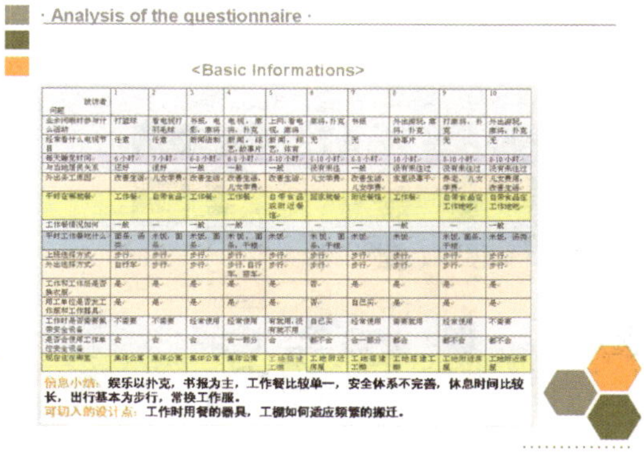

· Analysis of the questionnaire ·

<Basic Informations>

信息小结：娱乐以扑克，书报为主，工作餐比较单一，安全体系不完善，休息时间比较长，出行基本为步行，常换工作服。
可切入的设计点：工作时用餐的器具，工棚如何适应频繁的搬迁。

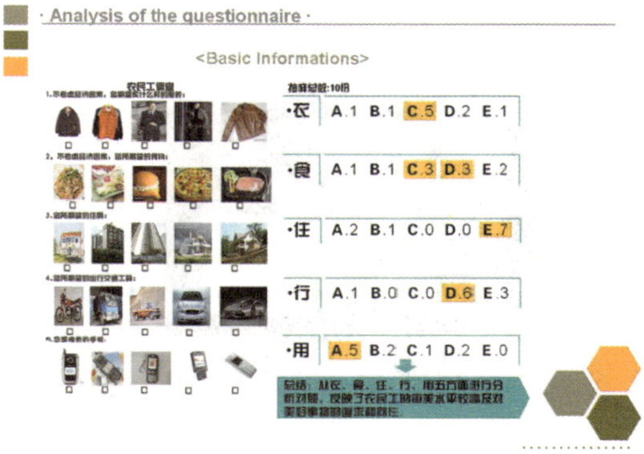

· Analysis of the questionnaire ·

<Basic Informations>

农民工调查

·衣	A.1 B.1 C.5 D.2 E.1
·食	A.1 B.1 C.3 D.3 E.2
·住	A.2 B.1 C.0 D.0 E.7
·行	A.1 B.0 C.0 D.6 E.3
·用	A.5 B.2 C.1 D.2 E.0

· Photo Analysis ·

<安全 Security >

电线没地方挂，就挂床上。

缺少晾衣服的地方，经常晾在电线上。

牙膏、牙刷、杯子的放置不够卫生。

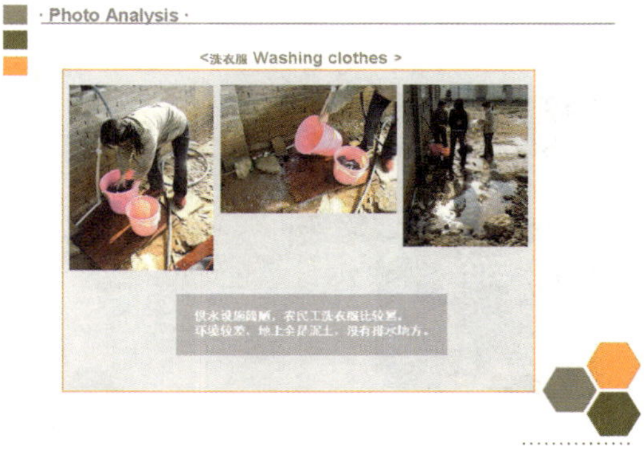

· Photo Analysis ·

<洗衣服 Washing clothes >

供水设施简陋，农民工洗衣服比较累。
环境较差，地上全是泥土，没有排水地方。

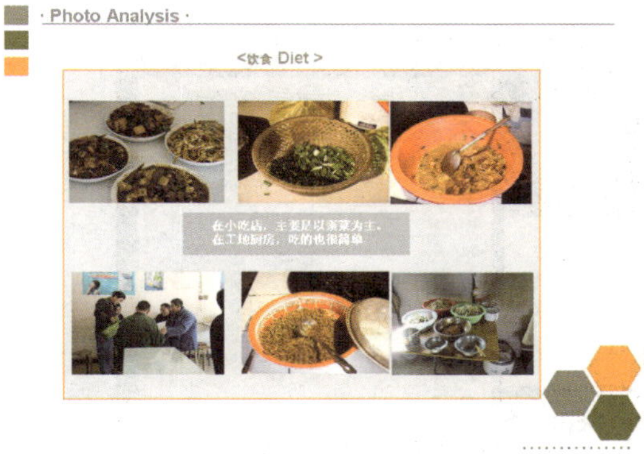

· Photo Analysis ·

<饮食 Diet >

在小吃店，主要是以素菜为主。
在工地厨房，吃的也很简单

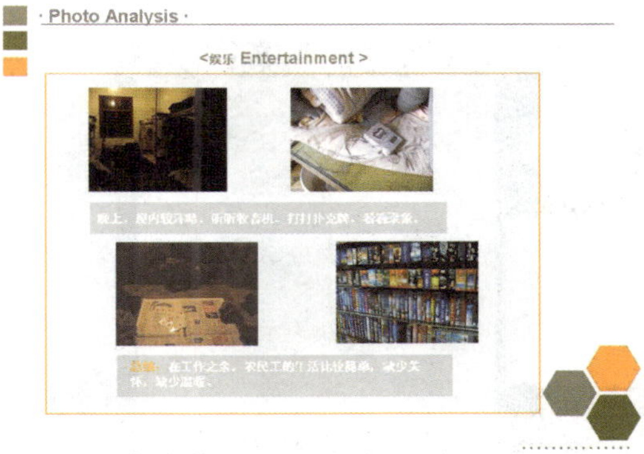

· Photo Analysis ·

<娱乐 Entertainment >

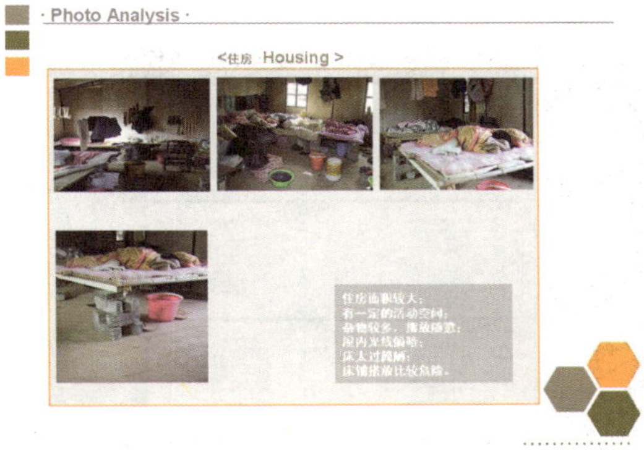

晚上，屋内较昏暗，听听收音机、打打扑克牌、看看录象。

总结：在工作之余，农民工的生活比较单调，缺少关怀，缺少温暖。

· Photo Analysis ·

<住房 Housing >

住房面积较大；
有一定的活动空间；
杂物较多，堆放随意；
屋内光线偏暗；
床太过简陋；
床铺搭放比较危险。

· Description Scene ·

——《生存之民工》

<截屏图片分析 Photo analysis interception screen >

描述一：空间足够大的食堂，便于人流的进程进出，工作的幅度自由。用手拿取馒头和挑饭菜进食。在大锅里舀水灌瓶，用大勺舀汤。

· Description Scene ·

——《生存之民工》

<截屏图片分析 Photo analysis interception screen >

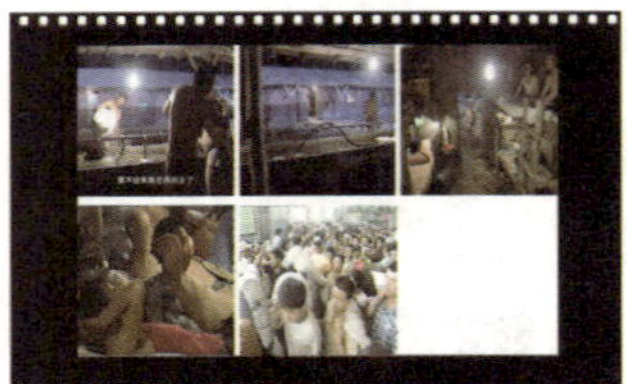

描述二：在临时搭建的棚子下用水管冲凉清洗；人数多，上下铺，过道长，居住空间大，用瓦数高的灯泡，随行衣物做家肯充当枕头，收获季节返乡高潮。

· Users Described Scenes Of Life ·

<一天生活形态分析 Morphological Analysis a day life >

· Description Scene ·

——《生存之民工》

<概要 Summary >

2005年中国首部以民工为题材的电视剧，它讲述了一群游走在现代都市的社会最底层的城市边缘人——农民工生活的故事。该剧真实地记录了现代都市里一群被忽视的农民工合法追讨微薄的血汗钱，却被诱拐、诱骗、致残、致死的一些鲜为人知的真相；不加掩盖地暴露了黑心包工头纠党结伙、非法牟取暴利、欺骗压榨农民工的暴戾面目。这里是一个真实的世界，没有夸张，没有矫情，一切的一切都是他们生活的血泪史，看了，你一定会流泪。

一个关注普通民众生存状况的动人故事，一部诉说生命尊严与人性善恶的惊世作品。这是一个发生在你我身边的故事——一群再平常不过的小人物身上饱含辛酸又充满渴望的故事。松江市，一个东北边陲的小城。一群来自全国各地的农民工为了生存，把汗水浸透在城市人未来的梦想上，他们受尽屈辱，只为了应得的工钱，他们奋起抗争，是因为他们的权利受到侵害……

· Description Scene ·

——《生存之民工》

<截屏图片分析 Photo analysis interception screen >

描述三：居住附近开设有录象厅，台球等娱乐场所，平时互相玩扑克打发时间，工作时佩带安全帽。

工作强度大，集体冲凉和闲聊是个热闹的场景，集体工棚里聚餐庆贺。

· Analysis Interview ·

食堂伙计/工地女民工/公寓清洁女工

Canteen waiter / site female workers / apartment cleaning workers

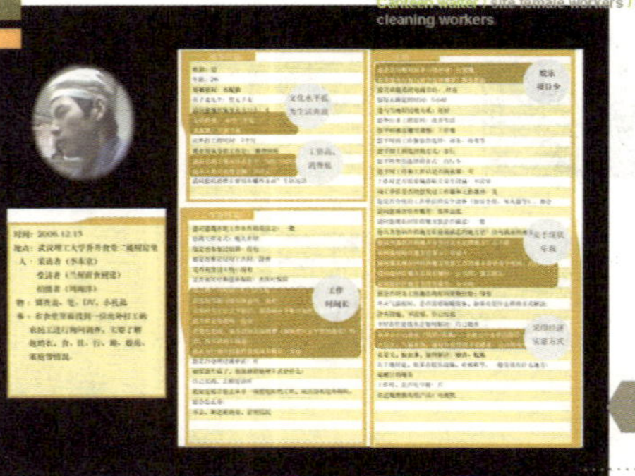

· Analysis Interview ·

食堂伙计/工地女民工/公寓清洁女工

Canteen waiter / site female workers / apartment cleaning workers

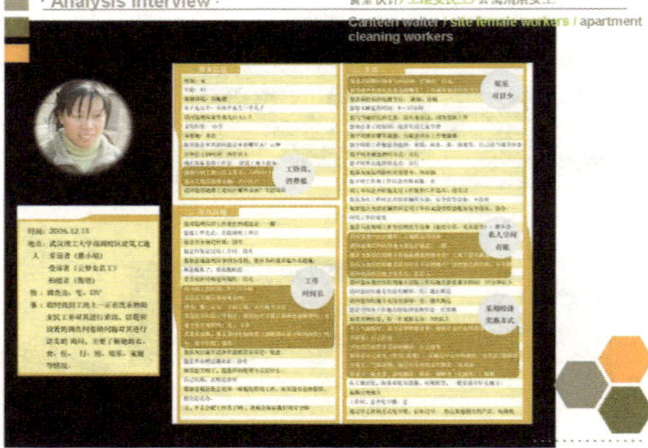

· Analysis Interview ·

食堂伙计/工地女民工/公寓清洁女工

Canteen waiter / site female workers / apartment cleaning workers

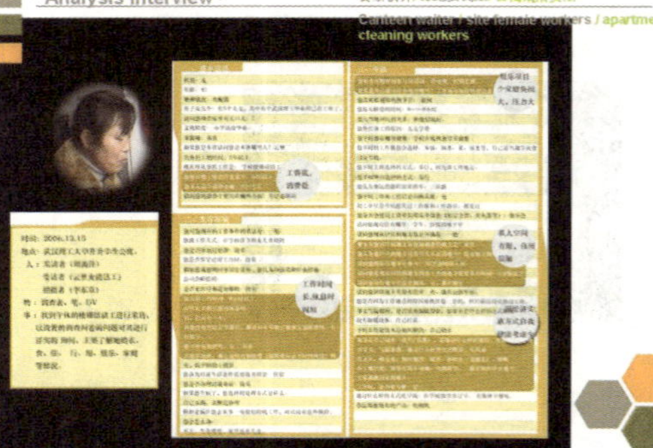

· Analysis Interview ·

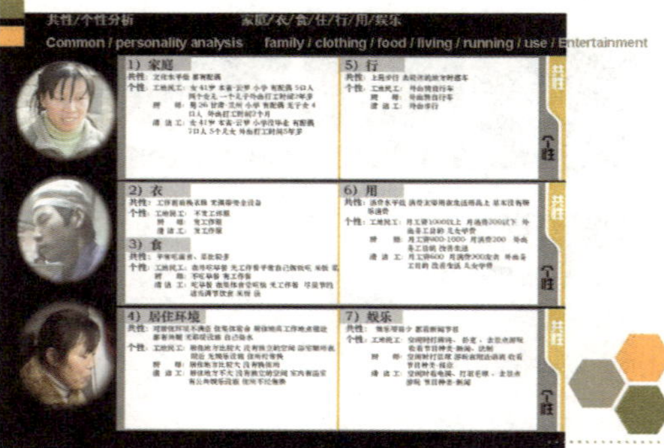

· Analysis Interview ·

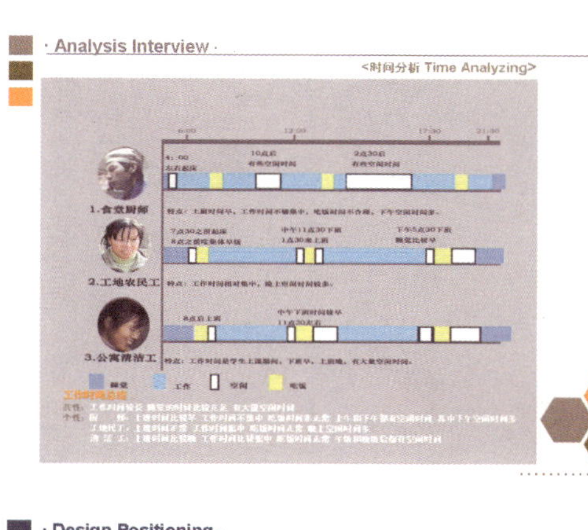

· Design Aims ·

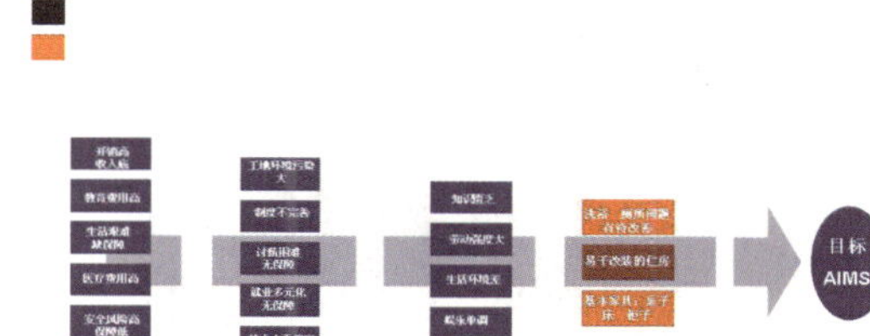

· Design Positioning ·

人群定位：　常年迁徙住所的农民工

环境定位：　建筑工地

用户生活形态分析：　工作强度大，时间长，娱乐和休息时间相对少，生活圈狭小，与周围住户沟通交流极少。

产品设计定位：

功能定位：　具备基本功能，并针对其需要、使用特点及使用中存在的问题进行设计，满足定位人群的审美需求，产品适合组装、拆卸作业量的均匀化。

材料/结构定位：　使用可再生利用的材料或建材：采用易再生利用的结构。

产品特点定位：　DIY（Do it yourself 自我服务）产品：标准规格对应、部件材料模数的提前设定、简易施工、可变换设定部件、可更换设定部件、部件和材料易回收耐用年限长。

03.

DESIGN EXPANDING
设计展开

· SET Factors Analysis SET因素分析
· Value Opportunities Analysis 价值机会分析
· Life Board 用户生活形态看板
· Mood Board 用户心情看板
· Themes Board 主题看板
· Sketch 设计草图
· Rendering 设计效果图

· SET Factors Analysis ·

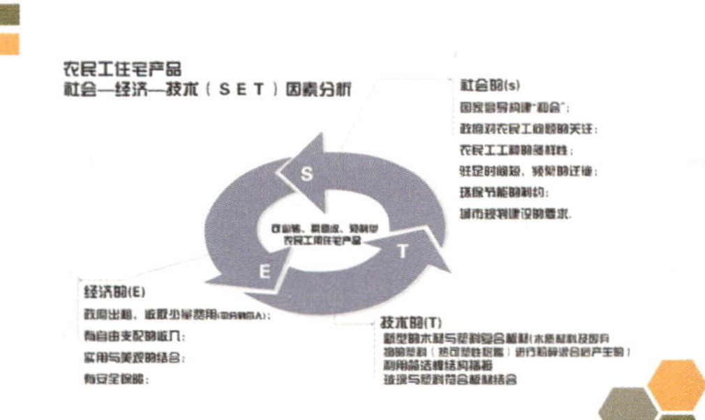

· Life Board ·

· Mood Board ·

· Sketch 1 ·

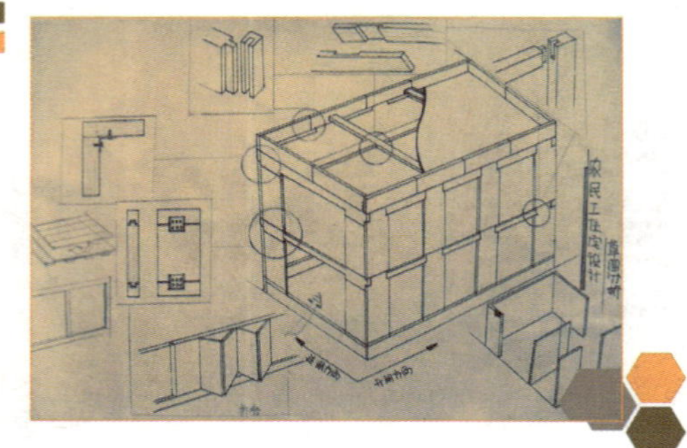

· Sketch 2 · 【最终方案】

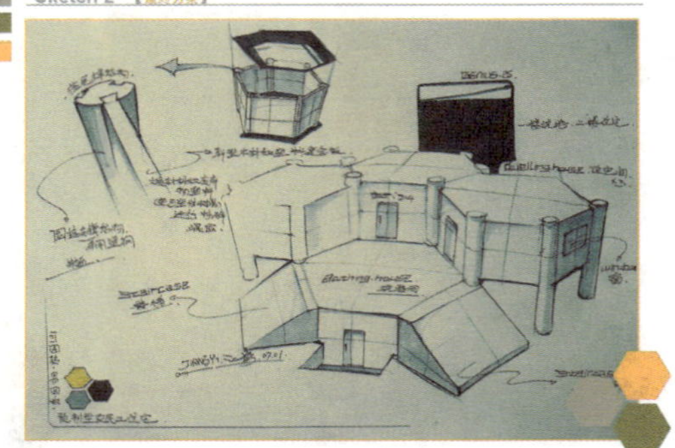

· Rendering · 【简易场景】

dwelling house 住宅间 × 3

door 门 × 4

window 窗 × 6

bathing house 洗浴间 × 1

staircase 楼梯 × 2

· Rendering · 【服务场景形态】

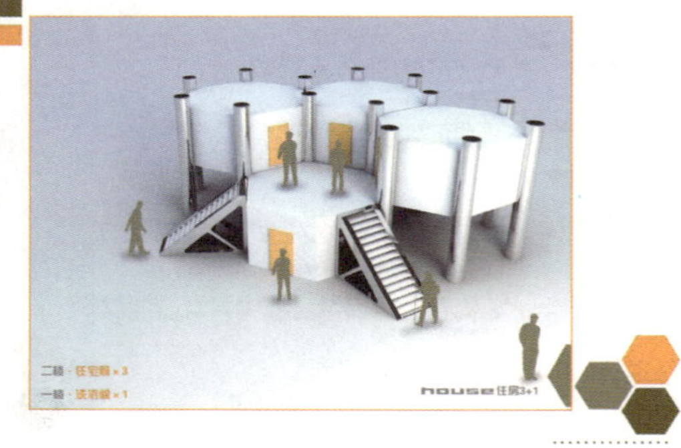

· Rendering · 【洗浴间说明】

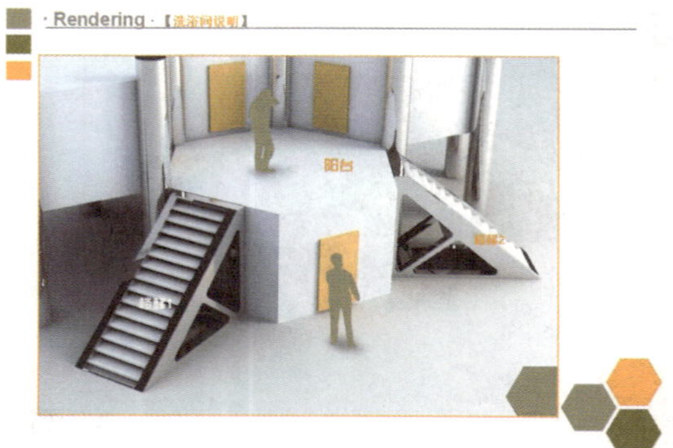

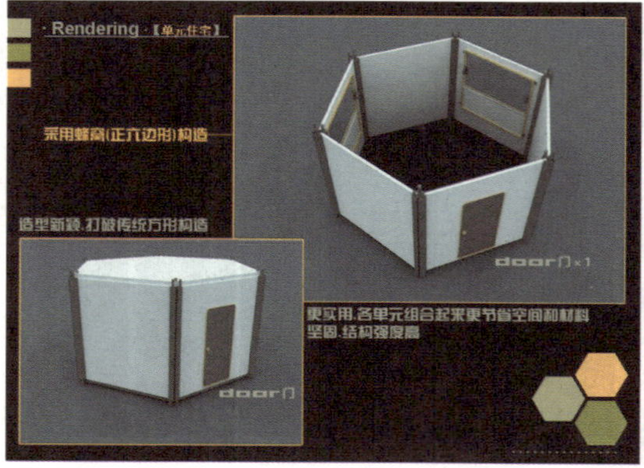

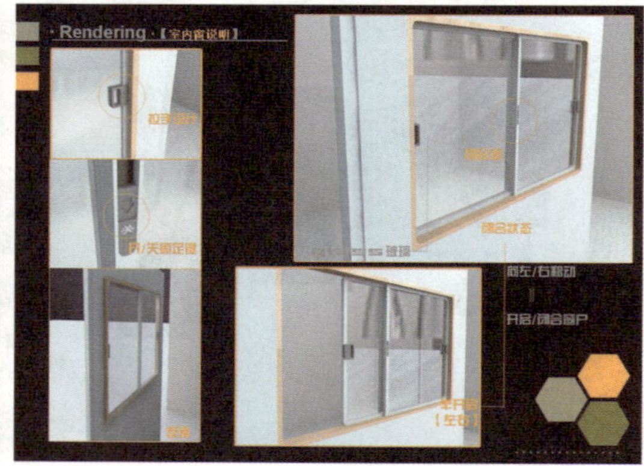

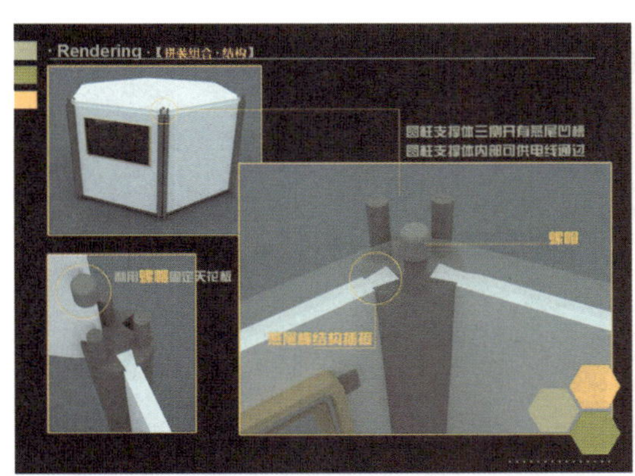
· Rendering ·【拼装组合·结构】
圆柱支撑体三侧开有燕尾凹槽
圆柱支撑体内部可供电线通过
螺帽
利用螺帽固定天花板
燕尾槽结构插板

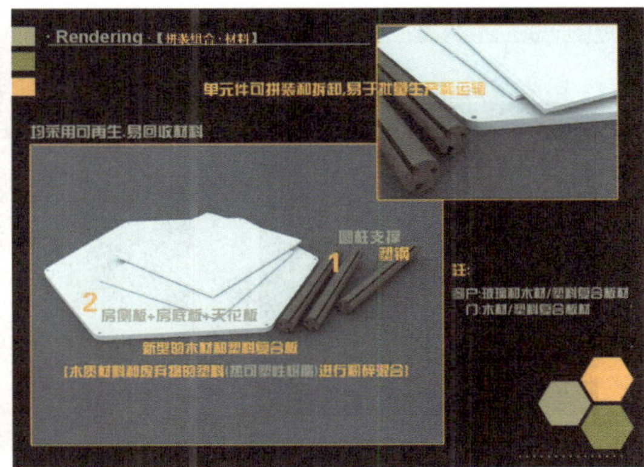
· Rendering ·【拼装组合·材料】
单元件可拼装和拆卸,易于批量生产和运输
均采用可再生、易回收材料
圆柱支撑
塑钢
1
2 房侧板+房底板+天花板
新型的木材和塑料复合板
(木质材料和废弃掉的塑料(热可塑性树脂)进行粉碎混合)
注:
窗户:玻璃和木材/塑料复合板材
门:木材/塑料复合板材

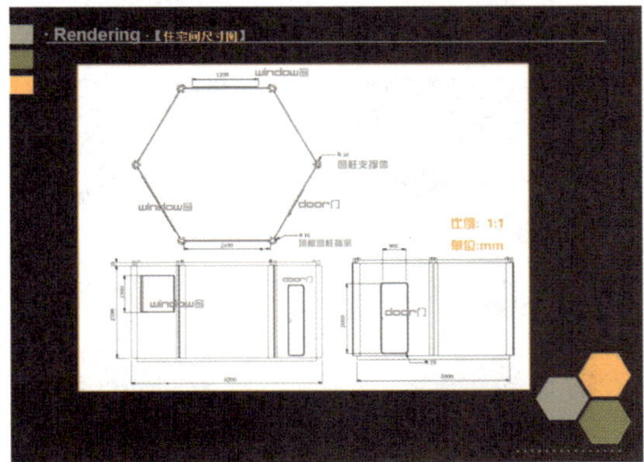
· Rendering ·【住宅间尺寸图】
window窗
圆柱支撑体
door门
比例：1:1
单位:mm

设计展开
【洗浴间设计】

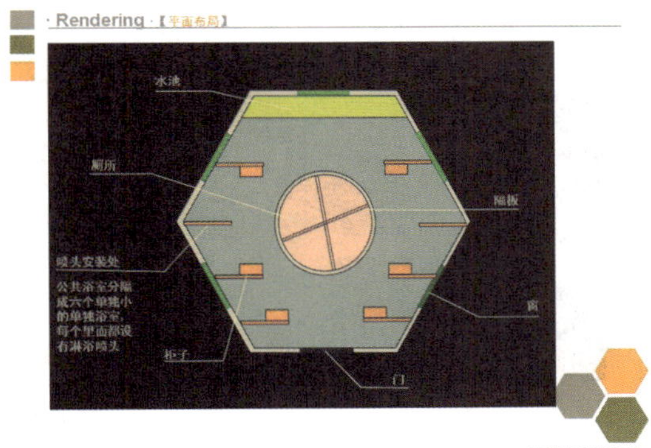
· Rendering ·【平面布局】
水池
厕所
隔板
喷头安装处
公共浴室分隔成六个单独小的单独浴室，每个里面都设有淋浴喷头
窗
柜子
门

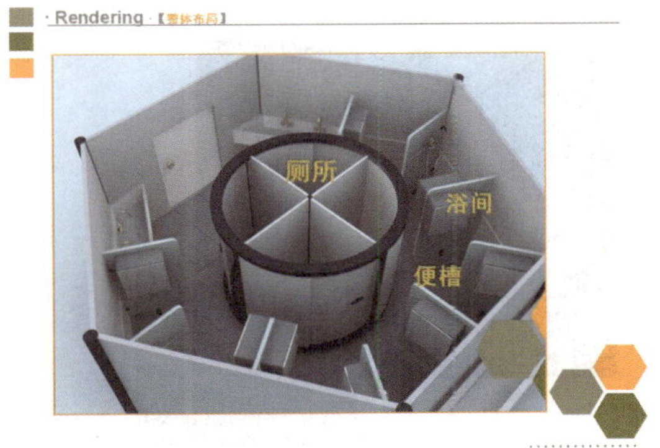
· Rendering ·【整体布局】
厕所
浴间
便槽

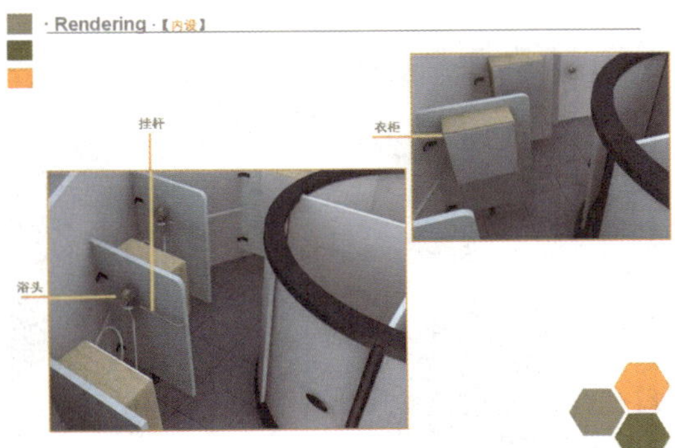
· Rendering ·【内设】
挂杆
衣柜
浴头

· Rendering ·【内设】
室内洗漱池

· Rendering ·【洗浴间尺寸图】

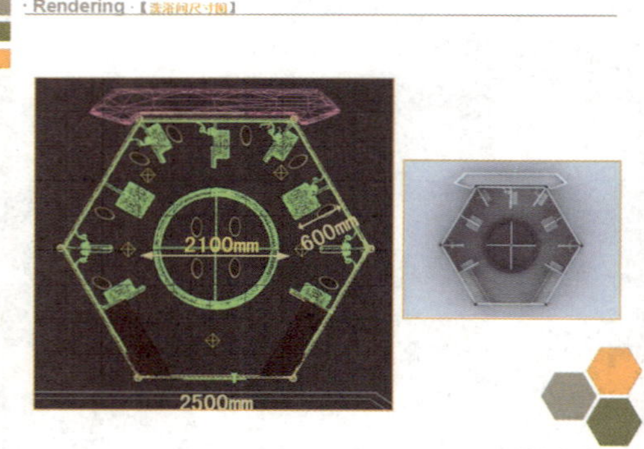

· Rendering ·【平面布局】

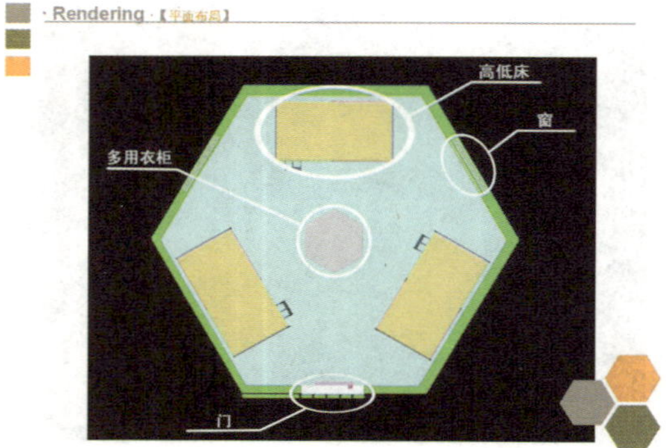

· Rendering ·

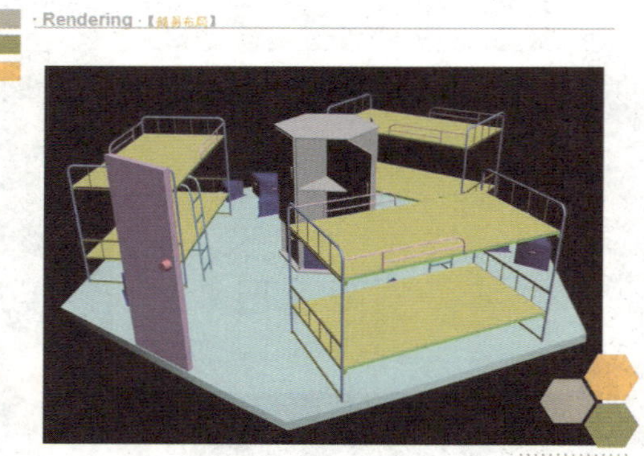

· Rendering ·

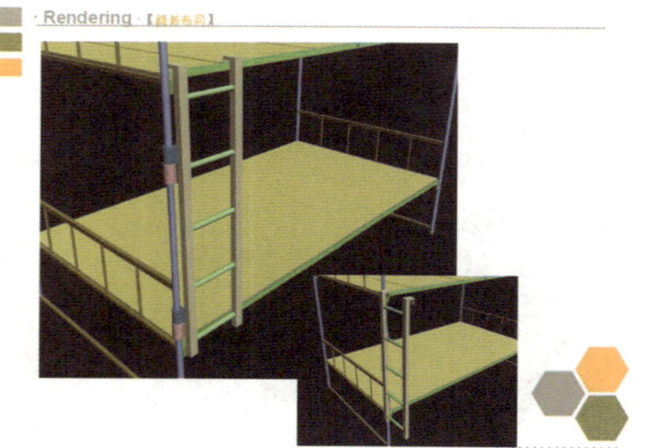

· Rendering ·【多功能衣柜】

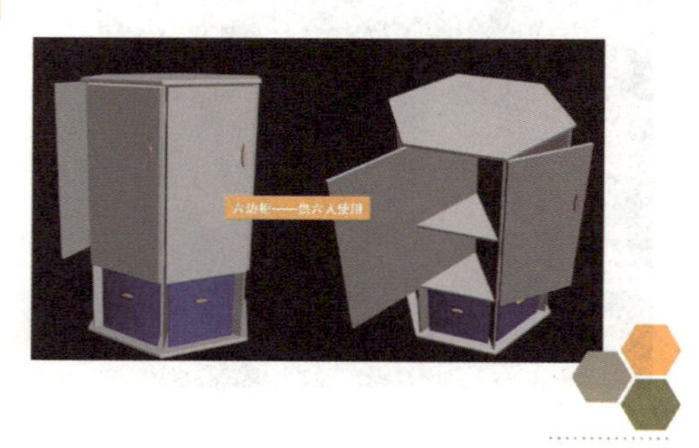

· Rendering ·

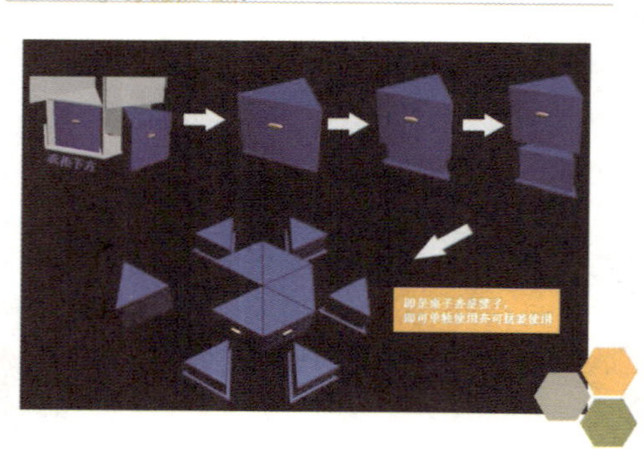

· Rendering ·

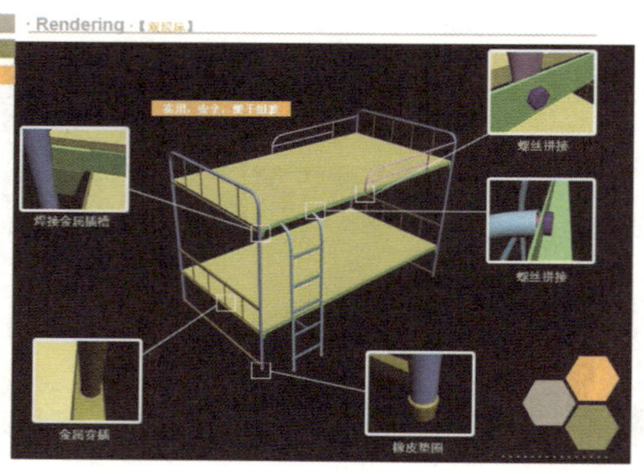

后 记

如果说科学技术研究的是“物”与“物”之间的关系，人文社会科学研究“人”与“人”之间的关系，那么，设计学科则是研究“人”与“物”之间的关系。“人”与“物”成为设计研究的两极，各种思潮与风格则在其中如钟摆般往复摇荡。功能主义乃至国际风格凸显设计中的“物”性，后现代主义乃至非物质设计则强化设计中的“人”性。概言之，现代设计史就是从“物”性走向“人”性的设计历程。由此看来，UCD 成为近几年来设计学科的主流观念实属历史之必然。

UCD 作为近年来热议的设计思潮，各国、各行业和研究机构都在进行积极地探索，但由于各国家、民族、地区和行业在社会、经济、文化、科技和消费等方面迥异，至今尚未形成具有普遍应用价值的理论模型。本书编译、整理和介绍了各种较有影响的 UCD 理念与方法，包括体验设计、行为聚焦、移情设计、文化探察、感性工学、可用性、通用设计、生活型态等，以期管窥 UCD 研究的概貌与基本路向。

UCD 最早出现在计算机领域的人机交互设计。如果说，产品设计中“人”与“物”的关系是以“事”为纽带的隐性关系；那么，交互设计中“人”与“物”的关系是以“介面”(interface) 为载体的显性关系。由于爱比米修斯的过失，普罗米修斯为人类盗火。普罗米修斯盗出的火包含了智慧与技艺的双重性；人通过火的中介找到自身的位置。对高新技术的盲目乐观将人与机器的矛盾如此真切地暴露在我们面前，迫使我们追问技术的本体论和目的论问题，进而引导我们回到“人”的本根。所以，UCD 并非什么高深的理念，也不是什么新锐的观点；它只是设计领域在面对现实问题的一个解决思路，更是对西方固有思维方式所造成的负面影响的一个纠错和弥补。在盲目追随西方热点的同时，学界更应该冷静和深刻地思考：我们面对的根本问题是什么？我们又该如何创造性地解决这一问题呢？

本书的编撰首先要感谢授业恩师柳冠中先生，其“事理学”理论令笔者茅塞顿开，由物及事，由理及情，深刻揭示了设计的本真；正是在柳先生带领清华美院系统设计工作室进行的研究项目“‘雅筑家居’目标用户生活型态研究”和“‘筷子’——亚洲食文化研究”中，笔者初涉用户研究领域。本书将两个案例纳入其中，以展现我国 UCD 研究的原创性理论和实践。并向征引的“‘筷子’——亚洲食文化研究”项目中韩国 KAIST 大学的 K.P.Lee 教授、日本筑波大学的 Toshimasa Yamanaka 教授以及清华美院系统设计工作室的全体同门一并致谢！

本书的研究线索来自师兄唐林涛博士的《工业设计方法》一书，该书在国内首次介绍和分析了行为聚焦、移情设计、文化探察等 UCD 理念。在其启发下，笔者完成了《用户研究：人类学观念与方法在设计学中的应用》一文，进而拓充了体验设计、可用性、通用设计等内容成为本书。需要强调的是，本书并非本人独立的学术研究著作，而是对各种 UCD 理念与实务的汇编，希望在拓展学界视野的同时引发更为广泛与深刻的思考与探讨。

在武汉理工大学艺术与设计学院郑建启教授的研究团队支持下，本书成稿历时三载。其中，武汉理工大学 2005 级硕士研究生刘志坚、韩晓燕、王靓、张杰、杨莉、贾政等参与了第一轮的翻译工作；刘志坚、韩晓燕、王靓、殷科、胡俊和 2006 级硕士研究生喻晓、王雅方等参与了第二轮的整理工作；喻晓和 2007 级硕士研究生周坤参与了第 11 章的编写工作。在此深表谢意。

也向被本书征引和参考过的相关文献和图片的作者表示衷心感谢。

UCD 研究刚刚起步，中国的设计研究更在蹒跚学步，笔者学养有限，书中难免疏漏言错之处，敬请学界同仁和广大读者批评指正。

2009 年 2 月 10 日初稿于武汉马房山

3 月 14 日修改于重庆歌乐山

参考文献

英文原著

[1] Alastair Fuad-luke.The Eco-design Handbook.Thames & Hudson Press.2002.

[2] Bernhard E. Bürdek. Design: History, Theory and Practice of Product Design. Birkhäuser Verlag AG.2005.

[3] Bill Gaver, Tony Dunne & Elena Pacenti. *Cultural Probes*. Interactions, january+february 1999.

[4] Courage, Catherine, Baxter, Kathy. Understanding Your Users. Morgan Kaufmann, 2004.

[5] Donald A.Norman. The Design of Everyday Things. MIT press, 1999.

[6] Jane Fulton Suri, Katja Battarbee, Ilpo Koskinen. Designing in the Dark-Empathic Exercises to Inspire Design for Our Non-visual Senses. www.uiah.fi/~ikoskine/idmi05/designinginthedark.pdf.

[7] Mayhew, D. J. The Usability Engineering Llifecycle. Morgen Kaufmann Publisher, Inc. 1999.

[8] Mike Kuniavsky. Observing the User Experience: A Practitioner's Guide to User Research, Morgan Kaufmann, 2003.

[9] Nathan Shedroff. Experience Design.Indiana: New Riders Publishing.2001.

[10] Patrick Whitney. Global Companies in Local Markets . the Future Design Days Conference, Sweden, 2003.

[11] Patrick Whitney. Vijay Kumar. Faster, Cheaper, Deeper User Research，Design Management Journal, Vol.14, Issue 2, Spring 2003.

[12] Patrick Whitney. Anjali Kelkar. *Designing for the Base of the Pyramid*. Design Management Journal, Fall 2004.

[13] Sander, E. B. N. *Generative Tools for CoDesign*. In Proceedings of CoDesigning 2000, London: Springer, 2000.

中文译著

[14] (美)哈维兰．文化人类学．瞿铁鹏、张钰译．上海：上海社会科学院出版社，2006.

[15] (英)爱德华·泰勒．原始文化．连树声译．桂林：广西师范大学出版社，2005.

[16] (德)埃德蒙德·胡塞尔．欧洲科学危机和超验现象学．张庆熊译．上海：上海译文出版社，1988.

[17] (美)Alan Cooper，Robert Reimann. 软件观念革命．詹剑峰、张知非等译．北京：电子工业出版社，2005.

[18] (美)唐纳德·诺曼．设计心理学．梅琼译．北京：中信出版社，2003.

[19] (美)唐纳德·诺曼．情感化设计．富秋芳译．北京：电子工业出版社，2005.

[20] (德)恩斯特·卡西尔．人论．甘阳译．上海译文出版社，2003.

[21] (美)Jakob Nielsen．刘正捷译．可用性工程．北京：机械工业出版社，2004.

[22] (日)中川聪．通用设计的教科书．张旭晴译．台北：龙溪国际．2006.

[23] (美)Jonathan Cagan, Craig M. Vogel. 创造突破性产品——从产品策略到项目定案的创新．辛向阳、潘龙译．北京：机械工业出版社，2004.

[24] (美)Kevin N．Otto，Kristin L．Wood. 产品设计．齐春萍、宫晓东、张帆译．北京：电子工业出版社，2005.

[25] (美)设计管理协会．设计管理欧美经典案例．黄蔚等编译．北京：机械工业出版社，2004.
[26] (法)让·梅松纳夫．群体动力学．殷世才、孙兆通译．北京：商务印书局，1997.
[27] (美)Steve Krug. Don' t make me think. De Dream 译．北京：机械工业出版社，2006.
[28] (美)Steve Mulder，Ziv Yaar. 赢在用户．范晓燕译．北京：机械工业出版社，2008.

中文著作

[29] 陈向明．质的研究方法与社会科学研究．北京：教育科学出版社．2000.
[30] 董建明、傅利民、饶培伦、（美）Gavriel Salvendy．以用户为中心的设计和评估．北京：清华大学出版社，2007.
[31] 杜瑞泽．生活型态设计——文化、生活、消费与产品设计．台北：亚太图书出版社，2004.
[32] 费孝通．论人类学与文化自觉．北京：华夏出版社，2004.
[33] 胡飞．用户研究：人类学观念与方法及其在设计学中的应用．李砚祖主编．艺术与科学·卷四．北京：清华大学出版社，2006.
[34] 胡飞．民族学方法及其在设计学中的应用．美术与设计，2007(2).
[35] 黄厚石、孙海燕．设计原理．南京：东南大学出版社，2005.
[36] 李乐山．工业设计心理学．北京：高等教育出版社，2004.
[37] 李立新．感性工学—— 一门新学科的诞生．邬烈炎主编．设计教育研究·第三辑．南京：江苏美术出版社．2005.
[38] 李砚祖．设计之维．重庆大学出版社，2007.
[39] 林惠详．文化人类学．北京：商务印书馆，1934, 1991.
[40] 柳冠中．工业设计学概论．哈尔滨：黑龙江科学技术出版社，1997.
[41] 柳冠中．事理学论纲．长沙：中南大学出版社，2006.
[42] 罗子明．消费者心理学．北京：清华大学出版社，2002.
[43] 苏建宁等．感性工学及其在产品设计中的应用研究．西安交通大学学报．2004(1).
[44] 孙宇浩．是设计者，更是用户——用户界面与功能概念定义．李砚祖主编．艺术与科学·卷四．北京：清华大学出版社，2006.
[45] 唐林涛．工业设计方法．北京：中国建筑工业出版社，2005.
[46] 童恩正．文化人类学．上海：上海人民出版社，1989.
[47] 余德彰等．剧本导引：信息时代产品与服务设计新法．台北：田园城市，2001.
[48] 王圣安．认知心理学．北京：北京大学出版社，2002.

网络站点

[49] http://iawiki.net
[50] http://chopsticks.sd.polyu.edu.hk
[51] http://mciprojects.sdu.dk
[52] http://tc.eserver.org
[53] http://uicom.net
[54] http://www.ideo.com
[55] http://www.saul.unisi.it
[56] http://www.uie.com
[57] http://www.uigarden.net
[58] http://www.uilook.com
[59] http://www.yeeyan.com/